高等数学教学与改革探究

杨 谦 毕 磊 康丽坤◎著

文化发展出版社
Cultural Development Press
·北京·

图书在版编目（CIP）数据

高等数学教学与改革探究 / 杨谦，毕磊，康丽坤著 .—
北京 ：文化发展出版社，2024. 8. -- ISBN 978-7-5142-
4433-5

Ⅰ . O13

中国国家版本馆 CIP 数据核字第 2024PU9374 号

高等数学教学与改革探究

著　　者　杨 谦　毕 磊　康丽坤

责任编辑：袁兆英　　　　　　　　责任校对：岳智勇
责任印制：邓辉明　　　　　　　　封面设计：金熙腾达
出版发行：文化发展出版社（北京市翠微路 2 号　邮编：100036）
发行电话：010-88275993　010-88275711
网　　址：www.wenhuafazhan.com
经　　销：全国新华书店
印　　刷：北京四海锦诚印刷技术有限公司

开　　本：710mm × 1000mm　1/16
印　　张：18.5
字　　数：293 千字
版　　次：2025 年 3 月第 1 版
印　　次：2025 年 3 月第 1 次印刷

定　　价：68.00 元
I S B N：978-7-5142-4433-5

前　言

在高等教育的殿堂中，高等数学教学始终占据着核心地位。它不仅承载着传授数学知识的重要使命，更是培养学生抽象思维和逻辑推理能力的关键途径。随着教育理念的不断更新和教育技术的发展，高等数学教学面临着前所未有的机遇和挑战。如何适应新时代的要求，创新教学方法，提高教学质量，已成为教育工作者亟须思考的问题。

本书首先对高等数学教学进行了概说，明确了教学目标、内容和方法，为后续深入探讨奠定了基础。在教学设计方面，本书提出了创新的教学策略，以适应不同学生的学习需求和认知特点；数学文化作为高等数学教学的重要组成部分，书中对其融入教学的途径和方法进行了深入分析。另外，本书也探讨了如何培养学生的批判性思维、创造性思维和综合思维能力。本书还对高等数学的教学模式的创新与改革提出了一系列切实可行的措施，以适应新时代高等数学教学的要求。我们期望本书能够激发教师的教学改革热情，促进高等数学教学的创新发展，为培养高素质的数学人才作出贡献。同时，作者也期待与广大教育工作者共同探讨，不断推进高等数学教学改革，为建设数学强国贡献力量。

在本书写作的过程中，我们得到了很多宝贵的建议，谨在此表示感谢。同时参阅了大量的相关著作和文献，在参考文献中未能一一列出，在此向相关著作和文献的作者表示诚挚的感谢和敬意。由于作者水平有限，时间仓促，书中难免会有疏漏不妥之处，恳请专家、同行不吝批评指正。

目 录

第一章　高等数学教学概说

第一节　高等数学教育教学分析

一、数学能力的概念与结构

（一）数学能力的概念

1. 数学能力

数学能力是顺利完成数学活动所具备的而且直接影响其活动效率的一种个性心理特征。它是在数学活动中形成和发展起来的，是在这类活动中表现出来的比较稳定的心理特征。

数学能力按数学活动水平可分为两种：一种是学习数学（再现性）的数学能力；另一种是研究数学（创造性）的数学能力。前者指数学学习过程中，迅速而成功地掌握知识和技能的能力，是后者的初级阶段也是后者的一种表现，它主要存在于普通学生的数学学习活动中；而后者指数学科学活动中的能力，这种能力产生具有社会价值的新成果或新成就，它主要存在于数学家的数学活动中。在学生的数学学习活动中，往往会经历重新发现人们已经熟知的某些数学知识的过程。

从发展的眼光看，数学家的创造能力也正是从他在数学学习中的这种重新发现和解决数学问题的活动中逐步形成和发展起来的。所以，在我们的数学教学中通常所说的数学能力，包括学习数学的能力和初步的创造能力，并且这种创造能力的培养，在数学教学中已越来越引起人们的重视。因此，在数学教学中不能把两种数学能力截然分开，而应用联系和发展的眼光看待它们，应该综合地、有层次地进行培养。

2. 智力与能力的关系

智力与能力都是成功地解决某种问题（或完成任务）所表现出来的个性特征。

把智力与能力理解为个性的东西，说明其实质是个体的差异。我们通常所说的能力有大小，指的就是这种个体差异。而智力的通俗解释就是阐明“聪明”与“愚笨”。智力与能力的高低首先要看解决问题的水平。这也是学校教育为什么要培养学生分析问题和解决问题能力的所在。智力与能力所表现的良好适应性，出自有能力地完成任务，即主动积极地适应，使个体与环境取得协调，达到认识世界、改造世界的目的。智力与能力的本质就是适应，使个体与环境取得平衡。

智力与能力是有一定区别的。智力偏于认识，它着重解决知与不知的问题，它是保证有效地认识客观事物的稳固的心理特征的综合；能力偏于活动，它着重解决会与不会的问题，它是保证顺利地进行实际活动的稳固的心理特征的综合。但是，认识和活动总是统一的，认识离不开一定的活动基础。活动又必须有认识参与。所以智力与能力的关系是一种互相制约、互为前提的交叉关系。

3. 数学能力与数学知识、技能的关系

数学能力与数学知识、数学技能之间是相互联系又相互区别的。概括来说，数学知识是数学经验的概括，是个体心理内容；数学技能是一系列关于数学活动的行为方式的概括，是个体操作技术；数学能力是对数学思想材料进行加工的活动过程的概括，是个性心理特征。数学技能以数学知识的学习为前提。

数学技能的形成可以看成是深刻掌握数学知识的一个标志。作为个体心理特性的能力，是对活动的进行起稳定调节作用的个体经验，是一种类化了的经验，而经验的来源有两方面：一是知识习得过程中获得的认知经验；二是技能形成过程中获得的动作经验。而且，能力作为一种稳定的心理结构，要对活动进行有效的调节和控制，必须以知识和技能的高水平掌握为前提，理想状态是技能的自动化。

能力心理结构的形成依赖于已经掌握的知识和技能的进一步概括化和系统化，它是在实践的基础上，通过已掌握的知识、技能的广泛迁移，在迁移的过程中，通过同化和顺应把已有的知识、技能整合为结构功能完善的心理结构而实现的。

（二）确定数学能力成分的标准

1. 数学能力成分的确定应当满足成分因素的相对完备性

所谓完备性，指数学能力结构中应包括所有的数学能力成分。但事实上要达到绝对的完备是难以做到，甚至是不可能的。对数学能力的理论研究，应尽量追求对象的完备性，而从教育的角度看，追求数学能力的绝对完备却没有实在意义。要根据社会发展对培养目标提出的要求，研究哪一些数学能力成分对于培养未来公民所必备的数学素质是必不可少的因素，哪一些数学能力因素具有某种程度的迁移作用，即能促进学生综合能力的发展。

2. 数学能力成分的确定要有明确的目标性

这有两层含义，一是指所确定的能力因素确实可以在教学中实施，而且能够达到预期的目的。即能力因素具有可行性。譬如，把“数学研究能力”作为培养学生数学能力的一个能力要素，就不具有可行性。二是指对每种数学能力成分应有比较具体可行的评价指标，因为数学能力存在着个性差异。同一种数学能力因素会在不同的学生中表现出明显的水平差异，因此要制定一个统一的标准，去衡量学生是否已具备了某种数学能力，是否达到了数学能力发展的目标。

3. 数学能力成分应满足相对的独立性

各种能力因素在一定意义下的独立与完备性相同，独立只是相对的。在确定数学能力成分时，应考虑各种能力因素的外延，尽量缩小外延相交的公共部分，避免出现两个因子的外延有相互包含的关系，使数学能力成分满足相对的独立性。否则，所确定的数学能力结构从理论上讲是不准确的，在实践中也会造成目标模糊、冲突而不便实施。

二、空间想象能力及其培养

（一）表象和想象

1. 表象

空间想象与表象有关。认知心理学认为，表象与知觉有许多共同之处，它们均为具体事物的直观反映，是客观世界真实事物的类似物。两者的区别在于，知觉是对直接作用于感觉器官的对象或现象进行加工的过程，知觉依赖于当前的信息输入。当知觉对象不直接作用于感官时，人们依然可对视觉信息和空间信息进行加工，这就是心理表象。即表象不依赖于当前的直接刺激，没有相应的信息输入，其依赖于已储存于记忆中的信息和相应的加工过程，是在无外部刺激的情况下产生的关于真实事物的抽象的类似物的心理表征。

作为不直接作用于感官的真实事物的现象的类似物，表象与感知相比，具有不太稳定、不太清晰的特点。正由于表象具有不太稳定、清晰的特性，所以，当人们需要从表象中获取更多的信息时，常根据表象画出相应的图形，以便于进一步加工。图形是人们根据感知或头脑中的表象画出的，是展现在二维平面上的一种视觉符号语言，是对客观事物的形状、位置、大小关系的抽象。

2. 想象

想象是在客观事物的影响下，在语言的调节下，对头脑中已有的表象经过结合、改造与创新而产生新表象的心理过程。因此，想象又称为想象表象。

（二）空间想象能力结构

1. 空间观念

数学教育课程标准对教育阶段学生应该具有的空间观念规定如下：①能够由实物的形状想象出几何图形，由几何图形想象出实物的形状，进行几何体与其视图、展开图之间的转换，能根据条件做出立体模型或画出图形。②能描述实物或几何图形的运动和变化，能采用适当的方式描述物体之间的位置关系。③能从较复杂的图形中分解出基本的图形，并能分析其中的基本元素及其关系。④能运用图形形象地描述问题。利用直观来进行思考。

2. 建构几何表象的能力

在语言或图形的刺激下，在头脑中形成表象，或者在头脑中重新建构几何表象的能力称为建构几何表象的能力。这种建立表象的过程必须以空间观念为基础，必须在语言指导下进行，图形刺激仅起到辅助作用。

三、数学能力的培养

（一）培养数学能力的基本原则

数学能力培养需要满足如下六项原则。

1. 启发原则

教师通过设问、提示等方式，为学生创造独立解决问题的情景、条件，激励学生积极参与解决问题的思维活动，参与思维为其核心。

2. 主从原则

教学要根据教材特点，确定每一章、每一节课应重点培养的一至三个数学能力。可依据数学能力与教材内容、数学活动的关联特点去确定每章和每节课应重点培养的数学能力。

3. 循序原则

循序原则的实质，在于充分认识能力的培养与发展是一个渐进、有序的积累过程，是由初级水平向高级水平逐步提高的过程。所以，若简单的认知能力不具备，也就不可能形成和发展高一级的操作能力，乃至复杂的策略运用能力。

4. 差异原则

教学要根据学生的不同素质和现有能力水平，对学生提出不同的能力要求，采取不同的方法和措施进行培养，即因材施教。教师应及时了解教学效果，随时调整教学。反馈原则是控制论中反馈原理在教学中的应用。

5. 情意原则

（1）要认识到每一个正常的学生都具有学好数学的基本素质

人所具有的能力是在先天生理素质的基础上，通过社会活动，系统的教育、科学的训练逐渐形成和发展起来的，其中生理素质是能力形成和发展的先决条件和物质基础。学生能否真正学好数学，还要在于教师能否采用有效手段去激发学生的兴趣和求知欲望，充分发挥他们的潜能作用，发展他们的能力。

（2）教师必须正视学生数学能力的差异

学生的数学能力表现出明显的个体差异。教师对学生的数学能力必须给予正确的评估。

（3）采取措施让学生积极地参与数学活动，主动地探索知识

数学能力的培养要在数学教学活动中进行，这就要求教师在数学教学中必须强调数学活动的过程教学，展示知识发生、发展的尽可能充分的、丰富的背景，让学生在这种背景中产生认知冲突、激发求知、探究的内在动机；不要过早地呈现结论，以确保学生真正参与探索、发现的过程；正确地处理教材中的“简约”形式，适当地再现数学家思维活动的过程，并根据学生的思维特点和水平，精心设计教学过程，让学生看到数学思维过程；注意暴露和研究学生的思维过程，及

时引导、启迪、发现错误，及时纠正并帮助总结思维规律和方法，使学生的思维逐渐发展。

（4）数学能力培养的目标观

教师应该依据教学内容制定数学能力培养的具体目标，把能力培养作为数学教学任务来要求。那种学生数学能力“自然形成观”对培养学生的数学能力是极为不利的。

（5）数学能力培养的策略观

数学能力培养既有一般规律，又有特殊规律，是一个系统工程，要有一定的战略战术，要讲究策略，要有具体明确的培养计划。

（二）数学能力的培养策略

1. 能力的综合培养

对数学能力结构进行定性与定量分析后，提出了数学思维能力培养策略。

（1）各种能力因素的培养应在相应的思维活动中进行

数学思维能力及各构成因素是在数学思维活动中形成和发展的，所以，有必要开发好的数学思维活动。数学思维活动可以看作是按下述模式进行的思维活动。

经验材料的数学组织化，即借助于观察试验、归纳、类比、概括积累事实材料。

数学材料的逻辑组织化，即由积累的材料中抽象出原始概念和公理体系并在这些概念和体系的基础上建立理论。

（2）能力因素的培养要有专门的训练

教学过程中应设计一些侧重某一能力因素的训练题目。能力的培养需要一定的练习，但不是盲目做题、练习。

（3）教学的不同阶段应有不同的侧重点

每一知识块的教学都可分为入门阶段和后续阶段再入门阶段，新知识的引入要基于最基本、最本原、最一般与原有知识联系最紧密的材料。使学生易于过渡到新的领域，要尽早渗透新的数学思想方法。使学生思维能有一般性的分析方法和思考原则，后续阶段是思维得以训练的好时期，由于有了入门阶段建立起的思维框架，学生的思维空间得到拓展。各项思维能力因素都应得到训练。

2. 特殊数学能力要素的培养策略

许多研究是围绕某些特殊能力要素的培养展开的。

（1）运算能力的培养

运算能力在实际运算中形成和发展，并在运算中得到表现，这种表现有两方面：一是正确性，二是迅速性。正确是迅速的前提，没有正确的运算，迅速就没有实际内容。在确保正确的前提下，迅速才能反映运算的效率。运算能力的迅速性表现为准确、合理、简捷地选用最优的运算途径。培养学生的运算能力必须做好以下几方面。

牢固地掌握概念、公式、法则。数学的概念、公式、法则是依据数学运算的实质，就是根据有关的运算定义，利用公式、法则从已知数据及算式推导出结果。在这个推理过程中，如果学生把概念、公式、法则遗忘或混淆不清，必然影响结果的正确性。

掌握运算层次、技巧，培养迅速运算的能力。数学运算能力结构具有层次性的特点。从有限运算进入无限运算，在认识上确实是一次飞跃，过去对曲边梯形的面积计算这个让人感到十分困惑不解的问题，现在能辩证地去理解它了。这说明辩证法又进入运算领域。简单低级的没有过关，要发展到复杂高级的运算就困难重重，再进入无理式的运算，那情况就会更糟，甚至不能进行。在每个层次中，还要注意运算程序的合理性。运算大多是有一定模式可循的。然而由于运算中选择的概念、公式、方法的不同往往繁简各异。由于运算方案不同，应从合理上下功夫。所以教学中要善于发现和及时总结这些带有规律性的东西，抓住规律，对学生进行严格的训练，使学生掌握这些规律，自然而然提高运算速度。

如果数学运算只抓住了一般的运算规律还是不够的，必须进一步形成熟练的技能技巧，因为在运算中，概念、公式、法则的应用，对象十分复杂，没有熟练的技能技巧，常常出现意想不到的麻烦。

（2）逻辑思维能力的培养

重视数学概念教学，正确理解数学概念。在数学教学中要定义新的概念，必须明确下定义的规则。例如，“平角的一半叫直角”的定义中平角是直角最邻近的种概念。“一半”则是类差。所以在定义数学概念时，必须找出该概念的最邻近种概念和类差，启发学生深刻理解。也不至于在推理论证上由于对概念理解不全面而导致论证失败。

要重视逻辑初步知识的教学，使学生掌握基本的逻辑方法。传统的数学教学通过大量的解题训练来培养逻辑思维能力，除一部分尖子学生外，这对多数学生来说，收获是不大的。

通过解题训练，培养学生的逻辑思维能力。通过解题，加强逻辑思维训练，培养思维的严谨性，提高分析推理能力。注意解题训练要有一个科学的系列，不能搞“题海战术”。

首先，要让学生熟悉演绎推理的基本模式——演绎三段论（大前提以小前提结论）。由于演绎三段论是分析推理的基础，在教学中，就可以进行这方面的训练。在教授数或式的运算时，要求步步有据，教师在讲解例题时要示范批注理由。

其次，平面几何的学习中，要训练学生语言表达的准确性，严格按照三段论式进行基本的推理训练，并逐步过渡到通常使用的省略三段论式。经过这样的推理训练，学生在进行复杂的推理论证时，才能保持严谨的演绎思维序列，不致发生思维混乱。

（3）空间想象能力的培养

适当地运用模型是培养空间想象力的前提。感性材料是空间想象力形成和发展的基础，通过对教具与实物模型的观察、分析，学生在头脑中形成空间图形的整体形象及实际位置关系，进而才能抽象为空间的几何图形。

准确地讲清概念、图形结构，是形成和发展空间想象力的基础。“立体几何”是培养学生空间想象力的重要学科。准确、形象地理解概念和掌握图形结构，有助于空间想象能力的形成和发展。

直观图是发展空间想象力的关键。对初学立体几何者来讲，如何把自己想象中的空间图形体现在平面上，是最困难的问题之一。所谓空间概念差，表现为画出的图形不富有立体感，不能表达出图形各部分的位置关系及度量关系。

运用数形结合方法丰富学生空间想象能力。通过几何教学进行空间想象力的训练，固然可以发展学生的空间想象的数学能力。但是培养学生的空间想象力不只是几何的任务，在数学的其他各个科目中都可以进行。

（4）解题能力的培养

探索阶段。在探索阶段主要是弄清问题、猜测结论、确定基本解题思路，从而形成初步方案的过程。具体的数学问题往往有很多条件，有很多值得考虑的解题线索，有很多可以利用的数量关系和已知的数学规律。从众多条件、线索、关系中很快理出一个头绪，形成一个逻辑上严谨的解题思路的过程中，学生的思维能力便得到了训练和提高。在教学中，教师应经常引导学生厘清已学过知识之间的逻辑线索，练习由某种数量关系推演出另一种数量关系，进而把问题的条件、中间环节和答案连接起来，减少探索的盲目性。具备猜测能力是获得数学发现的重要因素，也是解题所必不可少的条件。数学猜测是根据某些已知数学条件和数学原理，对未知的量及其关系的似真推断，它具有一定的科学性，又有很大程度的假定性。在数学教学中进行数学猜测能力的训练，对于学生当前和长远的需要都是有好处的。

实施阶段。实施阶段是验证探索阶段所确定的方案，最终实现方案，并判定探索阶段所形成的猜测的过程。这个过程实际上就是进行推理、运算，并用数学语言进行表述的过程。从一定意义上讲，数学可以看成一门证明的科学，其表现形式主要是严格的逻辑推理。因此，推理是实施阶段的基本手段，也是学生应具备的主要能力。推理、运算过程的表述就是运用数学符号、公式、语言表达推理、运算的过程。

总结阶段。数学对象与数学现象具有客观存在的成分，它们之间有一事实上的关联，构成有机整体，数学命题是这些意念的组合。因此，数学证明作为展示前提和结论之间的必然的逻辑联系的思维过程，不仅仅是证实。在数学学习过程中更重要的是理解。从这一观点出发，我们推崇解完题后的再探索。正如波利亚所强调的，如果认为解完题就完事大吉，那么“他们就错过了解题的一个重要而有益处的方面”，这个方面称为总结阶段。在这个阶段通常必须进一步思考解法是否最简捷，是否具有普遍意义，问题的结论能否引申发展。进行这种再探索的基本手段是抽象、概括和推广。

第二节　高等数学教学的基本原理

一、适度形式化原理

（一）形式主义数学哲学的适当运用

19 世纪下半叶，数学观念发生了巨大变化。以微积分为核心的分析数学用

$\varepsilon-\delta$ 语言得以完成严谨化的历程。希尔伯特将不够严谨的《几何原本》改写为《几何基础》，制定了完全严谨的欧氏几何的公理化体系。进入 20 世纪，形式主义、逻辑主义和直觉主义的数学哲学展开论战，结果是形式主义的哲学思潮获得了大多数数学家的认可。一些数学家追求完全形式化的纯粹数学，认为全盘符号化、逻辑化、公理化的数学才是最好的数学。法国布尔巴基学派的《数学原本》是其中的杰出代表。但是，以计算机技术为代表的信息时代数学迅速崛起，形式主义的数学哲学思想渐渐退潮。20 世纪 70 年代以后《数学原本》也停止出版。

不过，数学的形式化特点，永远不会消除。正如数学家和数学教育家弗莱登塔尔所说：从来没有一种数学思想，以它被发现时的那个样子发表出来。一个问题被解决以后，相应地发展成一种形式化的技巧，结果使得火热的思考变成了冰冷的美丽。

迄今为止，学术形态的数学依旧是形式化地加以表述的。公理化、符号化、逻辑化，仍然是数学保持完全健康的绝对保证。我们看到的形式化的技巧，是我们必须学习掌握的能力。形式化所显示出的冰冷美丽，更是理性文明的标志。我们绝对不可以否定或轻视形式化的数学表达。我们所要关注的是，怎样避免把火热的思考淹没在形式主义的大海之中。

过度形式化的数学在大学数学教育中也表现出来了。写在大学数学教材里的数学知识，也总是从公理出发，给出逻辑化的定义，列举定理，然后加以逻辑证明，最后获得数学公式、法则等结论。这是形式化的必然结果。至于隐含其中的数学思想方法，教材一般是不提，或者很少提的。

这就是说，尽管形式化的数学呈现出那种冰冷的美丽，非常可贵，应当引导学生学习、理解和欣赏，并且还能够加以掌握和运用，但是数学教育毕竟不能停留于此。成功的数学教育，还要进一步恢复当年发现这一美丽结果时的火热思考。

在 20 世纪 80 年代前后，当形式主义数学思潮渐渐消退的时候，数学教育研究提出了“非形式化”教学诉求。这种教学主张并非要全盘拒绝数学的形式化，而是说要适度地形式化。通俗地说，就是要把数学的形式化的学术形态，转换为学生易于理解的教育形态。

一般地说，形式化的严格的定义和数学证明来自实际的思考，所以，概念教学需要从非形式的问题入手。用问题驱动，借助朴实的语言、具体的例子来描述数学概念，让学生首先对所学概念有一个比较具体的认识，然后再用严格的数学语言进行定义。

同样地，定理的证明，也要根据问题的性质和特点，进行合情推理和猜想，找出思考的方向。不断探索解决问题的途径，甚至包括一些失败的尝试，这些都是非形式化的，但却体现了数学发现阶段的火热思考。下一步才是从不严格到严格，从非形式化的描述到形式化的描述。体现数学家在最初发现问题时“火热思考”的过程，正是数学教学创新的根本所在。

（二）不同“形式化”水平的适当选择

以微积分为例，就有以下的几种形式化的水平：特高的形式化水平。例如将微积分和实变函数打通，将黎曼积分和勒贝格积分统一处理。

高要求的形式化水平。以 $\varepsilon-\delta$ 语言处理的微积分，即“数学分析”课程。

一般要求的形式化水平。整体上要求形式化表述，但对极限理论等的论证采用直观描述，辅以 $\varepsilon-\delta$ 语言的表述。

较低的形式化水平。全直观地解说微积分大意。

每一种水平都是合理的。我们要做的事情是根据教学目标的设置和学生的特点进行选择。这是常识，无须赘述。

进一步说，即使是高水平的“数学分析”课程，也不能过度追求形式化，不可沉陷于烦琐的形式化陈述之中。

基石性的数学内容，不妨看作一个平台（借用计算机科学的一个名词），可以放心使用，却不必一一加以论证。正如我们会用 WORD 软件打字写文件，却并不知其制作的过程，只知其然，不完全知其所以然。

这样的“平台”，对数学教学有更特殊的意义。数学科学不同于其他学科，具有严格的逻辑结构。因此，数学的现代化不能废弃以前的理论，而要从古希腊的源头开始。例如，非欧几何的发现并不否定欧氏几何，现代分析学仍然建立在古典分析之上。那么，越来越多的数学内容怎样在时间有限的教学过程里加以呈现呢？我们只能采取跳跃式的前进方式，在保留一些数学精华的同时，将一些经典的结论作为“平台”接受下来。至于哪一些理论作为平台，需要教师根据实际情形进行选择。例如，在微积分教学中，阐述闭区间上的连续函数性质（有界性、最值达到性、价值性）的几个定理，可以严格证明，也可以选择不证明，画图说明，作为“平台”接受下来。这就是说，如能理解其意，以后会用来解释一些函数特征，也是一种关于形式化水平的选择。

二、数学建模原理

（一）数学建模的基本理论

1. 数学模型的概念和特征

所谓数学模型，是指对实际问题要进行分析，经过抽象、简化后所得出的数学结构，它是使用数学符号、数学表达式以及数量关系对实际问题简化而进行关系或规律的描述。数学模型，就是用数学语言去描述和模仿实际问题中的数量关系、空间形式。这种模仿是近似的，但又尽可能逼近实际问题。

数学模型有以下特点。

第一，数学模型不是一成不变的，而是不断发展的，开始时允许简单，然后与实际对照，修改模型，使模型越来越逼近客观。

第二，数学模型不是唯一的。因为建立模型时存在人的主观因素，不同的人对同一个研究对象所建立的数学模型可能不同，因此数学模型在发展过程中可以多种多样，好的模型得到不断发展，不好的则被淘汰。

第三，数学模型是实际问题的模拟或模仿。因为数学模型是研究事物所做的抽象化、简单化的数学结构。在建模过程中，对整个事物进行扬弃，抽取主要因素，舍弃次要因素，找出事物最本质的东西，但能够建立和现实完全吻合的数学模型是非常困难的，一般都是根据理想化或纯粹化的方法建立与现实近似的数学模型。

第四，数学建模教学和传统的数学教学不同，学生在掌握数学基本知识和方法的基础上，在教师的指导下，自己动手动脑去解决实际问题，对某一问题，可以独立去完成，也可以成立一个小组进行合作解决问题。对同一问题所得出的数学模型也可以不同。数学建模教学，就是把现实问题带到教室，用所学数学知识去解决问题的过程。学生对日常生活中的现实问题也怀有好奇心，比较感兴趣，他们通过观察和实验与现实交流，试图用所学数学知识去理解和解决现实问题。当现成的数学模型不能解决问题时，去探索适合于现实的新的数学模型。

2. 数学建模的含义

数学建模是解决各种实际问题的一种思考方法，它从量和型的侧面去考查实际问题，尽可能通过抽象（或简化）确定出主要的参量、参数，应用与各学科有关的定律、原理建立起它们的某种关系，这样一个明确的数学问题就是某种简化了的数学模型。

3. 数学建模的一般步骤

建模准备：要考虑实际问题的背景，明确建模的目的，掌握必要的数据资料，分析问题所涉及的量的关系，弄清其对象的本质特征。

模型假设：根据实际问题的特征和建模的目的，对问题进行必要的简化，并用精确的语言进行假设，选择有关键作用的变量和主要因素。

建立模型：根据模型假设，着手建立数学模型，将利用适当的数学工具，建立各个量之间的定量或定性关系，初步形成数学模型，要尽量采用简单的数学工具。

模型求解：建立数学模型是为了解决实际问题，对建立的数学模型进行数学上的求解，包括解方程、图解、定理证明、逻辑推理等。

模型分析：对模型求解得到的结果进行数学上的分析，有时是根据问题的性质，分析各变量之间的依赖关系或稳定性态，有时则根据所得的结果给出数学上的预测，有时则是给出数学上的最优决策或控制。

模型检验：模型分析的结果返回到实际问题中去检验，用实际问题的数据和现象等来检验模型的真实性、合理性和适用性。模型只有在被检验、评价、确认基本符合要求后，才能被接受，否则需要修改模型。一个符合现实的数学模型、一个真正适用的数学模型其实是需要不断改进的，要改至完善。

4. 数学建模的要求和方法

数学模型因不同问题而异，建立数学模型也没有固定的格式和标准，甚至对同一个问题，从不同角度、不同要求出发，可以建立起不同的数学模型。因此建立数学模型一般有如下要求。（1）足够的精度，即要求把本质的关系和规律反映进去，把非本质的去掉。（2）简单，便于处理。（3）依据要充分，即要依据科学规律、经济规律来建立公式和图表。（4）尽量借鉴标准形式。（5）模型所表示的系统要能被操纵和控制，便于检验和修改。

建立数学模型主要采用机理分析和数据分析两种方法。机理分析是根据实际问题的特征，分析其内部的机理，弄清其因果关系，再在适当的简化假设下，利用合适的数学工具得到描述事物特征的数学模型。数据分析法是指人们一时得不到事物的特征机理，而通过测试得到一组数据，再利用数理统计学等知识对这组数据进行处理，从而得到最终的数学模型。

（二）数学教学开展数学建模的意义

1. 通过数学建模教学，能增强学生应用数学的意识

现在的学生已经掌握了不少的数学知识，但是一旦接触到实际，常常表现得束手无策，灵活地、创造性地运用数学知识去解决实际问题的能力较低。而数学建模的过程，正是实践—理论—再实践的过程。

2. 通过数学建模教学，能培养学生相应的各种能力

数学建模面临的是实际问题，要将它转化为数学问题并将其解决，就要经过自己的细心分析。成功的数学建模特别需要想象力，因为知识是有限的，而想象力却可超越整个世界，激励着人类进化和社会进步。实际问题往往是复杂的，能抓住主要因素进行定量研究，会使学生的分析、抽象、综合、表达能力都得到训练和发挥，同时也会培养学生推演、计算的能力和使用计算工具的能力。要解决实际问题，提出解决方案，可行性的要求是最基本的，为了处理好贴近实际和能够求解这对矛盾，需在各种因素中进行取舍，对所得信息进行筛选，会大大提高学生的应变能力。

3. 通过数学建模教学，能增强学生的参与意识

加强数学建模教学，可改变传统的教学法，极大地调动学生自觉学习的主观能动性，促使学生互相探讨如何运用现有的数学知识解决遇到的问题，亲身体验解决问题后的成就感，打破学生潜意识中“数学高高在上，是聪明人的游戏”的观念，在参与中去亲近数学。

4. 开展建模教学，可以使学生转变受教育的观念

以前在应试教育体制下，教学者只注重知识的逻辑推导而不去关心知识的来源与用途，学习者只关心解题水平的高低的观念得以改变。

（三）数学建模教学的特点

1. 教学目标侧重点不同

数学建模教学目标侧重于培养学生应用数学的意识和初步掌握用数学模型来

解决实际问题的方法。在教学中一般要选择条件较易发现、参数易于估计与假设的问题，是将数学建模作为沟通数学与现实之间的一种手段来利用的。而普通理工类院校中的数学建模课程是强调运用不同方法构造不同模型，从而为解决实际问题提出指导性策略，更强调数学建模科学决策、定量决策的功能，它的侧重点在于解决问题本身。

2. 教学形式不同

数学建模不是作为一门单独学科来教学的。由于数学课时紧张，建模教学不能完全在课堂时间完成，而是在课堂上从课本相关内容切入建模知识与建模训练，教师帮助学生在课堂上将建模关键步骤完成后，其他工作则以课外活动等形式完成。

（四）数学建模教学原则

1. 可行性原则

要求教师在数学建模教学中，既要为学生的再发现创造条件，又要为学生提供将所学的数学知识与已有的经验建立内部联系的实践机会，既要注意当前学习的可能性，又要注意潜在的发展。数学建模教学活动的内容和方法要符合学生的年龄特征、智力发展水平和心理特征，适合学生的认知水平，既要让学生理解内容、接受方法，又要使学生通过参加活动，认知水平达到一定程度的新的飞跃。

2. 渐近性原则

数学建模教学与数学知识教学一样，应注意教学的渐近性原则。数学建模教学的渐近性主要体现为问题呈现的渐近性，呈现的问题按难度和复杂性由小到大可分为五个层次：识别性问题、算法性问题、应用性问题、探索性问题、情境性问题，其中识别性和算法性问题是数学建模的基础。

数学建模教学要遵循渐近性原则，第一阶段为基本应用阶段，在此阶段，学生的建模知识相对较薄弱，建模意识也不强，尚无数学建模经验，教师应精心选择一些较简单的、贴近学生生活经验的、适合学生学习情境的数学建模问题，由师生共同建立数学模型，但应以教师为主导、学生为主体。在建模过程中，教师应结合建模的一般含义、方法和步骤进行讲解，注意选择一些运用基本的数学方法就能解决的实际问题作为例题，重点放在如何运用数学知识刻画和构建模型方面，注重学生数学交流能力的培养，使学生初步了解数学建模的含义与方法，学会数学建模的一般过程和具体步骤，初步体验数学建模的思想和数学在日常生活中的作用，初步形成数学建模的意识。

第二阶段为探索性建模阶段。经过基本应用阶段数学建模的学习，学生已经形成了初级的建模意识，具备了初步的数学建模能力，教师应选择一些更具建模特点的典型问题情境提供给学生。问题情境提出后，师生共同分析，将实际问题数学化后，让学生亲自参与建模过程，利用有关数学知识和常用的建模方法，建立并解答数学模型，并根据问题的实际意义、具体背景，对解答结果进行检验、修正、评价。

第三阶段为情境性建模阶段。此阶段要求学生具备一定的数学建模能力，能够处理一些复杂的数学建模问题，一般只给出问题的情境和基本要求，要求学生根据具体的问题情境和基本要求，从一定的情境中发现问题并挖掘其中的有用信息，要求学生自行做出假设并设定一些已知条件，提出各种各样的模型构建方法，得出问题的答案，然后进行检验、修正和补充，直至找出准确的数学模型。

3. 主动学习与指导学习相结合原则

教师要做的不仅仅是给学生示范数学建模的程序，更重要的是成为学生的启发者和引导者，引导学生从实际现象中发现问题、提出问题并解决问题。教师要成为学生建模的好引导者，必须注意以下两点：一是了解学生已有的数学发展水平，即了解学生已有的知识技能和元认知水平，包括是否能够回忆起以前所学的相关知识、认识策略、解题策略等；二是利用精心设计的问题系列，清除学生的思维障碍或给予适当的方向性指导，即教师应依据教学目的和要求，结合学生的认知发展水平，精心设计数学问题情境，创设积极和谐的教学氛围，利用情绪对认知的促进作用，激发学生的兴趣，使学生形成主动的、迫切的数学学习意愿。积极和谐的教学情境也有利于学生数学建模的主动性和创造性的充分发挥。

4. 独立探究与合作探究相结合原则

数学建模教学应注重独立探究与合作探究相结合的原则，一方面强调发展学生的主体意识，鼓励学生积极主动地参与到数学建模的各个环节，要求学生独立思考、探究，进而提出解决方案，另一方面强调发展学生的合作意识，提倡采用小组学习、集体讨论等学习方式，以做到优势互补、发挥特长。简单的数学建模可由学生独立完成，复杂的数学建模可采用小组合作的学习方式。

第二章　高等数学教学设计

第一节　数学概念教学设计

数学概念是进行数学推理、判断的依据，是建立数学定理、法则、公式的逻辑基础，是构建数学理论体系的基石。因此，数学概念的学习是数学学习的基础。

一、数学概念的内涵和特点

数学概念是人们通过实践，从数学所研究的事物对象的属性中，抽象出其本质属性概括而成的。

（一）数学概念的内涵

数学概念是反映现实世界的空间形式和数量关系的本质属性的思维形式，例如，“平行四边形”这个数学概念，它具有大小、形状等方面的属性，但只要抓住“四条边”这一属性，就可以把它与一般多边形相区分；只要抓住“两组对边分别平行”这一属性，就可把它与一般四边形相区分，“四条边”“两组对边分别平行”就是平行四边形这个概念的本质属性。

数学概念通常用特有的名称和符号来表示。概念反映名称或符号的内容，表示人们认识事物的结果，而概念的名称或符号是表达概念的语言形式。

（二）数学概念的特点

数学概念具有鲜明的特点：

1. 抽象化

数学概念反映一类事物在数量关系和空间形式方面的本质属性，有些可以直接从客观事物的空间形式和数量关系反映得来，而大多数概念排除具体的物质内容，抽象出内在的、本质的属性，甚至在已有数学概念的基础上，经过多级的抽象过程才产生和发展而成，这种抽象可以脱离具体的实物模型，而形成一种具有层次性的体系。

2. 形式化

使用特定的数学符号来表示数学概念，使概念形式化，特定的数学符号既反映数学概念的本质属性，又使数学概念表现形式简化、准确，而且使数学概念可以在符号体系这种纯形式化中得以抽象和发展。

3. 逻辑化

在一个特定的数学体系中，孤立的数学概念是不存在的，它们之间往往存在着某种关系，如相容关系、不相容关系等，这些关系称之为数学概念的逻辑关系。这种逻辑关系使得数学概念系统化、公理化。

4. 简明化

数学概念具有高度的抽象性，再借助数学符号语言，使得一定事物的本质可以用某些简明的形式表现出来，这种简明化使人们在较短时间内掌握数学概念成为可能。

二、数学概念学习的形式

（一）概念同化

认知心理学认为，新概念的获得主要依赖认知结构中原有的适当概念，通过新旧概念之间的同化和顺应去完成，所谓同化，就是把新知识、新材料纳入原来的认知结构中；所谓顺应，就是当原有认知结构不能纳入新概念时，即当新概念与已有的认知结构发生矛盾、冲突时，必须改变已有的认知结构，以概括新概念，从而形成新的认知结构。例如，学生学习“梯形”这个新概念时，就要主动地与自己认知结构中原有的概念（平行、四边形、四边形的对边）联系起来思考，认识到梯形是原有四边形中特殊的一类，然后与原有概念（如平行四边形）区别开来，并相互贯通组成一个整体，纳入原有的概念（四边形）体系中去，从而明确它的内涵与外延。最后，通过例题的学习、习题解答，加深对梯形本质属性的认识，使它在数学认知结构中得到巩固。

概念同化是美国心理学家戴维·奥苏伯尔提出的一种概念学习形式，指的是新信息与原有认知结构中的有关概念相互发生作用，实现新旧知识的意义的同化，从而使原有认知结构发生某些变化。

如果是以定义的形式直接向学生揭示数学概念的本质属性，学生利用自己认知结构中已有的相关知识对新概念进行加工、改造，从而理解新概念的意义，这种获得概念的方式叫概念同化。

以概念同化的方式获得概念的心理过程如下：阅读定义→以旧知识来明确定义的内涵外延→区分和联系新旧概念。

数学概念同化的学习过程一般是直接揭示数学概念的本质属性，通过对数学概念的分类和比较，建立与原有认知结构中的有关数学概念的联系，明确新的数学概念的内涵和外延；再通过实例的辨认，将新数学概念与原有认知结构中的某些数学概念相区别；并将新的数学概念纳入相应的数学概念系统中，从而完善原有的认知结构，即在数学概念的教学当中，把概念的意义直接以定义的形式呈现给学生，学生再利用自己认知结构中已有的适当知识和观念理解其意义，从而获得新概念。

数学概念同化的学习过程有以下几个阶段：（1）揭示概念的本质属性，给出它的定义、名称和符号。（2）对概念进行特殊的分类，再讨论这个概念表达的各种特殊情况，突出概念本质属性。（3）建立与原认知结构中的有关概念的联系，同化新学习的概念。（4）用肯定例证和否定例证让学生进行辨认。

概念同化的学习形式主要是在已有认知结构的基础上进行的，新概念的获得，主要是依赖认知结构中原有的有关概念，通过新旧概念之间发生联系而完成，学生理解和掌握概念的过程，实际上是掌握同类事物的共同本质属性的过程，由于数学学习是掌握前人已经发现的数学知识，把前人的数学活动经验转变为自己的经验，使其成为自己解决问题的工具的过程，因此，概念同化是学生获得数学概念的最基本方式。

（二）概念形成

如果某类数学对象的关键属性主要是由学生在对大量同类数学对象的不同例证进行分析、类比、猜测、联想、归纳等活动的基础上，独立概括出来的，那么这种概念获得的方式就叫作概念形成。

以概念的形成方式获得概念的心理过程如下：辨别刺激模式→找出共同属性→确认本质属性→形成概念。

数学概念形成的过程，是从大量具体的实例出发，根据实际经验，分化出各种属性，同化出共同属性，抽象出本质属性，再概括到一类事物中，从而形成数学概念。

（三）概念形成与概念同化的区别与联系

数学概念形成与数学概念同化是有区别的。数学概念形成需要的是对物体或事件的直接经验，从这些物体或事件中抽象出它们的共同属性。而在数学概念同化的过程中，新的数学概念的共同属性一般都是教师指出的，不需要学生自己去发现，重要的是使学生把新知识与头脑中已有的有关知识联系起来，在概念形成的过程中，要求学生对所发现的共同属性进行检验，并通过对所发现的共同属性的修正，最终确定它们的本质属性，而在数学概念的同化过程中，则要求学生辨别所学习的新概念与原有认知结构中有关概念的异同，并将新概念纳入原有的认知结构中去。

但是，数学概念形成与数学概念同化也不是相互排斥的，在教学中把这两种数学概念学习形式有机地结合起来，常常可以收到较好效果。教师在向学生讲述定义之前，有意识地举出一些数学概念的实际例子，一方面让学生观察、思考，并从中归纳事物的本质属性；另一方面又直接揭示这些例子中所蕴含的某一类事物的本质属性，并给出有关数学概念的定义。这样，学生对数学概念既有感性认识又有理性认识，从具体到抽象，符合人的认识规律，同时又可提高教学效率，使学生能在较短的时间内正确理解数学概念所反映的事物的本质属性。

三、数学概念教学设计

数学概念教学过程可分为概念引入、理解和运用等几个阶段，下面从教学设计的角度分别加以说明。

（一）数学概念的引入

概念的引入是进行概念教学的第一步，要让学生认识到学习这个概念的必要性，同时引导学生由感性认识上升到理性认识而产生概念，设计概念引入的方法主要有以下几种。

1. 从实际问题引入

多数数学概念都有它的具体内容或现实模型，学生或多或少地在学习、生活过程中接触过，应根据各个概念产生、发展的具体途径，从实际问题引入。用来引入数学概念的感性材料，可以是学生日常生活中所接触到的事物，也可以是实际问题以及模型、图表、图形等，教师举这些足以反映某一数学概念的实际材料，引导学生进行观察、分析，抽象出它们在数或形方面的共同特征，在此基础上舍去其非本质属性，突出其本质属性，从而引入新概念。例如，平角、周角、椭圆、双曲线、圆锥等发生式定义的概念，都可以通过实际问题来引入。

概念引入时要遵循从具体到抽象的原则，采取“归纳式”，让学生经历从典型、丰富的具体事例中概括概念本质的活动，然后再举例（正例及反例）说明并进行练习和巩固。

2. 从旧知识引入

根据新旧知识联系的原则，可以从已知概念引入新的数学概念，主要有下面几种方法。

（1）类比式

有些数学概念，它们的内涵有相似之处，在引出一个新概念时，应善于把这些新旧对象进行类比，指出其本质属性的相似点或区别之处，揭示新概念的内涵，从而自然地由旧概念引入新概念。如分式可由分数类比，平行平面可由平行直线类比。

（2）归纳式

这是由特殊到一般的引入新概念的方法，在教学中，以科学的理论分析做指导，探索一类事物与某种事物之间的内在联系，或者两类事物之间的因果关系，把感性认识上升为理性认识，把所发现的对象的本质属性用简明的语言描述出来，最后归纳给出定义。

（3）增减内涵式

这是对已定义的概念进行限定或概括，即增加或减少已知概念的内涵，从而引入新概念，如在平行四边形概念的基础上，可由增加内涵（邻边相等或有一个内角是直角）而直接引入菱形和矩形的概念。

（4）需要式

从解决数学问题的内在需要而引入新概念。

（二）数学概念的理解

数学概念按教学的要求，需要学习者对其内涵、外延和本质进行理解。因此，数学概念的教学设计要求从以下几个方面进行。

1. 抓住概念的本质特征，重视定义的系统剖析

有些概念的涉及面比较广，设计时要抓住概念的本质特征，带动对整个概念的理解。例如，正弦函数的概念，涉及比的意义、角的大小、点的坐标、距离公式、相似三角形、函数概念等知识，“比”是这一概念的本质特征，学生容易产生怀疑的是，为何可以在角的终边上选取“任意”一点，用它的坐标来定义三角函数？

2. 充分揭示概念的内涵和外延

首先，要说明新概念与它的属概念之间的逻辑关系。其次，注意概念的定义与概念的区别，定义仅仅突出了对象的最特殊的本质属性，并不是全部内涵，其他的本质属性一般以性质定理给出。再次，要把概念的内涵与外延统一起来，明确概念外延所属的每一个对象必定具有概念的全部本质属性；反之，凡具有概念的本质属性的对象必定在其外延集合中。

3. 揭示概念中的每一词句的真实含义

有的概念叙述简练，但含义深刻；有的概念用式子表示，比较抽象，对于这样的概念，必须深刻地揭示每一词、句的真实含义，防止一带而过。比如“无限不循环小数叫作无理数”，定义中“无限”“不循环”“小数”三个词都必须揭示它们的真实含义。又如，从集合 A 到集合 B 的“映射”概念，教师有必要通过具体例子说明：①映射是两个集合 A，B 之间的一个对应法则；② A 可以等于 B；③ A 中每一个元素都有象；④象唯一；⑤ B 中的元素不一定有原象；⑥ B 中的元素有原象时未必唯一。

4. 通过恰当的例子明确概念

学生能否恰当举出概念外延中的元素，是评价学生是否掌握概念的重要方法，举例要求具有典型性和全面性，即对某一概念举例，必须要能用最少的例子说明该概念外延的各个方面，特别是要通过反例说明该概念的外延的确切范围，比如举正例更有说服力，反例应注意从相似或相反概念中，或从易被忽视的某些条件中去找，以使学生明确概念外延的范围、内涵的作用和概念间的区别与联系。

5. 重视概念的名称或符号的正确使用。

在教学过程中，要提醒学生注意，使用概念的名称或符号，要唤起概念的本质属性。例如，对于函数符号 $y=f(x)$，$x\in A$，由于函数是联系着定义域的对应法则，所以它与 $s=f(t)$，$t\in A$ 以及 $x=f(y)$，$y\in A$，都是表示同一个函数，只是所采用的字母不同而已，这对于讲清反函数及其表示具有重要意义。

（三）数学概念的运用

数学概念的运用是指学生在理解数学概念的基础上，运用它去解决同类事物的过程。数学概念的运用有两个层次：一种是知觉水平上的运用，是指学生在获得同类事物的概念以后，当遇到这类事物的特例时，就能立即把它看作这类事物中的具体例子，将它归入一定的类型。另一种是思维水平上的运用，是指学生学习的新概念被类属于概括水平较高的原有概念中，新概念的运用必须对原有概念重新组织和加工，以满足解当前问题的需要，因此数学概念运用的设计应注意精心设计例题和习题，数学概念运用的设计可以有以下几种。

1. 数学概念的识别

针对数学概念中容易出错的地方有目的设计一些问题，供学生鉴别，加深印象，与概念引入和理解阶段相比，这里的问题可以多一些隐蔽，也可以设置一些干扰因素。

2. 数学概念的简单运用

编制一组问题对所概括的数学概念加以运用，这组问题应当是递进的，有一定的变化，难度不宜过高。

3. 数学概念的灵活运用

有时直接利用概念的定义来解决问题，常常可以将问题化难为易，如利用椭圆、双曲线和抛物线的定义解有关焦点半径、焦点弦的问题，往往比较简单。教师可以选择有关的问题作为例题和习题，培养学生灵活运用数学概念解决问题的能力。

第二节　数学命题教学设计

一、数学命题的内涵

判断是对思维对象有所判定的一种思维形式，命题是表达判断的句子，即有真假的语句。命题有真假之分，表达正确判断的命题，称为真命题，表达错误判断的命题，称为假命题。

数学判断是对空间形式和数量关系有所肯定和否定的思维形式。用来表达数学判断的语句称为数学命题。数学命题包括公理、定理、推论、公式等。

在一个演绎系统中，不需要证明而把它们作为判断其他命题的真假的初始命题称为公理。

从公理或从已被证明的其他真命题出发，用逻辑推理的方法推导出来，并可进一步作为判断其他命题真假的依据的真命题，称为定理。

公式一般是指用数学符号表示几个量之间的关系的式子。

数学中有明确结论的习题也可作为数学命题。一部分带有探索性或创造性的问题，以及一些可以构成多种真命题的开放性命题都是命题的组成部分。

二、数学命题学习的形式

依据新命题与原有认知结构中的有关知识的三种关系，可将命题学习分为下位学习、上位学习和并列学习。依据数学命题获得的两种不同的心理形式，数学命题学习可以分为接受学习和发现学习。

（一）下位学习、上位学习和并列学习

命题学习的关键是获得新命题与原有认知结构中的知识间的关系，关系不同，学习难易程度、新命题和原有认知结构作用的方式也不同。新命题和原有认知结构中的有关知识有三种关系：下位关系、上位关系和并列关系。

如果原有认知结构中存在概括层次高于新命题的知识，那么新命题和原有认知结构中的有关知识就构成下位关系。上位关系和下位关系正好相反，原有认知结构中的有关知识的概括程度低于新学习的命题，这种关系叫上位关系，新学习的知识与原有认知结构中的有关知识，既不能构成下位关系，也不能构成上位关系，但它们之间又有一定的关联，这种关系称为并列关系。

依据上述三种关系，数学命题的学习可分为下位学习、上位学习和并列学习。

1. 下位学习

在下位学习中，新命题可以和原有数学认知结构的有关知识发生联系，直接纳入原有认知结构中，充实原有的数学认知结构。在这种学习中，新命题是已有命题的特例，是一般到特殊的关系，所以新命题直接从原有认知结构中分化出来。

例如，学习平行四边形后学习矩形，直接在平行四边形的认知结构中指明“有一个角是直角的平行四边形”的属性就能把和矩形有关的新定理纳入平行四边形的认知结构中去。

2. 上位学习

上位学习是通过对已有认知的归纳、综合与概括，改进原有的认知结构为新的认知结构而完成的，新命题中的概念之间的关系是通过归纳、概括比它层次低的有关知识而获得的，所以，如果说下位学习中获得概念间的关系是通过分化，那么上位学习中获得的概念之间的关系依靠的便是综合。

例如，在学习了三角形内角和、四边形内角和定理后，学习多边形内角和定理，就需要对三角形、四边形、五边形等内角和与边的关系，进行观察比较、抽象与概括，建立具体内容，变为（n–2）· 180° 的形式，成为多边形的内角和的认知结构。

3. 并列学习

在并列学习中，新命题与原有认知结构没有像上位学习和下位学习那样的直接关系，学习的关键是找新命题与原有认知结构中有关命题的关系，使它们在一定意义下能进行类比。即在并列学习中，新命题中概念间的关系是通过类比处于并列关系的“旧命题”中的概念间的关系获得的。

例如，不等式的同解原理和方程的同解原理是并列的关系，学习了方程的同解原理后，学习不等式的同解原理，既可以通过类比，建立两者关系，从而掌握不等式的同解原理。

（二）接受学习和发现学习

数学命题获得通常采用两种方式：一种是命题的同化形式，即直接给学习者展示学习的新命题，把学习者原有的观念与新命题中的有关概念联系起来；另一种是命题的形成形式，即学习者通过考察命题的特例，然后抽象、概括出命题的过程。

依据上述数学命题获得的两种不同心理形式，数学命题学习可分为接受学习和发现学习。

1. 接受学习

数学命题接受学习是把数学命题直接呈现在学生面前，通过分析命题所涉及的数学概念以及数学命题的条件与结论，得出命题的逻辑关系，然后，学习命题的证明过程，并用实际例子对命题的正确性进行验证。将所证得的命题纳入学生已有的认知结构中，形成新的知识体系。最后，还要学习命题的应用。

数学命题接受学习以理解为主，在接受学习中也应当有学生的活动。例如，学生的操作、实验、练习、讨论和回答问题等，这些活动形式不仅在发现学习形式中被经常采用，而且在接受学习形式中也被广泛采用。

数学命题接受学习的过程大致有以下几个环节：①分析命题，观察命题，理解命题的含义，分析命题的条件与结论、命题的逻辑结构。②激活旧知识。在原有的认知结构中找出与所学习的命题有关的概念、定理和公式等，建立新的数学命题与原有认知结构的联系。为此，要对与所学习的命题有关的数学概念和命题做适当的复习，这样有助于学生加深对所要学习的数学命题的理解，为数学命题的学习扫除障碍。③证明命题。在此基础上进一步分析命题证明的思路，得出命题的证明过程。④理解和应用，通过例题和练习进一步深入理解数学命题，并学会它的各种应用。

2. 发现学习

发现学习是学生独立地获得知识的学习方式。学生从具体例子出发，通过操作、实验、分析、推理，发现一般结论。

数学命题发现学习的过程是一个探索的过程。例如，在学习了三角形内角和定理后，通过将四边形分割成两个三角形，可以得到四边形内角和等于 360°，通过将五边形分割成一个四边形和一个三角形，可以得到五边形的内角和为

540°，依次类推，通过归纳可以得到多边形内角和定理，当然，在有些情况下，数学命题发现学习也可以通过演绎推理进行。

数学命题发现学习的过程大致有以下几个环节。

（1）探索发现

通过观察实际例子，找到这些例子所具有的共同条件，并在这些条件下进行探索，发现结论，发现的过程可以是一个实验与操作的过程，即通过实验与操作发现结论。例如，掷一枚均匀硬币，得到正面的概率为0.5，可以通过全班学生做大量的实验，统计实验的总次数及出现正面的次数，计算频率，进行验证，并推断试验次数无限增加后，频率的稳定值为0.5。

（2）提出假设

在从一些实例发现某些共同的特性后，通过概括，进一步提出假设，将所发现的结果上升为数学命题。

（3）验证假设

通过理论或实践对提出的数学命题进行验证。在很多情况下，是对命题进行逻辑论证。还有，由于数学命题的严密性要求，常常会出现提出的命题不够完整，在验证的过程中须进行修正，使得到的数学命题更为完备，表达更为精练确切。

（4）得出结论

在验证假设的基础上，得到数学定理或公式。例如，用发现学习的方式学习三角形内角和定理的过程是：首先进行探索，用量角器量许多三角形的三个内角，并将它们相加，得到这些三角形三个内角和。然后通过观察，发现这些三角形的内角和接近180°或等于180°，于是，提出假设，三角形的三个内角的和等于180°，接着再通过演绎推理，证明这个假设成立，最后得到三角形的内角和定理。

（5）理解和应用，通过例题和练习进一步深入理解数学命题，并学会它的各种应用。

三、数学命题教学设计

数学命题教学过程可分为命题的引入、分析、证明及应用四个环节，下面分别加以说明。

（一）数学命题引入

用发现学习形式学习数学命题时，首先向学生提供一系列的实例和研究素材，让学生在一定情境下，通过观察、实验、操作、讨论和思考，探索规律，提出猜想和假设，然后引入数学命题。教学设计中常用的引入途径如下。

1. 用实际操作引入

这种方法即通过学生的实践去发现。在教学中，教师应提供适当的素材，组织学生首先进行实践操作，通过自己动手实验、演算、作图、设计问题等操作形式，再进行动脑思考去发现命题。

2. 根据实际的需要引入

现实生活和生产实践中的一些问题，需要运用数学的方法才能解决，在解决的过程中，往往会产生一些很有用的公式、法则、定理，因此，为了解决实际问题，用问题的形式去探求问题，也是引入数学命题的一种途径。

3. 加强或减弱命题的条件引入命题

命题教学中，有时可以对原有命题的条件或结论进行加强或减弱，由此导出新的命题。

除了上述几种常用的引入命题的方法，还可以从概念的定义出发，结合图形，运用已知公理、定理进行推理去导出命题；也可以从已知定理出发，运用命题形式的关系，构造其逆命题、否命题或逆否命题，得到新的命题。总之，在命题教学中，要根据命题内容，结合学生的具体情况，灵活恰当地设计引入方式，这对于学生理解和掌握命题是十分有益的。

4. 引入设计时应注意的几个问题

（1）例子的选取

在引入时选取的实例应符合所要发现的数学命题的条件，背景要比较简洁，尽量少一些干扰，并尽可能带有趣味性，与现实生活相关联，学生在概括数学命题时容易产生的主要问题为不严密、不完备、不精练，教师要有针对性地对学生所概括的数学命题中的错误与不足进行纠正，从而激发起学生修改和完善数学命题的积极性。

（2）实验与操作的设计

例如，可以设计图形的翻折、旋转、拼搭和分割，度量线段的长度和角的大小；利用叠合表明相等或不等的关系，用尺规作一些基本的图形等；实验与操作可以依赖于实物模型、教具、学具以及其他适当的手段。

（3）提问的设计

提出的问题要让学生明确从哪个方向去发现结论，或者明确实验与操作所要达到的目标。要重视提问的深度，尽可能避免“是非式”或“填空式”的提问。

（4）讨论的设计

对学生的讨论要有明确的要求，讨论的问题要具体，能引起不同意见的争论。

（5）多媒体教学的设计

用多媒体课件辅助数学命题发现学习，动态的画面、鲜艳的色彩常能起到事半功倍的作用。利用重复演示可显示探索的过程，说明知识发生的过程。根据需要也可以让学生参与教学过程，运用计算机自己来探索和发现数学命题。

（6）复习设计

数学命题接受学习是直接向学生呈现数学命题，为了使学生更好地掌握所学的数学命题，必须在原有的认知结构中找到有关的概念和命题，为此必须对旧知识进行复习，为学习新的数学命题扫清障碍，在复习的基础上引入新的数学命题。复习的设计要注意以下几点：

①针对性

要根据学生在命题接受学习的过程中可能产生的困难，有针对性地确定复习内容。同时，也要复习与新命题相关的概念与命题。

②趣味性

复习不应当成为知识的简单重复，应尽可能使复习具有新鲜感，努力创设新的情境，以提高学生的学习兴趣。

③参与性

复习应当强调学生参与，以学生为主体，教师应启发学生完成复习，并为学生留有回忆与整理旧知识的时间。

（二）数学命题分析

对数学命题进行分析，就是要区分数学命题的条件与结论，分析命题的逻辑结构和符号表示方法。设计数学命题分析时可以采取以下几种形式：

1. 阅读

让学生通过阅读对所要学习的数学命题有一个大致了解。学生的阅读也可以设计为课前的预习。

2. 讨论

在学生对所学数学命题有所了解的基础上，组织学生进行讨论，分清楚命题的条件和结论，分清定理的条件和结论有两方面的意思：一是要求学生能用各种数学语言叙述定理，这是命题证明的基础。对于某些命题，其条件和结论不是十分明显，教学时应该把它们恢复成命题的标准形式，例如，“对顶角相等”，应完整叙述为“如果两个角是对顶角，那么这两个角相等”，并能结合图形进一步写成“若∠α、∠β是对顶角，则∠α=∠β”，二是搞清公式、定理的运用范围。每个定理都是在有且仅在某些条件完全具备才能使用，反之，不再具备这些条件就不能使用此定理，若强行使用，则必定出错。例如，垂径定理“垂直于弦的直径平分这条弦，并且平分弦所对应的弧”就有两个条件：①过圆心（直径）；②垂直于弦，这两个条件缺一不可，一条直线只有同时具备①、②这两个条件，才能推出“这条直线平分弦、平分弦所对的弧、平分弦所对的优弧”三个结论都成立。

3. 交流

在学生讨论的基础上，汇总各种意见，相互交流并做补充。通过分析明确数学命题的地位、作用及逻辑结构。

4. 操作

命题接受学习的过程也可以设计实验与操作，以增强对命题感性的认识。

（三）数学命题的证明

命题引入后，教师的重点工作转向对命题的条件、结论剖析，探讨其证明思路。在教学中要做好以下几方面的工作。

1. 注意对定理证明的思路分析

第一，要切实分清命题的条件与结论，要求学生能用语言和数学符号将其表述出来，这是命题证明的基础。对于一些简化式命题，其条件与结论不是十分明显，初学者难以掌握，教学中应恢复成命题的标准形式“$p\rightarrow q$”。对于含有多个结论的合取式命题，在教学的初始阶段最好把它按结论的个数分解为几个命题分别处理。

2. 注意命题的多种证法

对一个命题采用多种证明方法，不仅可以开拓学生的思路，训练思维能力，而且还能使学生从横向和纵向方面把握命题，加深对命题的理解。

运用多种方法证明一个命题，一般有两种处理方式。一种方式是在学习该命题时，同时采用两种或多种方法去进行证明，但考虑到教学时间的限制，可以以一种证明为主，另外的证明方法经教师提示后由学生自己在课后完成。另一种方式是利用所学的新命题，返回去证明以前已学过的旧命题，这样，对旧命题而言就体现了“一题多证”，更重要的是，这种方式还能帮助学生找出新旧知识的联系，形成知识体系。

3. 注意建立数学命题系统化体系

如同形成概念体系一样，数学命题的系统化对于学生全面系统地掌握知识，形成合理完善的认知结构有积极的促进作用。在教学中，教师要揭示命题之间的联系，从纵、横两个方向对知识进行整理，纵的方向按逻辑关系整理，横的方向按命题的用途归类，这样就把数学命题与其相关的知识联成网络，在应用时就能使相关的知识发挥其各自的作用，同时还能体现出知识的整体功能。

4. 注意揭示数学的思想方法

一个数学命题的产生，本身就包含着一定的思想和方法。在命题教学中，教师应当揭示隐含于数学表层知识之中的数学思想方法，这对于发展学生的数学能力、提高数学素养是十分有利的。例如，推导一元二次方程的求根公式，要指出“配方法”的功能和作用；对于圆周角定理的证明，要突出“分类思想”；关于数列的有关概念、性质，则应体现“递归思想”“函数思想”，其研究方法又涉及了“归纳法”“迭代法”“累加法”等具体的数学方法。

（四）数学命题的应用

一般而言，数学中的定理、法则、公式等都是包含程度较高的命题，应用它们可以解决众多的数学问题。同时，命题的应用又是训练学生的逻辑推理能力、发展学生思维能力的必由之路，因而，命题的应用是命题教学中必不可少的重要环节。具体地说，在定理、公式、法则的应用中，要注意安排好各类习题，既有基本训练题，又有巩固知识的题型，还要有综合型的题目。另外还应适当地补充一些逆用、变用定理及公式的例题、习题，以培养学生活用、逆用命题的能力。

下面是命题应用中的一些注意事项。

1. 注意定理的条件

忽视定理、公式的条件而产生错误，是学生在学习中的一种普遍现象，教学中必须引起教师的高度重视。

2. 注意研究定理的反面

研究定理的反面，是训练学生逆向思维能力的有效途径，教师应当有这种意识。

3. 灵活应用定理

以题组的形式，由浅入深地在不同层次上应用定理。题目应包括直接用定理的类型；用定理的证明方法去解决的类型；综合类型等，题目的形式可以多样化。

4. 进行定理的推广

在命题教学中，根据学生的知识水平和接受能力，有时可以将命题进行一定程度的推广、以开阔学生的视野、使其受到数学研究方法的熏陶，逐步提高创造性思维能力。

（五）数学命题学习的四种水平

数学命题学习的水平也可以分成了解、理解、掌握和综合运用四种。

了解：能回忆出命题的言语信息、能辨认出命题的常见例证、会举例说明命题的相关属性。

理解：能把握命题的本质属性、能与相关命题建立联系、能区别命题的正例与反例。

掌握：在理解的基础上，能直接把命题运用于新的情境。

综合运用：能综合运用命题解决问题。

第三节　数学问题解决教学设计

一、数学问题解决概述

20 世纪 80 年代以来，问题解决已经成为数学教育的国际潮流。对于“数学问题解决”的界定有很多种提法，归纳起来，可以综合成三个方面的含义：（1）“问题解决”是数学教育的一个目的。（2）“问题解决”是一个过程，是一个发现的过程，探索的过程，创新的过程。（3）“问题解决”是一项基本策略。

“问题解决”不仅仅是培养学生的解题能力，而应贯穿于整个数学教育中。“问题解决”教学为学生提供了发现、创新的环境和机会，为教师提供了一条培养学生解题能力、自控能力和应用学习知识能力的有效途径，因此，“问题解决”是一种带有全局性的教育教学模式，带有根本性的改革意义。

二、数学问题解决的过程

“问题解决”是个过程，它是“将先前已获得的知识用于新的、不熟悉的情境的过程”，在进行问题解决时，学生必须综合所学的知识，并把它用到新的、困难的状况中去，这就需要学生使用恰当的方法和策略，需要探索和猜想。

下面介绍对数学问题解决过程的几种看法。

（一）美国数学家波利亚的问题解决过程

波利亚将解题的过程归纳为四个阶段：

理解问题→拟订计划→执行计划→回顾

1. 理解问题

首先，理解问题的文字叙述，指出未知数、已知数据和条件，对问题有个整体的了解。其次，从各个方面来考虑问题的主要部分（即未知数、已知数据和条件），如果问题和某一个图形有关，那么就应该画图，并在上面标出未知数和已知数据；如果对一些对象需要给予名称，就应该引入适当的符号。再次，把问题中的主要部分进行各种组合来考虑，同时把每个细节与其他细节联系起来，把每个细节与问题联系起来。

2. 拟订计划

找出已知数和未知数据之间的联系，如果找不出直接联系，那么考虑辅助问题，最终得出一个求解的计划。

3. 执行计划

执行求解计划，检验每一步骤。

4. 回顾

验算所得的解：试着用别的方法导出这个结果，改正解的各个部分；总结所得的结果并试着把它用于其他问题。

（二）美国心理学家奥苏伯尔的问题解决过程

奥苏伯尔将问题解决的过程分为如下四个阶段：

呈现问题的情境命题→明确问题的目标与条件→填补问题空隙→检查问题的解决过程

具体地说，学生的问题解决活动从认识问题的情境命题开始，通过对情境命题进行仔细分析，理解其意义，从中确定出问题的初始状况和解题要达到的目标，并建立起对问题的初始表征。所谓空隙，即问题初始状态和目标之间的差距，填补空隙即遵循一定的规则，采取一定的策略，缩小初始状态和目标之间的差距。得到问题的答案后，要进行检验，即回顾并查明推理过程是否有错，填补空隙的途径是否最为简洁，是否可以记录下来以供交流。

当解决问题的程序系统对于解决其他问题同样有效时，它就将存储在长时记忆系统中，以解决其他的同类问题。

（三）信息加工理论下的问题解决过程

信息加工理论对问题解决的过程则描述为两个阶段：寻找和接受信息阶段，对信息的加工处理阶段。

寻找和接受信息阶段——主要表现为对问题的重新描述和在头脑中的内部表征（包括了解和发掘所需要的解题条件）；

对信息的加工处理阶段——将自己过去已经掌握的方法用于新的情境，通过探索问题空间去解决问题。

从解决问题的基本思路看，可分为初级信息加工和思维策略两个层次。

初级信息加工的主要思维方法如下。

1. 假设检验

不依赖已有认识，只是针对问题随机尝试，遇到矛盾，再换一种可能性的假设进行试探。

2. 选择性探索

利用已有针对性知识，按先易后难的原则选择几种主要思路进行探索。

3. 逐步逼近

设立一个目标，向目标方向前进，逐步接近它。

4. 手段 – 目的分析

先设立一个目标，然后分析它与现状的差距，找出方法来缩小差距。

思维策略主要有下以几点。①目标递归策略。不看问题进行的具体状态，只将内部总目标和分目标记住，就可以一步一步去做，直至解决问题。②知觉策略。根据感知问题的明确情境、状态和最终目标，确定下一步的方法。③模式策略。根据问题的要求和规则，总结出具有规律性的模式，不必记住目标和步骤，按照模式按部就班地达到目标。④机械记忆策略。将正确的一系列解题步骤机械记忆，以解决今后可能遇到的相同问题。

三、数学问题解决过程设计

一般而言，数学问题解决教学过程设计，包括情境的设计、问题的设计和学生活动的设计三个步骤，下面逐一论述。

（一）情境设计

创设情境是数学问题解决过程的重要环节，情境的设计要有利于激发学生的求知欲，有利于培养学生的探索精神，有利于培养学生的自信心，有利于培养学生的合作精神，常见的情境设计如下。

1. 问题情境

教师要为学生创造一个适合自己寻找知识的意境，使学生经常处于“愤”“悱”

的状态，激发学生对问题探求的欲望。

在创设问题情境的教学过程中，教师应先与学生一起对问题进行观察和磋商，逐渐造成这种情况——这个问题学生急于解决，但仅利用已有的知识和技能却又无法解决，形成认知冲突，这就激发了他们的求知欲。这个问题可以来自数学知识内部，也可以来自现实生活。在设计时，可根据所教的知识内容和学生的实际情况来拟订问题，要比较多地关注发生在学生身边的问题，融生活趣味和知识趣味于一体的问题。

2. 情绪情境

创设情绪情境能培养学生的意志和自信心，当学生不能解决所提问题时，可先设计一些他们当时能解决的问题让他们做，并在他们取得初步成功时，积极激励他们，当一些学生不想解题，甚至不愿正确理解这个问题时，教师要设法激发起学生的好奇心，给学生某种解题愿望，同时应当给学生一些时间，使他下定决心来解决问题。当学生求解那些对他来讲并不太容易的问题时，要让他学会不放弃，学会从微小的进展开始，学会开拓思路并积极进取。

3. 教室环境

教师应当创设教室环境，以利于培养学生的数学才能，这样的教室环境应该是：尊重和重视学生的想法和观念；为探索和掌握数学思想和数学知识提供必要的时间；为数学技能的培养提供必要的相关资料；鼓励学生每一个微小的进步，而切忌责怪学生；鼓励学生独立地学习；鼓励学生积极参与小组或班级学习活动，使班级形成一个彼此合作的智力团体。在课堂教学中，教师应当扮演成顾问、辩论会主席和评价人等角色，而不只是讲授者和权威；教师应当鼓励学生用口头或书面的形式表达他们自己的想法，学会以合作的方式解决问题。

（二）问题的设计

问题的设计是数学问题解决过程设计的关键。教师必须设计一些“好问题”，好问题的特点是:（1）问题具有较强的探索性，要求人们具有某种程度的独立见解、判断力、能动性和创造精神；（2）问题具有现实意义或与学生的实际生活有直接的联系，具有趣味和魅力；（3）问题具有开放性，即有多种不同的解法或多种可能的解答；（4）问题能推广或扩充到各种情形。

在具体设计问题时，还要注意以下几点：①要选择在学生能力的“最近发展区”内的问题，教师在细致地领会课程标准理念、钻研教科书、研究学生的思维发展规律和知识水平的基础上，提出具有一定难度又是学生力所能及的问题。②问题的提法要有艺术性、新颖性、趣味性、现实性，让学生欲解决问题而后快。③问题的安排要有层次性，要由浅入深，由易到难。④能将数学思想和数学模型用于探究所提出的问题。

（三）学生活动的设计

数学问题解决教学强调的是学生的自主学习活动，在课堂教学中，什么时候让学生独立思考、独立操作，什么时候让学生讨论、交流信息，怎样组织讨论和交流等，是教学设计中要精心考虑的，一般考虑以下因素。

1. 活动顺序的安排

学生活动通常可以这样安排。（1）理解问题，可以由学生自己读题和理解，也可以师生一起观察和磋商。（2）寻找问题和已知知识的联系。在这个步骤，教师要充分引导学生观察和联想，由此找到解决问题的思路和方法。（3）独立思考与小组讨论相结合。可以先由学生个体探究后讨论，也可以先讨论然后学生个体再探究，还可以个体探究和讨论一起进行。（4）交流结果和心得。在这个环节，要注意让学生充分地表达他们在问题解决过程中感想和体验，以帮助学生建构问题解决的策略。

学生的活动可以通过听、看、阅读、思考、动笔、利用计算器或计算机等方式进行。

2. 教学形式的选择

问题解决教学主要是通过个体探究和群体交流两种活动来进行，与此相适应的教学组织形式有：全班、个人、小组三种。

（1）全班的教学形式

教师在同一时间里可以和全班所有学生进行交流，给他们讲述、解释、演示、组织他们讨论，通过教师有针对性的教学组织，为教学创设一个良好的、热烈的氛围，引导学生思考、探究，有效地克服解题障碍，同时在教学过程中要充分地利用教师的个性特征。

（2）个别的教学形式

教师可以因人而异地给每个学生布置不同的学习任务，让学生独立去探究，在个别指导时，要培养学生正确的学习习惯和学习方法，帮助他们克服困难，比如给他们必要的提示，提示带有启发性的问题，适当的补充练习（给困难学生多补充基础练习，给优秀学生尽量补充一些具有挑战性的问题）。个别的教学组织形式，重点要放在促进学生自学，培养独立钻研的精神和能力方面。

（3）小组的教学形式

把一个班根据教学任务分为若干个小组，把不同程度的学生搭配在一起，活动时，先让学生独立思考，然后在小组中交流、讨论。小组中每个成员的地位是平等的，气氛是民主的，他们相互学习、交流、协作，为共同完成学习任务而努力。这就是所谓的“小组合作学习”。

教师在小组讨论中可引导学生做到：①提出问题和疑问；②做出猜想并求解；③对别人的交流做出反应；④使用各种手段进行推理，找出关联，解决问题并交换看法；⑤用数学事实和论证判定正确性。

第四节　数学复习课教学设计

一、数学复习课的特点

学生对新课内容的理解，只能建立在已有的知识或经验的基础上。所以教学时，常常要引起学生对某些生活经验的回忆，或者对已有的相关知识的复习。

数学是一门结构性很强的学科，平日的教学中知识点往往是一个一个地呈现，一般说来缺乏系统整理。复习课可以针对知识的重点，学习的难点和学生的弱点，引导学生按照一定的标准把已学的知识进行梳理、分类、整合，弄清它们的来龙去脉，沟通其间的纵横联系，从而整体上把握知识结构，具体来说，数学复习课有以下几个特点：

（一）重复性

复习课首先是要对学过的知识进行重复学习。一个完整的学习过程可分为三个阶段：学习、保持和重现，这里的学习阶段是指学生获得新知识的阶段，学生学过的知识必须在头脑里保持和再现，以便以后提取和应用。如果学习之后不复习，那么新的意义将自动逐渐向原有观念还原，遗忘就会出现，记忆就不再能够恢复，从而导致永久性遗忘。因此，数学复习课就要让学生重新复习学过的定义、定理、公式、法则以及解题的方法等，把被遗忘的东西重新建立起来，把过去没有掌握的东西补上来，使新的意义确立和巩固，防止还原过程的出现。

但是，这种重新学习已经不是简单的重复，而是在全面了解的基础上的重复，应该比先前的学习更提高一步。事实上，从整个学习过程来看，学习是经过多次的反复，逐步提高认识的层次，从低级到高级的螺旋上升过程。

（二）概括性

数学知识中蕴含着丰富的思想方法，它与具体的表层数学知识相比，更加抽象和概括，因此，学生要理解它、掌握它，需要一个从特殊到一般、从具体到抽象、从感性到理性的认识过程。数学复习课总是要适当地对某种数学思想方法进行概括和揭示。

复习课中的概括可以在整理数学知识的过程中进行，也可以在解题过程中进行，在整理数学知识时，可以从纵向看知识的来龙去脉，也可从横向看知识之间的内在联系，概括出数学思想方法。在进行解题教学时，除了弄清如何用已有的知识解决问题，还要重视揭示“通性通法”和一般的原理。

（三）系统性

数学复习课在重复和概括的基础上要进行梳理，使数学知识和数学思想方法系统化。这种梳理工作，可以在教师的指导下，由学生自己进行，使这个系统在学生的头脑里形成，以便于储存，提取和应用。

（四）综合性

在数学复习课里，一方面把学过的各部分知识整合起来形成一个统一的整体，即梳理；另一方面，通过解题，培养学生综合应用知识的能力。如果只停留在梳理的层面上，不进行解题训练，那么梳理出来的理性认识就会束之高阁，不能培养学生应用知识的能力；如果只停留在解题层面上，不揭示通性通法和一般原理，那么解题知识具体的方法和技巧积累，不能深刻理解和系统掌握。

所以，数学复习课要避免以上两种偏向，把梳理与解题结合起来，以帮助学生加深理解和提高综合能力。

二、数学复习课的结构

数学复习课教学要通过提问思考、归纳总结、综合运用等形式对数学的基础知识、基本技能以及基本方法进行有针对性的、系统的、综合的教学，达到基础知识系统化、基本技能自动化、基本方法熟练化的目标。数学复习课如何上？知识如何串联？方法如何讲？一直是众多的中学数学教师所关注的问题。

复习课的目的：（1）复习巩固某一部分知识，对知识进行归类、整理，进一步加深对知识的理解，形成知识网络。（2）进一步培养训练学生的技能技巧，能灵活运用所学知识解决有关的问题。（3）通过复习，培养学生的归纳整理能力及合作解决问题的意识。

复习课的操作过程：（1）创设情境，引入课题。上课开始，教师可创设一定的教学情境引入课题，或运用富有启发性、趣味性语言点明课题。然后引导学生明确本节课的目标任务和活动要求。（2）自主回忆，知识梳理。回忆，就是要求学生将学过的旧知识不断提取而再现的过程。可自己想，可同桌相互说，也可小组合作，教师可参与到学生活动之中，但不做过多指导。通过回忆过程，把有关的旧知识再现出来，并且进行一些必要的梳理，将知识条理化、系统化，即此部分知识由哪些知识点构成，各知识点之间有何关系，能否举例说明。（此环节可课前完成）（3）交流成果，完善网络。学生回忆的情况如何，知识梳理的效果怎么样，需让学生通过交流予以展示。可让学生或一小组集体到讲台上汇报自己的知识梳理情况，可一边讲解，一边板书，一边出示有关的问题，其他同学进行及时评价或矫正。在此过程中，通过学生的展示和争论，不但达到了进一步深化知识网络的目的，也给学生展露自己的个性和智慧提供了有效的空间。（4）典型示例，沟通联系。学生在对该部分的知识网络有了整体的把握后，为进一步深化知识、提高学生解决问题的能力，教师可针对目标及学生的认知情况，精选例题，进行总结或讲解，引导思维，揭示规律或方法。在解决例题的过程中，既可以让学生提出疑问，也可由教师出示问题引导学生思考。沟通的目的也不仅仅是求同存异，更重要的是使学生灵活解决问题，拓展思维。（5）习题训练，发展能力。习题训练是复习课必不可少的环节，但复习课中的训练题设计与新授课、练习课中有明显区别。新授课中的训练主要是为了巩固新学过的知识，基本题居多，侧重于知识方面；练习课中的练习则是侧重于技能向能力的转化，侧重于数学能力的形成；而复习课上的训练侧重学生知识结构向认知结构的转化，因此要设计综合性较强的习题，注重知识的综合运用和能力深化提高。

三、数学复习课的教学策略

学完一章、一单元，或半学期、一学期结束，一般地，都要安排时间进行数学复习。依阶段分，有章、单元复习、期末复习、毕业复习。复习总结是数学课堂教学中不可或缺的重要形式，因此数学复习也是数学教学中常遇到的。

不同阶段的复习课因为复习的目的不同，学生的基础不同，教学设计也不同。不过不管什么样的复习课都要注意以下的基本教学策略：知识系统化、方法大众化、题型模型化、答题规范化、思维策略化。注重复习方法、讲究复习策略是上好复习课的关键。

（一）知识系统化

数学知识丰富多彩，然而，如果不进行适当的梳理，则显得杂乱无章，不便记忆，更谈不上灵活运用了。尤其是时间长了很多知识学生已经忘记了，公式记不住了，定理分不清了，概念模糊了。因此，在复习的时候，很有必要将每一章、每一节的知识进行梳理，让学生重新学习这些知识，回顾这些知识情境，温故而知新。每一章根据内容的多少和难易程度可安排多寡的时间梳理知识，让知识在学生头脑中系统化。知识的梳理不是简单的知识再现，更不是面面俱到的知识点的重复，而是择其重点和难点，抓住问题的关键，找准知识的突破口，让学生重新认识，全方位地进行深层次理解。对重点内容和难点内容在梳理时教师可设计成一个又一个的问题，将它们串联在一起，让学生在阅读教材后回答这些问题。通过一系列问题的提出、思考与解答，使学生对知识点有了更深层次的理解和认识。这样，就很自然地将知识融合在一个系统之中了。运用这种问题串的教学方法可以激发学生思维的积极性，使学生的思维在问题的牵动之下，处于积极的思考状态，他们都希望能够通过自己的努力回答每一个问题，从而获取成功的感受。因此，课堂显得非常活跃，师生互动得到充分体现。

在梳理知识的过程中，要注意提取和归纳重要的数学思想和数学方法，让学生站在数学思想与方法的高度来认识数学问题。在梳理知识的过程中，不仅要注意对知识点的理解，而且还应该注意某些公式和定理在运用时的技巧。不少学生只知道公式的正向运用，而忽略了公式的逆向运用和变形运用。我们在梳理知识的同时，要注意强调公式和定理的逆向运用，特别是逆向的变形运用，这是提高学生解题能力的一个有效措施。

在梳理知识的过程中，要注意对易错知识点的梳理。对于某一章、某一节内容，有哪些知识点是学生最容易产生错误的，要认真进行梳理，要一个一个地罗列出来。对于学生易错的知识点，教师要做到心中有数，要在梳理知识的时候将它们罗列出来，要有意识地设计一些反例，让学生沿着他们的错误思路去思考，让他们得出错误的结果，然后教师有针对性地逐渐点拨，让他们一步一步地意识到产生错误的原因，从而纠正错误的解法。这种以错纠错，让学生从错误中醒悟的作法会收到很好的效果。

在梳理知识的过程中，为了使知识系统化，要尽可能地将相关的知识用表格或框图的形式展现出来，这样既清晰，又有条理性；既简洁，又有系统性。对于一个小节的内容可在表格中作较详细的梳理，对于一章的内容可在框图中作简略的梳理。在梳理知识的过程中，可以适当地将教材中的相关知识点进行延伸与拓展，从而开阔学生的视野，发展他们的思维能力。

（二）方法大众化

在知识的复习过程中，要注意归纳方法，要让学生掌握大众化的解题方法。数学知识非常丰富，数学方法更是千变万化。学习数学知识的目的在于运用，数学知识的运用体现在数学方法上。一个学生数学水平的高低很大程度上体现在他所掌握的数学方法的多与少。如果一个学生掌握了较多的数学方法，并且能够将这些方法灵活运用，那么，这样的学生在各种场合的考试中是能够取得好成绩的。如何才能使学生掌握较多的数学方法呢？有人认为，多做题，搞题海战术，就可以提高学生的解题能力，使学生掌握较多的数学方法。这种观点有一定道理，它从某种角度体现了练才是硬道理这样一种观点。但是，学生一天的时间是一个定值，各个学科都有那么多的作业，哪有时间让你来搞题海战术？因此，只有提高我们的课堂教学质量，让学生在课堂上这个有限的时间内，真正掌握一些好的数学方法。对一般的学生来说，什么样的方法才算是好方法呢？能解决的问题多的方法是好方法，学生最容易想，最容易掌握的方法算好方法。对于那种思维方法特别巧妙，思维层次极高，不容易想象的方法不能算作好方法。因为对于一般的学生来说，他们的思维水平达不到相应的高度，你将巧妙的方法给他们讲解之后，他们很难理解，更不易掌握。

（三）题型模型化

在进行一个单元、一个章节的知识梳理时，要注意对典型方法，典型题型的归纳与梳理。要让学生知道在这一章内容中有哪些典型的方法，有哪些典型的题型？这些典型的方法该如何运用？这些典型的题型又该用怎样的方法去求解？例如，数列这一章，最典型的方法就是错位相消法，它广泛应用于求数列的通项和数列的求和。为了让学生掌握好这种典型的方法，可举一些简单的实例让学生练习。在梳理知识点的时候，如果我们把这样的模型介绍给学生，让他们记住这种周期函数的模型，那么，碰上这样的问题，他们就会很轻松地获得这个问题的解决。因此，在复习知识与方法的过程中，很有必要将一些典型的数学问题模型化，这样，可以大大地提高学生解决问题的能力。将典型问题模型化符合于人们的认识规律，能够有效地提高学生解决数学问题的能力，有效地提高教学质量。

（四）答题规范化

解答数学问题是有严格的格式化要求的。哪些题型该用什么格式答题，教材上是有明确规定的。例如，应用问题，解出结果之后要标明单位，要写出结论性的答案，要有一个专门的作答过程。又例如，求解不等式，一般的学生会解，但常常不能得满分。原因是他们只求出了不等式的取值范围，没有将这个范围写成集合的形式。因为教材上的要求是：凡是解不等式问题，其结果一定要写成解集的形式，没有写成解集的形式就不符合教材的要求，也是要扣分的。对于上述这些简单事实，如果我们平时不加以重视，不及时纠正学生答题中的这些不规范的做法，那么，在考试时就可能因为表述不规范而丢掉一些不该丢失的分数，造成不该发生的遗憾。因此，在平时的解题训练中，我们应该对学生提出格式化的要求，严格按照教材上所规定的格式答题，做到正确运算，规范答题，教师处处做示范。

（五）思维策略化

不少的学生对教材上的知识点是清楚的、熟悉的，但是在运用这些熟悉的知识来解决不熟悉的数学问题时，往往显得无能为力。特别是在一个崭新的数学环境中，更是显得不可捉摸，无从下手。原因在哪里呢？通过了解发现，这些学生往往在思维方式上存在问题。他们无论遇上什么类型的题目，几乎都是用一种思维模式去思考问题，总是想从正常的正向思维去求得问题的解决，很少思考逆向思维，很少思考转化思想。因此，使得他们的思维处于一种僵固状态，遇上一些较为灵活的问题就感觉困难了。逆向思维，等价转化，数形结合等思维方式在解题中有着十分重要的作用，它可以使问题化繁为简，化难为易，不同的思维方式对同一个问题的解答会产生不同的效果。因此，我们在方法型的复习课中应当注重对学生进行良好的思维方式的训练，培养他们良好的思维习惯，促进他们思维的策略化。

四、数学复习课教学内容的设计

根据上面对复习课的讨论，可以看出数学复习课教学内容的设计可以用三句话来概括：一是系统回顾；二是查漏补缺；三是综合提高。

回顾所学的知识技能，将相关知识和技能系统化，使之成为学生“认知结构”中的一个组成部分，这是复习课中最重要的一个环节。在具体设计的时候主要有三项工作需要注意：①注重对重要知识技能的回顾，尤其是一些学生在记忆和应用上易错的知识和技能；②将有关的知识、技能按照一定的逻辑结构或思想体系进行系统化，以图表或逻辑框图的形式进行整理，加强单元教学中知识、技能之间的联系；③关注数学思想方法在相关章节的应用和提炼。

查缺补漏要重点考虑学生可能存在的学习漏洞，一般把学生的知识技能漏洞分为两类：一类与以单元（学期）相关的知识技能漏洞，另一类是长期存在的与能力相关的所谓漏洞。

综合提高是指在系统回顾及查缺补漏的基础上，对学生的各方面能力提出更高要求。综合提高主要是把单元（学期）内容与其他章节（学期）的内容相结合，或者是把与单元内容相关的数学思想方法进行综合运用，或者把单元（学期）内容与其他知识技能综合运用。在进行具体设计时，有三点值得注意：①根据学生具体情况灵活安排综合提高的内容；②整体安排综合提高的内容；③根据具体教学进度安排综合提高内容。

综上所述，为简明起见，数学复习课教学内容的设计分为知识提要设计和问题的设计。

（一）知识提要的设计

进行复习课教学内容设计时，应该把教科书中最基本和最重要的部分放在首位。在学生复习的基础上，一方面引导学生对最基本和最重要的知识进行梳理，把各部分间的知识整合成一个有机整体，成为一个系统；另一方面，要注意根据学生的具体的情况进行查缺补漏。知识提要设计的形式采用比较多的是条目式、表格式和结构框图式，有些一线教师习惯于设计填空式的知识提要复习，把最重要的知识点、思想方法或学生学习中理解不清的问题设计成填空题，由学生在复习时填写出来。实践证明，在知识提要复习中，上述方式都有较好的实用性。

（二）问题的设计

数学复习课中对问题设计一般可分为两类，基本题的设计和综合题的设计。

1. 基本题的设计

设计基本题时要注意以下几点：①覆盖教科书中最重要和最基本的知识；②有利于学生形成最基本的数学技能，有利于学生提炼基本的数学思想，有利于学生体验基本的数学活动经验；③有利于检查学生的概括能力和应用能力；④所设计的问题要按逻辑顺序排列，以便学生由浅入深地学习；⑤问题的设计和提法要新颖，能引起学生的兴趣。

2. 综合题的设计

设计综合题时要注意以下几点：①问题要包含所学过的多种概念和方法，要将它们综合运用才能解决问题；②问题具有较强的探索性，要求具有一定的独立见解、判断力、能动性和创造精神；③问题具有多种不同的解法或有多种可能的答案；④尽可能设计一些具有现实意义的问题；⑤尽可能设计一些能运用一定的数学思想方法解决的问题。

除了数学复习课上的问题，还要设计作为作业的问题，这是复习课的继续，也是培养学生独立探究能力的有力措施。一般可以设计如下的作业问题：①按照一定目的收集材料的作业；②由学生自己编写和解答的数学问题；③综合性比较强的复习题，这些复习题可以由教师提供，也可以发动学生去搜集和提供；④根据教科书或教学内容整理一篇文章，使知识系统化；⑤实践性作业。如，学完概率初步或统计初步以后，要求学生深入社会调查，并写一篇调查报告；⑥确立一些研究性课题，让学生课后研究，这可能是比较长时间的作业；⑦对那些学习比较困难的学生，适当布置一些补缺性的作业。

五、数学复习课教学方法的设计

这里讲的教学方法，是指数学复习课教师的工作方式和学生的学习活动方式，数学复习课一般采用讲授法、问答法和讨论法，可以根据不同的内容和要求选用。

（一）讲授法

讲授法是教师通过讲解向学生传授知识，培养其能力；学生则通过听、看、做接受知识，理解知识，发展自己的能力。讲授法在教学过程中以教师为主，但不排斥教师向学生进行启发式提问或进行课堂练习。因此，教师在教学设计前要充分了解学生，包括学生掌握知识的情况和心理状况，以便在教学设计时能有的放矢地设计提问，安排有针对性的练习题，讲授法还可以借助于多媒体设备，以便在较短的时间内使学生复习更多的内容。但是，讲授法在培养学生能力、发展智力方面有一定的局限性。所以，在复习课设计时应采用讲授法与其他方法相结合，这样效果会更好一些。

使用讲授法进行复习课的教学大概有以下几个阶段。

第一个阶段：信息提取。信息的提取，事实上是指信息的回忆，这是复习的重要阶段，学生的学习是不断地进行信息的提取、选择、加工、存储、运用中进行的。回忆是有一定规律的。一些研究表明，线索回忆效果好于自由回忆、分类回忆效果好于随机回忆，在信息提取阶段，可引导学生采用线索、分类、或任务导向等导入的方式，让学生对所学的数学概念、定理、公式、解题方式进行回忆、提取。

第二个阶段：思考重建。思考重建的目的就是让学生通过自身的思考，梳理已学的数学概念、定理、公式、规则、方法等，使之成为条理化、有序化、网络化、立体化、高效的数学认知体系，由此发展为灵活处理数学问题的能力。例如，平面直角坐标系的复习，对于不断变化的位置刻画，通过不同任务回忆相关知识，再根据任务线索思考可以构建新的网络结构，形成学生的平面直角坐标系的图示结构，发展空间定位能力。

第三个阶段：综合运用。综合应用是学生进行数学复习课中的重要任务，是对数学基础知识、基本技能和基本方法及使用技能、运用方法的策略等综合应用的训练，以强化学生提取信息、选择信息、加工信息的能力，加强学生综合运用的训练，可通过一些典型案例、一些典型的习题、某些典型的数学问题进行。此外，还可基于数学学习中相关章节中易出现的典型错误，大多数学生会出现的疑点或普遍认为的难点，通过讨论、辩论、辨析、强化学生的基础知识、基本技能和基本方法，达到提高学生数学综合运用能力的目的。

第四个阶段：反思提高。反思提高是指在相关章节复习之后，根据信息加工理论，需要学生进行反思，对信息进行反馈，对数学学习进行总结。这一阶段的教学可以是同学与教师进行交流，也可以是进行自我评价，聆听他人的评价，在自我评价和他人评价中反思自己对数学知识、体系的理解，对解决问题过程中所用知识、方法、策略进行反思、评价，改善数学认知结构，提高解决问题的能力。

（二）问答法

问答法是教师有计划地提出事先准备好的问题，引起学生积极思考，让学生独立做出结论和回答。问答法有助于传授知识、巩固知识、探究知识，也能增进师生间互相了解，活跃课堂气氛。

在复习课中，让学生解决教师事先设置的一系列小问题来复习基础知识，往往会收到比较好的效果，当然，在运用问答法时教师应当事先设计好适当的问题，并且考虑好怎样进行提问。一般而言，使用问答法进行复习课教学，先由教师设计好复习提纲，教学时教师用一串精心设计好的提问，指定或由学生自主依次回答，在问答中把复习内容中的主要知识及它们的逻辑联系提示出来，同时在黑板上系统地列出知识间的关系。在与同学的问答中，教师应进一步分析哪些地方学生还存在缺漏或对学习内容理解不深、不透，哪些方法学生还不熟练，之后再有针对性地归纳出几个重点问题来进行重点讲述，以便堵“漏”补“缺”，解决疑难，加深对基础知识的理解和基本技能、基本方法的掌握，在总结阶段，教师应巧妙运用问答法提示学生在理解和运用知识时应注意的问题，也可以通过提问让学生自己总结如何记忆有关的知识、技能和方法。使用问答法进行复习课教学应该注意提问的技巧性和问题的综合性。

（三）讨论法

讨论法是学生按照教师（或学生）拟订的问题提纲进行讨论，从而获得知识，掌握知识，发展能力，通常分为小组讨论和班级讨论两种形式。使用讨论法进行数学复习课的教学，其关键是设计讨论提纲。提纲应当是引导、发现而又不过多提示的一系列问题。复习课中总希望学生通过讨论归纳出最基本和最重要的知识，使知识系统化。因此，设计提纲时所设计的内容要全面防止遗漏；如果所复习的内容与新学习的内容关系密切，那么讨论提纲应当具有更多的启发性，引导学生去发现；讨论提纲还可以针对学生作业中常见的错误，从新的角度提出问题。复习课的讨论还可以结合数学知识，穿插一些有关的学习方法的讨论。例如，怎样记住那些难以记忆的内容，怎样抓住这部分内容的重点，怎样整理知识，怎样解决某类问题等。

第三章　数学方法论视角下高等数学教学

第一节　数学方法论概述

一、数学方法论的内涵界定

现如今我们正处在一个社会大变革的时代，该时代的突出特征是工业时代向信息化时代转变，也因此引起了世界范围内的新技术革命。伴随现代科技的迅猛进步，方法论如雨后春笋般快速发展起来，得到了人们的普遍重视，与此同时，也逐步成为新兴学科。在方法论视域当中，数学方法占据重要地位，也是方法论研究领域中一门独立学科，无论是在数学教学，还是在数学研究领域都有着至关重要的作用。

（一）方法论

所谓方法，是人在解决问题过程当中，选用的手段、路径、方式方法等。科学方法则将范围锁定在了科学研究领域，是这一领域运用的一般方法的总称。方法论是人认识与改造世界根本的科学，是人总结科学发明或发现的一般方法的理论。不管是哪一门科学，都会有各自测定研究的方法，但是在个别当中涵盖着一般，很多具体方法当中蕴含着大量一般方法，同时还涵盖思想方法的一般准则。站在一般方法角度探索问题的学问就是方法论，所以方法论是有关的一般方法的理论。

世界观决定方法论，所以世界观不同，那么方法论也会有相应的差异。站在马克思主义哲学角度进行分析，方法存在的重要意义是引领思维朝着正确路径认识客观世界。所以说，只有能够彰显事物客观发展规律的方法才能够算作科学方法。在科学进步的整个历程当中，在辩证唯物主义认识理论的指引之下，人们开始总结获取一般规律的研究方法，也就是我们所说的科学方法论。科学方法论包括以下几个层次。

第一层次是各个科学当中的具体研究方法，可以将其纳入到相关科学研究对象当中。比如，物理学当中的光谱分析法、数学当中的同一法等。

第二层次是很多学科都能够普遍适用的方法，并非为某一学科所特有，而是多学科提炼总结而来，带有一般性和普遍性的方法，如抽象法、观察法等。

第三层次是适用于所有自然和社会科学研究的方法，也就是我们普遍认知和涉及的辩证唯物方法，比如调查法、矛盾分析法等。

（二）数学方法与教学思想

1. 数学方法

数学方法是指在提出与解决问题的过程当中运用的诸多手段与路径的总称。它是处理、探索、解决问题的工具，特点是比较具体、简单。数学方法在数学解题当中有着十分广泛与普遍的应用，能够用于解决实际生活当中的数学问题，为学生提供学习工具。

数学方法多种多样，下面将对应用广泛且具有较大影响力的方法进行简要说明。第一，概括与抽象。纵观整个数学领域，其中的定理、概念等内容都带有明显的抽象性和概括性特征，大量问题都能够利用抽象和概括的数学方法转化成为数学模型并进行模型解答，从而有效突破实际问题。第二，归类和对比。把多元化的数学内容归类，对其中的某些部分进行对比，在数学学习当中占据重要地位。第三，分析和综合。不管是解答怎样的数学问题，事实上均要经历分析和综合的解题过程，只是很多时候分析综合过程非常短暂，人们常常会忽视这一环节，甚至认为综合性的问题解答才是分析综合的结果。第四，辩证方法。比方说一般与特殊、曲与直、数与形、正与反等均可以纳入辩证方法的范畴。第五，变换方法。所谓变换方法，指的是利用转换策略化复杂问题为简单问题，将难度较大的问题转变成为容易解决的问题，从而提高解题效率与质量。第六，逻辑演绎法。数学语言具有极强的逻辑性，这是数学学科的明显特色，也是数学富有魅力的原因。除此以外，数学方法还包括实验、合情推理、逆向思维等容易被忽略的方法。

按影响的程度分，数学方法可分成三个层次。第一，基本和重大的数学方法，这是一些哲学范畴的数学侧面，如模型化方法、概率统计方法等。第二，与一般科学相应的数学方法，如联想类比、归纳演绎等。第三，数学中特有的方法，如公理化、关系映射反演、数形转换等。按作用的范围分，数学方法可分为：第一，一般逻辑方法，比如说类比、联想、归纳等方法，并非只是在数学领域适用，在很多其他学科当中也有着极大的应用价值；第二，全局性数学方法，比如说极限法、数学模型法等，这类方法作用广，甚至会直接影响数学分支学科或其他学科的研究方向；第三，技巧性数学方法，比如换元法、配方法等极具技巧性的方法，能够提高数学解题的灵便性。另外，在对数学方法进行类型划分时，还可根据运用功能的差异化分成数学发现、计算和证明方法。

2. 数学思想与数学方法

数学思想和方法存在着密不可分的关联，思想能够为方法提供指导，而方法则可以直接展现思想。从本质上看，数学思想与方法是相同的，它们的不同之处只是在看待问题角度上体现。针对同样的一个数学成就，假如用其解决其他问题，那么就可以称其为方法；而在评估数学成就在数学体系当中的价值意义时，就可以将其称作思想。当把侧重点放在指导思想与解决策略时，可以将其称作数学思想，但是把侧重点放在操作上的话，那么就应该将其称作数学方法。在很多情形之下，数学思想与方法的区分是非常难的，所以人们常常不对其进行区分就得到了一个统称，那就是数学思想方法。

数学思想蕴含在方法当中，更是其灵魂，数学方法则是思想的重要载体，所以二者的关系是非常密切的。二者的关系可以用互为表里来概括，而二者都把知识当作有效载体，在此基础之上，反作用于知识和能力的提升。比方说，数学思想方法当中有一种化归思想，在思考时需要将要解决的数学问题转化成为已知或可以轻松解决的问题。

数学方法的层次性特征十分突出。数学是从低级到高级、从客观现实到抽象而逐步形成和发展起来的学科。数学知识的层次性强，同时数学知识承载着数学方法，所以数学方法也就带有了明显的层次性特征。数学思想方法，把内容当作重要载体，将知识作为基础，但同时又高于知识，可以被称作隐性知识；数学思想方法是解决数学问题的根本策略与指导思想；数学思想方法具有高度指导性以及普遍适用性特征。加强对数学思想方法的分析以及研究工作，不断拓展研究深度，有助于完善数学学科研究，另外，还能够增强人们对数学内涵与价值的认知，提升人们的数学素养。数学思想方法这个词语真正在数学学科与教育领域进行应用是在 20 世纪 90 年代，伴随着时间的推移，其使用频率也在逐步升高，甚至已经扩展到了除数学以外的其他学科。数学课程标准当中也明确把数学思想方法贯穿全过程，除了将其当作数学教育目标之外，还要求将其当作学生学习数学的重要目标，使学生可以将其应用到解决实际问题当中，实现学以致用。

数学是思维艺术。在数学思维活动当中，需要运用到多种方法分析与解决问题，所以数学思维的发展中包含的方法论因素是十分明显的。另外，在数学思维发展进程当中，方法论因素也是存在的，也就是说会利用一定方法促进人的数学思维品质的完善以及思维结构的优化。在数学教学当中，必须坚持的根本原则是数学和发展相整合。在数学教学实践当中需要将学生心理发展水平作为重要根基，另外教学当中还需关注学生个性化发展，不仅要丰富学生的知识技能，还需推动学生个体发展，让学生学会数学的思维。数学思维还具备二重性，其中一类是抽象思维，另外是形象思维。而形象思维的表现形式是实验、类比、观察等。数学和发展相整合的教育原则，给数学教学提出了要求，那就是将教学当作数学活动的教学。要让学生成为认识主体，并为学生展现符合他们能力层次的问题，而二者是一个完整教学活动不可或缺的条件，教师承担的责任就是将二者联系起来。之所以强调要将数学教学当作数学活动教学，最主要的目的是让学生可以拓展思维，加强对数学思想方法的认知，进而打造开放性的教育模式。数学思想方法是对知识进行抽象概括获得的，是对数学规律理性的认知，在学习以及教学当中，希望能起到学会数学思维的作用，进一步上升到培养与提高数学素质与人文素质的高度，从而提高学生的数学综合素质。我们将从以下几个方面着手对其价值展开分析。

第一，数学思想方法离不开抽象思维。数学科学的本质属性就是抽象，而且这样的抽象程度很高，远远超过其他科学。数学思想方法对象是抽象了的思维创造物。数学家在研究抽象事物的过程中，会逐步总结出数学内部结构间的规律和不同结构之间的规律。把研究归纳获得的硕果进行特定领域的运用，特别是用在实际问题解决当中，可以获得满意效果，主要由于数学思想方法体现的是现实事物的规律，必然能够解决实际相符问题，且可以算作抓住了问题的核心。通过对数学思想方法进行合理利用，构建数学模型，就必须要有抽象思维作为支持，以便运用数学语言和符号将问题进行直观表述。但有了抽象而来的数学模型之后，以此为根基开展推导演算，进而可以对问题进行有效判断，这也是抽象思维的巨大力量。

第二，数学思想方法是数学思维的基本方法。所谓数学思维，指将数学问题作为承载物，利用发现与解决问题的方法达到把握事物空间形式与数量关系本质的思维过程。数学思想方法对思维有决定性作用，同时也为思维进步提供强有力的动力以及合理化的路径。之所以重视发展数学思维，想要达到的效果就是要在突破实际问题方面拥有巨大的能量。数学思维过程是持续不断地提出一个疑问，然后将其解决，之后又提出新问题，又再一次解决的一个循环往复过程，因为这个过程归根结底是数学思想方法的应用过程，于是我们给出了归纳，称数学思维过程是运用数学思想方法，不断提出和解决问题的过程。通过这个结论的得出，我们发现数学思想与思维间的关系非常密切。

第三，数学思想方法是一种重要的具有辩证性的工具以及不可或缺的表现形式。在数学当中，矛盾确实存在，可以说无处不在，与此同时，还有很多对立面转化的情况。假如所有科学当中都含有辩证思想，我们看到数学科学的辩证性表现非常特殊，是用数学语言，特别是数学符号和公式完成对立面转化的一种直观表达。比方说，我们在数学中常常接触的特殊与一般、数与形、整体与局部、一维与多维等辩证性的关联。为了更好地利用数学思想方法这一不可多得的辅助工具，单纯获取大量数学知识是远远不能满足要求的，还要对诸多数学概念、运算、数学分支等进行有效的挖掘，利用它们之中存在着的转化关系，以便更好地挖掘数学思想方法当中辩证思维力量。我们之所以重视数学思想方法，并将其作为强而有力的辅助工具，不仅在于计算方法、推理论证当中的应用价值，还在于数学思想方法创造出了多元化的数学转化关系。

假如对数学思想方法进行归类的话，通常可以将其划分成三类。第一类是思想观点类，如转化、极限、结构等思想。第二类是思想方法类，如数学中常用的分析综合、抽象概括、类比、联想等。第三类属于技能技巧类，如函数和方程思想、数形结合思想等。如果将方法进行细化分析，还涉及换元法、待定系数法、反证法、坐标法等。

数学思想方法体系当中，占据核心地位的是转化思想。可以说数学当中涉及的所有问题的解决，从本质上是转化，就是将未知转化成已知、将困难转化成容易、将数转化成形、将生活问题转化成数学问题等。所以，我们可以得到的结论众多的数学思想方法是从转化思想当中发展而来的。站在哲学层面上进行分析，事物间存在着互相关联与转化的关系。

数学思想方法能够直接体现出数学本质，下面就其特征进行如下说明。

第一，抽象性特征。想要在纯粹的条件之下探究形式与关系，就必须让它们脱离自身内容，也就是把内容抛到一边，在这样的情况之下，我们就获得了没有长宽高之分的点，没有宽厚度的线条。数学中的点、线等事实上已然成了思想事物。数学利用特定的抽象数学符号与数学语言进行关系形式的表达，在数学推理环节，从条件一直到结论，各个步骤都利用符号表示，最终获取的结论仍然是用数学公式呈现出来。数学思想方法是在诸多数学对象与内容当中抽象提炼而来，毋庸置疑，带有鲜明的抽象性特征。

第二，指导性特征。当我们在解决各种各样的数学难题之时，总在不断地探寻一定的思想方法，渴望获取解决问题的突破口。例如，面对实际应用类的数学问题，我们可以先想方设法将这个问题转化成数学模型，借助数学方法获得数学形式解答之后再回归现实，就演变成了解决应用类数学问题的模型方法。数学思想方法的指导性价值是非常突出的，可以让我们在研究数学科学时，有更加深刻的思维，能够让我们认识到知识之间的统一关联，引导我们在数学问题研究和解答当中达成目标。

第三，应用广泛性特征。这个特点众所周知而且毋庸置疑，事实上，我们在学习生活当中在不断地进行验证和应用。数学思想方法是数学本质的理性认识，数学科学是对自然科学与社会科学的抽象概括，站在哲学统领的高度，不仅能够在多元化的自然学科当中广泛应用，还能够在社会科学领域大范围推广；不仅能够在工程技术、农业等领域应用，还能够在经济与社会的各个场合进行利用。特别是现如今具备极大影响力的信息技术当中，就广泛应用数学思想方法。

数学思想方法是数学科学之魂，是数学学习的基本措施，还是学习目的以及重要手段。所以，要求学生把握和应用好数学思想方法成为数学学习当中的核心目标与根本任务。与此同时，在数学学习实践当中认识数学知识、思想方法，领略其应用价值，体会数学之美，进而将数学应用于诸多领域，推动数学学科的发展。

（三）数学方法论

数学方法论是一门综合性的学科，研究的内容也十分广泛，主要有数学规律、思想、原则、方法、法则等。所以，我们可以将数学方法论归入科学方法论的体系，称其为科学方法论在数学领域的直观表现。在理解数学方法论时，可以从两个方面着手，分别是宏观与微观。宏观数学方法论就是将数学科学放置在科学，甚至是客观世界当中对其进行认识和研究，更加注重的是数学外部规律分析。微观数学方法论是从数学内在关系当中探讨其中的一般研究方法。针对这样的情况，有部分学者觉得宏观数学方法论应该涵盖数学的思想史、科学哲学观、文化论、数学家等方面的研究内容；微观数学方法论应涵盖直觉与非直觉主义方法论、推理方法、数学美学、一般解题法等具体的细化方面。

显而易见，要想真正把握住数学本质，掌握其内在规律，获得综合性的认知，就必须实现微观与宏观的整合。所以，站在这一角度上看，这里探讨的虽涉及宏观数学方法论，但是其目的是适应数学教学的迫切需要，因而这里把侧重点放在研究微观层面的一般数学思想与方法论上。在此处特别指出以下两项问题。第一，数学方法论属于新兴学科，拥有开放性和发展性的学科体系，也就是说，数学方法论处在动态变化和持续发展的进程中，会随着数学与其他学科的进步而不断调整与完善其中的内容。第二，数学学科拥有悠久的发展历史，具备众多的数学分支，同时还有着多元化的层次，相应地，数学方法论也有多元化的层次。也就是说，初等与高等数学在方法论上的内容是有很大差异的，近代和现代数学的方法论内容也有着很大差别，我们必须站在实际的角度上分析，着眼于不同层次。本书主要把初等数学方法论的研究作为重点内容，与此同时把初等和高等数学进行整合，进而展开了针对数学方法论的诸多基本问题的研究探讨。

二、数学方法论的学科性质

数学方法论是一门探索数学发现规律和原理的重要学说。我们要想从根本上把握其学科性质，必须考虑到数学方法论和哲学、逻辑学、数学史等诸多学科存在着密不可分的关联。

第一，哲学是世界观以及认识论。由于马克思主义世界观和认识论是认知与改造世界根本方法的结晶，所以马克思主义哲学是世界观、认识论以及方法论的辩证统一，也就是一般方法论。

在前面的说明当中，我们已经了解到数学方法论是科学方法论当中的一个组成部分，是其中的特殊领域，是科学认识规律在数学当中的直接体现，所以数学方法论当中涉及的理论内容不能脱离马克思主义哲学思想指导。

第二，逻辑学是一门源自数学这门基础科学的学科，逻辑规律和方法是至关重要的科学认知方法，在研究数学学科当中占据极高地位，所以数学方法论研究和逻辑学之间的关系是不言而喻的。

第三，数学方法本质上是数学思维活动方法，还是数学思维活动的程序与步骤，直接体现出的是人意识的能动性，所以数学方法论的学科性质研究需要运用到思维科学这一重要内容。

第四，数学方法和数学学科是同时产生的，数学方法和数学都处在不断发展变化过程中，方法的变化和数学发展是有着密切关系的。所以，探究数学方法的起源和发展，研究数学家思维，探讨数学人才成长规律等诸多内容都需要对数学史料进行有效分析，而且只有做好数学史的分析，才能真正揭示数学规律，归纳数学思想方法的一般准则。站在这一角度上说，数学史是数学方法论完善进步的有效根据以及动力之源。

第五，在探讨和分析数学方法论的过程中，不仅要将多元数学知识作为背景资料，还需要对数学中横向关联进行研究，探讨其中蕴含的思想方法、原理等内容。所以，数学方法论要把数学当作基本材料，而数学方法也是数学这门科学的核心内容。

由此观之，数学方法论融合了多元科学，可以被称作具备独立性、综合性的交叉学科。数学方法论将数学史作为研究背景，关注数学和方法学的整合，借助哲学、思维科学、逻辑学等的理论知识，探究数学思想方法、模式精神等诸多内容，进而揭示数学本质与规律。所以，数学方法论在研究对象和内容方面有着特殊性以及丰富性。

为探讨数学方法论学科性质这一问题，我们不仅要把马克思主义哲学当作思想指导，还必须把与数学方法论有关的学科作为研究重点，探讨其中的差异与联系。

下面将对数学方法论和以上几个科学的区别进行简要说明。

第一，和科学方法论的区别。科学方法论属于依照唯物主义认识论总结出的科学研究的一般规律和方法，而数学方法论属于科学方法论当中不可或缺的组成要素，更具学科特性，拥有特定研究对象与内容。

第二，和数学基础的区别。数学基础是一门探究数学方法、性质、对象的学科，而方法论只是应用数学基础的相关成果开展研究活动的学科，二者在本质上完全不同。

第三，和思维科学的区别。从本质上看，数学方法是思维活动方法，虽然在探讨数学方法论的时候，不能脱离思维科学，但是又不更多涉及思维科学领域中的思维问题。

第四，与逻辑学的区别。逻辑方法是科学认识法，在数学方面占据举足轻重的地位，数学方法论探讨的是数学逻辑的结构、方法、规律、逻辑等在数学当中的应用，并非是对逻辑学的系统研究。

第五，与数学史的区别。虽然我们知道，在分析数学方法论的时候需要将数学史料作为背景，要把史实作为探讨思想方法的重要根据，但是也要认识到数学方法论研究并非只是单纯研究科学史与数学史。

第六，与数学的区别。数学方法论是数学的灵魂，更是其中的核心内容。人类在探究数学方法论的时候，需要把数学知识作为重要的背景资料，与此同时，还需要揭示数学当中隐含的思想方法原理等诸多内容。从一定程度上看，数学方法论和数学研究是不同的，但其中的思想方法是数学当中不可缺少的一部分，是数学知识系统当中的深层次要素。

综上所述，数学方法论是马克思主义哲学指导之下的，探究数学思想、方法、原则等内容的新兴学科，是涵盖多元学科的交叉学科，所以单纯地从某一学科层面给出数学方法论定义都是片面的。当然，我们也不能将其等同于一般微观层面上的解题方法学等内容。

三、数学方法论的研究对象

数学方法论的研究对象是理论问题，涉及大量有关数学本质特征的数学基础问题，但是由于数学方法论属于独立学科，在研究对象方面是有侧重点的，具体体现在以下几个方面。

（一）关于数学功能的研究

正如我们都知道的，数学拥有多元化功能。第一个功能是科学功能，也就是说，数学是科学语言与方法，在社会、自然等科学与哲学领域都具备突出的方法论价值。第二个功能是思维功能，也就是说数学是思维工具，是开展数学思维活动的重要载体，能够为思维锻炼提供平台。第三个功能是社会功能，也就是说数学是认识与改造世界不可或缺的工具，在生产生活、文化、经济、教育等诸多领域都占据举足轻重的地位和发挥着不可替代的作用。第四个功能是心理功能，也就是说数学是全人类珍贵的文化财富，能够帮助人形成完善人格以及优良的心理品质，促进人心理素质的完善与发展。当前，越来越多的科学呈现出数学化趋势，再加上数学广泛应用于诸多领域，那么认识数学功能就显得非常重要。

（二）关于数学内容辩证性质的研究

辩证唯物法中说明，客观世界中，矛盾是无处不在的。数学作为现实世界的一个重要反映，也一定存在着很多矛盾，蕴涵着唯物辩证法的知识。探究数学内容辩证性质，有助于认识数学的本质和规律。数学内容辩证性质的研究内容主要包括两个方面，其一是数学中的矛盾，其二是数学中辩证法分析。

（三）关于数学中常用方法的研究

数学属于兼具工具性和方法性的科学，来源于科学，同时又给科学提供服务。所以，我们说数学方法在数学学科中占据特殊地位。数学常用方法中既涵盖一般性的方法，如观察、分析、比较、综合、抽象等，同时还包含数学特有的方法，如抽象方法、公理化方法、模型方法、构造方法、试验方法、化归方法、映射方法等。通过研究这些方法，能够进一步强化和发挥数学功能，因而是不可缺少的研究内容。

（四）关于数学思想方法的研究

数学拥有悠久的发展历史，在长时间的发展与完善进程中，构建了具备严密性的数学知识系统，与此同时还形成了极具应用价值的思想方法，通过对思想方法的形成发展乃至于应用规律进行有效把握，有利于更深层次地对数学进行认识和了解，进而推动数学发展。在此处又涵盖两方面：第一，站在整体角度上探究数学思想方法的进化；第二，探究数学思想方法个体发育。

（五）关于数学思维的研究

数学活动当中，占据核心地位的是思维活动。要想提高思维活动的有效性，就必须要有正确的思维方法作为根本支撑。分析数学思维特点、模式、结构等方面有助于推动数学进步，更好地发挥和增强数学功能，对数学人才思维能力和综合素质进行培养。这里把主要的研究点放在数学思维特征、方法、层次等方面。

（六）关于数学推理的研究

数学是一门演绎型的科学，在众多的数学活动中，逻辑推理是经常性的。把握了数学中归纳、演绎、类比等推理策略，能够促进数学学习质量的提升和数学研究的完善。但是推理具备多元化，在研究多个推理方法时，主要会探究推理方法的规则、原理、程序等内容，与此同时还会研究推理方法在数学发展与教学中占据的地位和起到的作用。

（七）关于数学语言的研究

数学语言也被称作符号语言，虽属自然语言，但是一种被改进之后的自然语言，具备准确性强、精练、可变元等特征，实现了词、词义、符号三位一体，直观语言（图形与符号）与抽象语言（词义）互释互译的特点，是其他学科语言所无法比拟的。在探究数学方法论的过程中，把研究侧重点放在了数学语言方面，并着重对数学语言特征、功能、发展等进行分析。

（八）关于数学人才成长规律的研究

数学家们为数学发展和数学宝库的构建做出了突出贡献，正是因为这些数学家们的付出，才进一步丰富了数学成就，推动了数学的发展与演变。假如我们对数学家的思想、方法、成就等内容进行分析，挖掘其中的内涵，并进行提炼总结，相信能够在很大程度上把握数学人才成长规律，进一步推动数学教育改革的发展，培育出更多具备创新力的人才。

四、研究数学方法论的意义

数学方法论在数学教育学科体系中占有举足轻重的地位，是其中不可或缺的组成部分，加大对数学方法论的研究力度有助于推动数学进步，强化数学多元功能，促进数学教育改革创新，培育优秀数学人才。

（一）有利于促进数学的发展

在探究数学方法论的过程中，通常会把数学和方法学的内容进行整合，以此为基础总结数学思想方法，探究数学发展规律，所以通过研究数学方法论，可以让人们对数学本质的认识更加深刻，进而促进数学的长足进步。

1. 有助于认识数学的本质

在数学方法论的诸多内容当中，研究数学客观基础，并站在辩证角度分析数学内容这至关重要的研究事项，而这也让人们在数学本质认知方面变得更加深入。马克思与恩格斯就是在用辩证方法分析微积分时把握了微积分本质，为数学方法论的发展作出了贡献。马克思加强了对导函数生成过程的研究，并在论述时阐述了否定之否定的过程。恩格斯强调在变数数学，尤其是微积分研究当中指出，微积分思想与方法就是辩证法。

数学的本质不仅反映在它的客观基础和数学内容的辩证性质方面，而且在它的发展方式上也有着深刻的表现。数学是人类对世界的一种认识，是客观世界在人们头脑中的反映，它源于客观世界，产生于实践之中，数学理论又必须回到实践中接受实践的检验。从这一认识过程来看，数学与所谓的经验科学是相同的。但数学的发展又具有相对于人的实践的“独立性”，数学科学的体系正是这种独立性发展的结果。数学方法论是关于认识规律的科学，它不仅总结了数学科学的认识方法、数学推理的逻辑方法和非逻辑方法，而且揭示了数学发现和创造的规则，从而可以使人们从数学的发展方式中把握数学内在的本质和规律。

2. 有助于促进数学的发展

通过对数学发展史进行观察，我们能够发现数学领域上每一个重大成果的获得都和数学思想与方法的突破创新有着密不可分的关系。所以，把握好数学方法论，同时持续不断地拓展数学思想方法，加大创新力度，能够为数学创造提供强有力的助力。从这一层面上看，研究数学方法论是推动数学进步不可或缺的条件。

例如，笛卡儿就在数学研究中，把关注点放在了数学方法论的探究方面，他创立的坐标法实现了数形结合，也让数学思想方法获得了极大的突破。而这次突破，不仅推动了解析几何的创立，还为微积分的产生打下了坚实根基，为今后两个世纪数学的进步起到了推动作用。在数学发展进程中，出巨大贡献的数学家，如伽罗华、黎曼、维纳等都是因为关注数学思想和方法的改革以及归纳，才开辟了诸多数学研究新领域，有力推动了数学的稳定健康发展。

历史上还有很多的哲学家、物理学家等特别重视数学思想方法研究，也认识到了科学方法的突出价值。爱因斯坦在为青年人介绍他获取研究成果以及在科研领域收获成功诀窍之时，就写下了以下公式：

$$A=X+Y+Z$$

针对这个公式，爱因斯坦是这样解释的：字母 A 表示成功，X 表示艰苦劳动，Z 表示少说空话，Y 表示科学方法。他强调，要想获得科学成功离不开这几个重要条件，尤其是科学方法是科学研究收获成功不可或缺的。荷兰数学家斯蒂文也说过，在众多的科学理论当中，能够对人们的价值观带来最大影响的是科学方法论。

马克思也强调，只有把握数学方法，才能够让科学有完美发展的机会。他们的论述以及精辟的总结进一步证明，探究数学方法论，不仅有益于数学进步，还能够为其他科学建设提供支持，实现多元学科的共同进步。

（二）有利于发挥数学的功能

数学是一门工具性强的学科，数学功能是多元化的。而数学方法论研究以及在诸多领域的应用，可以进一步强化数学功能，为数学功能的有效发挥与应用提供动力。

1. 有利于发挥数学的科学功能

数学科学功能的含义是数学在自然、社会科学领域，乃至于哲学中的工具性价值。数学不单单可以在数学研究中提供根据和简便化的数学符号语言，同时也可以更改数量研究与计算的方法，满足科学研究与发展的要求，所以数学是各类科学进步中的工具。现代科技进步的一个显著表现是不同的科学朝着数学化方向发展，不单单体现在各种科学加强对数学知识的广泛应用，还体现在数学思想方法在科学领域进行渗透。华罗庚就曾经说过，在社会学的方方面面都离不开运用数学。所谓运用数学，不单单是运用数学的理论、符号等，更为关注的是数学思想方法。假如在科学的研究发展当中，要经历从定性研究到定量研究的转化，就证明了这一科学已经发展到较为成熟的阶段，这实际上就是数学科学功能的重要体现，于是我们也能够了解到数学方法论在促进数学科学功能发挥当中不可替代的作用。

2. 有利于发挥数学的社会功能

数学社会功能主要体现在社会生产、文化、经济等领域，数学社会功能的发挥能够给社会各个方面的发展提供方法支持以及不可或缺的工具。发挥社会功能的关键要素并非是数学知识积累，而是把数学思想方法与社会实践进行高度整合，将数学知识进行学以致用，有效解决多元化的实际问题。所以，做好数学方法论的研究工作，不断塑造以及完善数学思想方法素养是推动社会功能发挥的重要举措。纵观整个数学发展史，数学家数量众多，而且大量数学家除了在数学领域有着很高成就外，在其他科学与社会领域的贡献和成就也是非常突出的。之所以能够获得这样的成就，是因为数学家把数学方法研究与归纳纳入到了日常工作的全过程。

比方说，数学家欧拉除了在代数、三角、几何、微积分等数学领域有很多创造与成就，在物理、天文、造船、建筑等社会领域的贡献也是非常瞩目的。究其根本，欧拉拥有着非常深邃的数学思想方法，会主动运用数学知识与方法解决实际问题，让数学不仅仅为数学发展作出贡献。欧拉是当之无愧的人类历史上贡献最大的数学家之一。

数学的科学以及社会功能的本质是利用数学知识解决科学与社会领域中的诸多实际问题。在这个过程中需要经历的步骤是：借助数学模型把要解决的实际问题抽象为数学问题；利用化归方法把数学问题转化成规范问题；运用已有数学方法求解问题。显而易见的是，实际问题的解答过程经历了数学模型、抽象、化归等数学思想方法应用的过程，站在这一角度上看，数学方法论对数学的指导价值不可忽视。

3. 有利于发挥数学的思维功能

第一，数学在思维活动和发展进程当中的作用非常独特。在恩格斯看来，数学是一门研究思想事物的科学，也就是说数学研究的主要是抽象思维创造物。数学学科本身有着很强的抽象性特征，而人们正是在这样的抽象世界中加强发现与创造，探索数学内部结构以及数学当中存在的内在关联与规律，进而掌握数学知识以及获取数学思想方法。与此同时，数学思想方法给思维活动提供了路线和程序，发挥着思维训练的积极作用。所以，研究数学方法论有利于促进思维功能的发挥，促进数学思维的发展。

第二，逻辑思维在诸多数学思维当中处于核心地位，因而推动思维发展的核心路径是发展逻辑思维。毋庸置疑，在数学的众多推理方法中，逻辑推理是最为重要的形式，而逻辑方法也在数学基本思维方法中全面贯穿。所以，数学在培养人的逻辑思维方面的功能是非常突出的，其培育效果是其他科学没有办法达到的。

研究数学方法论，把握数学逻辑思维，会让思维功能得到更好的发挥。

（三）有利于数学教育的改革

1. 促进教学方法的改革

现代教学思想的演变和创新在不断进行，从 20 世纪 70 年代开始，很多国家就将教学方法研究放在了智力培养与人才培育的层面，也让教学方法的创新获得了显著成果。现代数学教学方法获得新进展的一个重要标志就是从单一注重知识讲授转向引导学生加强知识的自主学习，从接受式学习转为发现性和探索性学习，从解释和灌输性教学转向发展性教学。在教学方法改革创新方面，其他国家做了诸多尝试，当然我国在这一方面也不断加大研究力度，开展了很多有益探索，也诞生了大量创新性教学方法。

上面提到的很多创新性教学方法在程序和结构等领域有着各自不同的特点，但是它们在展现教师主导作用以及学生主体作用、记录思维过程与思想方法等方面都带有现代教学思想特点。站在数学教学层面上看，主要有以下几个表现。第一，打破了以教师为核心的教育模式，不再将教师的知识传授作为教学重点，注重发挥教师主导作用，提倡发挥教师指导作用，让教和导显现出辩证统一的关系。第二，凸显思维活动的教学过程，可以确保学生主体地位的确立和主体作用的发挥。学生是课堂主人，更是全部数学学习活动的主人，因而让学生拥有思维活动的主动权与自主权。将立足点放在促使学生主动学习知识与锻炼能力上，是现代教学方法需要具备的另外特点。

我们都知道，教学方法从属教学思想，而教学思想的变迁一定会带来教学方法上的变革。站在现代教学论的层面上进行研究，所有具备极高效力的教学方法都必须有助于教师主导与学生主体作用的发挥以及二者的协调发展，一定要关注数学思维过程与加强思想方法的渗透。在此处，后者为前者提供了根基，让学生真正体验到数学思维过程，并且把握住其中蕴含的数学思想方法，能够让学生的主体地位更加地坚定；只有在学生主动探索和学习知识的过程中，才能够发挥教师的主导作用。

2. 促进数学的学习和数学人才的成长

站在系统论的层面上分析，我们可以认定数学教学包含两个系统，分别是知识系统和能力系统。知识系统中包含的是古往今来数学家已经发现、论证与归纳的数学知识构成的知识系统；能力系统包括的是知识获取能力、应用能力、参与数学发明创造的能力等。传统教育模式的显著特征是对知识系统进行持续不懈地追求，忽视能力系统，而在这样的教育体系之下培养出来的只能是继承人才。如今国家正在全面推进现代化建设，而要实现这样的宏图伟业，需要在数学教育方面进行改进与提升，培养出更多开拓型人才，而非继承型人才，所以传统教学重知识轻能力的局面必须要进行彻底转变。

大量实践证明，要评价一个人的学习质量，评估其数学才能大小，通常并不在于数学知识的多少，更多地在于数学思想方法素养，是否可以领略贯穿在数学当中的思想方法，是否可以有效运用其解决多元化的实际问题，开展数学发明与创造。而这样的观点已经成为人们的共识。纵观大量在数学领域出突出贡献的数学家，他们都特别关注数学方法研究，同时还推动数学思想方法的全面变革，如笛卡儿创立几何学、黎曼创立非欧几何等。

在数学教育的长效发展中，开始有越来越多的教育家们把关注点转向了数学思想方法的指导方面，注重将有效的思考方法以及优良学习习惯的指导放在教学核心地位，不再为学生灌输枯燥乏味的知识，而是让学生掌握生动的学习方法，实现触类旁通。在数学教育的长时间实践当中，越来越多的人已经认识到了数学思想方法的把握有利于推动学生数学能力的发展，推动学生综合素养的提升。

人们在收获知识方面，主要借助两种途径，分别是学习前人的旧知识和在实践探究与理论分析当中收获新知识。第一种途径可以被称作继承，而第二种途径则是创新。不管是继承还是创新，要获取丰富知识，就一定要有数学方法论素养作为根本支撑。学习和把握数学方法论的内容，不单单能够对数学知识的理解更为深入，同时还能够更好地把握数学理论与方法的精神内涵，进而增强分析与解决问题的能力。所以，在推动数学学习进步方面，做好数学方法论的研究与探索工作是非常关键和必要的。

数学方法论研究的基本内容是发展数学的方法，着眼于数学创新。通过强化数学方法论的学习与探究，不仅能够让人们在学习数学思想方法方面更加自觉，有效把握数学规律和法则，还能够促进人们科学素养以及鉴赏素质的发展，这些都是数学人才教育和培养进程当中至关重要的部分。

就目前而言，我国在数学教育领域已经获得了很大的进步与发展，而如今这个新时代要求数学教育要面向世界、未来和现代化。为了满足这样的要求，适应数学变革的需要，我们在接下来的数学教学中一定要将新思想与新方法进行贯彻落实，提高学生学习、应用和发展数学的综合才能。基于这样的考虑，加大数学方法论研究力度有现实和历史意义。

第二节 数学方法论与数学教学

一、宏观数学方法论与数学教学

数学发展史是全人类社会科学技术发展进程的构成部分，数学进步的动力之源和社会实践与技术进步的客观需要存在着密不可分的关系。因此，数学科学发展规律能够在数学发展的诸多材料当中归纳总结获取，能够从探索人类智慧的进程当中分析获得。撇开内在因素，数学发展规律可以被纳入宏观数学法的范围。

（一）数学观与数学教学

数学观可以被归入数学哲学范畴。

数学在本体上具有两重性，内容上有着明确客观意义，是思维对客观世界的能动反映。从本质上看，不管是哪一个数学对象都有其现实原型存在，因而数学是人们发现的；从数学形式方面看，数学不是客观世界真实存在着的，属于思维创造物，因而数学是人们发明创造而来的。

1. 数学内容的客观性与数学教学

在我们的生产生活实际中，很多问题都能够向数学问题转化。换句话说，利用数学能够解决大量生活实际当中存在着的问题。就拿经济领域来说，收入、人口、国民经济产值等内容的研究不需要运用数学来完成。在我们生活的现实世界，上述的一些问题随处可见，数学从现实世界当中抽象而来，同时又在现实世界中进行应用。总而言之，数学的高度抽象性，决定其应用的广泛性。

数学具有精密性以及实验性的特征。在波利亚看来，数学是一门具有两重性特征的学科，既是演绎科学，又是归纳科学。所以，数学教学中也要展示出数学的两面性，让学生得到综合全面而又系统的数学教育指导。

因为数学内容客观性特征的存在，强调我们的数学教学要尽可能地联系实际，通过学生感受数学的现实性，感悟数学价值，这对于提升数学兴趣和增强学习内驱力，认识“数学也许对‘我’是无用的，但是离开数学学习，‘我’则是无用的”将有很大帮助。

数学教学不只是解题训练，数学教师必须改变传统的教学观，在数学教学中紧密结合学生的生活，让学生不再局限在数学公式定理的推理方面，而是要引导学生加强对实际问题的认识和研究，让他们可以发现生活中无处不在的数学元素，体会数学应用的乐趣。

我们的生活中有很多问题和数学存在着紧密的关系，学会将生活问题转化成数学问题，之后借助所学知识解决问题，才能够真正提升数学教学效果。而且这样才算是科学化的数学教学，其效果更为突出，更胜于题海战术和机械性的记忆。这是因为把生活问题转化成数学问题，需要应用到数学思想、数学方法去思考和分析问题，是一种创造性思维的工作，它显然要比让学生直接在题海中学习数学的解题方法更能发挥数学的教育功能，不仅能形成和发展学生的数学品质，而且能培养学生的一般科学素养。

2. 数学形式的创造与学生能力的培养

数学形式是人们在认识与把握数学本质的前提条件之下创造而来的。从数学产生的时候开始，人们就步入不断创造符号、构建模型以及运演的轨道。这样的创建不仅让数学理论迅速发展，还让整个人类科学的进步发展速度大幅提升，促进了人类文化的繁荣。站在这一角度上看，数学教学应该让学生亲身体验数学形式的发明创造过程，让学生亲自投入数学建构活动中，让学生的创新思维以及创造力得到有效的培养与锻炼。

数学教学应该让学生体验到数学抽象语言建构的进程，关注学生的学习过程，而不是直接告知学习结果，否则会让学生的思维受到限制，降低思维的灵活性和创新力。正确的做法是要激励学生大胆地进行再创造，在考虑学生能力水平的前提条件之下选用恰当的教学材料，优化教学设计，改进教学指导。要为学生积极创造机会，创设能够让学生再创造的教学情境。要关注学生创新思维和创造力的培养，教师需要将情境教学法作为重要教学策略，为学生提出实际问题，鼓励学生在身临其境当中应用已学知识完成创造出新，更加科学高效地解决好现实问题。

3. 数学知识的两种形态与数学教学

（1）数学知识的两种形态

传统数学教育观给出的观点是：数学知识是用数学术语或公式符号进行表达的一种系统性知识，在形态上具备程序化和陈述性特征，而且显性特点非常鲜明，属于定型化的知识。于是我们常常将这类知识叫作数学显性知识或显形态。受传统教学观影响的数学教师在开展一系列教学活动时会想方设法地让学生记忆数学知识，同时为了扎实记忆，让学生投入题海战术中。在学生的数学学习生涯中，开展一定量的数学练习是非常重要的，但是将学生局限在题海中，会制约学生的能力发展。

科学数学观给出的观点是：数学知识包含显性和隐性两种知识。显性知识能够用数学公式、术语等方法进行陈述，拥有陈述性、系统性以及程序化的特征，同时还带有社会化性质；隐性知识形成于人的数学活动过程，有些时候无法用语言文字或者数学符号进行表达，而这类知识是潜移默化且不具备系统性的，具有过程性的动态性特征。

也有一些人把显性知识称作结果性知识，将隐性知识称作过程性知识。

要想保证显性知识的生存，必须把隐性知识作为根本依靠，而隐性知识支配着数学活动，且能够为显性知识的发展提供指导。只有当隐性知识转化成为显性知识之后，才会带有社会化与公开性的特征，才可能实现沟通传递以及保存传承。可以说，显性知识实际上是隐性知识升华的产物。

隐性知识与人们日常实践活动以及思想观念的亲和度高，这是因为隐性知识是学生在学习活动和特定情境中收获的体验，包含着不可言传或者潜意识层面的个性化理解与感知，对于广大学生来说是鲜活和富有生机的。

上面提到的内容是对数学两种形态的第一种分析。对于数学学科的未来发展而言，下面的这一种分析更为重要，也就是将数学划分成学术和教育形态。

在此处存在着一个故事，古希腊的著名哲学家，也是数学家托勒密为制造弦表证明了托勒密定理，也就是圆内接四边形对边乘积的和等于两条对角线之积。按照古希腊传统，托勒密只是对定理和证明进行了展示，没有写发现过程。于是笛卡儿既诙谐又辩证地说：古希腊哲学家并不是轻视发现过程，是过于重视，以致不愿意将其公布给世人。阿贝尔特别不满，于是将高斯作为出气筒，说高斯就像是狡猾的狐狸，一边走一边用尾巴抹掉足迹。

如果认真细致地进行分析的话，我们很容易发现导致以上问题产生的原因有多个。当一个人集中注意力到一个难题的探究过程当中，通常会把注意力放在事情本身进展方面，不会把精力放在其他方面。再说很多难题的攻克、重要的发现，有些时候是灵感产生的结果，是无法准确说明如何发现的。突破关键之后，要将推理过程进行记录整理，而这一过程可能会耗费很长时间，就不会再有精力对发现过程进行反思和说明。

更重要的一点是，数学通常是不容人关注主题外其他内容的，强调给出的见解必须要简练而严谨。哪怕是在故事当中挖苦高斯的阿贝尔，他在所发表的五次方程没有根式解的数学论文中论述的内容也只有六页而已，整个推理过程非常简单凝练，使得很多权威学者，包括高斯都不能有效理解其中的含义，而这实际上就是重结果轻过程的思维理念影响导致的。

总之，为适应整理记录成报告发表等一系列的需要而出现的数学学术形态，至少要具备以下几个特征：按照从定义到定理再到证明的程序，顺应演绎推理需求进行呈现，实现环环相扣和满足严谨性要求。用通俗易懂的数学符号语言进行系统性表述，具备规范性以及标准性特征。省略显然推理以及征引命题证明，有的仅是简练概述，凸显数学简洁之美。去除复杂背景论述以及探究猜想过程的交代，具备纯粹性特征。

总结起来，其特征主要体现在严谨、简练、规范、纯粹这几个方面，便于呈现出来的内容可以有效满足审查、检验、印制与沟通的需求。

就数学教材而言，在编写教材内容时，为保证学生的理解难度得到降低，于是用很多方法对教材内容展开了处理。例如简略叙述背景、系统性地进行内容编排、详细论述证明经过等。但受到很多因素的限制，还不能脱离学术形态的诸多特征，尽管已经带有了很多教育形态特点。

就像是人们不仅要看剧本小说，还要看电影和看戏，数学学习不仅要学习数学知识与技能，还需锻炼数学思维，探究学习策略以及完善学习品质。所以，数学知识教育形态的形成与建立就显得非常必要，其特征主要体现在：依照提出问题、探究问题、猜想结论、证明结论的顺序，遵循归纳演绎要求，用多样化的方式呈现，带有构建性和返璞归真的特点。带有必要背景知识的叙述以及情境营造。揭露渗透以及应用数学方法论，注重为学生提供亲身经历和体验知识产生发展过程的机会。在确保内容科学性的前提之下，运用下面的表述方法：①利用通俗易懂以及形象直观的日常用语，只是利用必要符号进行表述。②利用声名可证法或者扩大公理系统的方法，省略烦琐的命题证明，给予必要和合理化解释。③必要数学证明必须要标准和详细。④构建系统性知识网，避免出现断路拆桥问题，降低学生理解困难度，缩短划归过程。⑤针对复杂度高或者原始性数学概念，利用淡化形式和重视实质的方法在应用过程当中把握概念。

显而易见，这些特征主要因“教学的需要”而形成，充分反映了正确的数学观和科学的数学教育理念。而我们也可以通过特征的分析看到，教育形态和学术形态之间有差异，也有一致性表现。

（2）科学数学观指导下的教学原则

为了保证数学教学活动的顺利实施，首先教师需要对数学教学进行科学化设计，为学生营造有助于学生获取隐性知识的教学情景。因为数学显性知识和人们的活动与观念存在一定程度的偏离，隐性知识和人的亲和度更高。在这样的根基之上，引导学生将自己个性化的数学隐性知识转化为数学的显性知识，是因为显性知识的公开性与社会性特征更加有助于交流表达和应用。数学教学活动应该助力于学生有目的和分步骤地完成数学任务，让学生在活动当中提升数学意识。其次，教师必须对数学活动的复杂、多样以及动态化特点进行理解与把握。正是因为这些因素的存在，教师必须做好教学设计，站在宏观层面上进行把握，并加强引导，启发升华。

精心设计，主要强调为学生创造有助于经历数学化与再创造过程的情景，进而培育学生数学意识，令学生明确学习目标，也让学生的整个学习过程得到优化改进。

宏观层面上的把握对教学设计提出了要求，需要有助于学生隐性知识产生，于是教师要善于放手，给予学生自主权与主动权，保证学生真正意义上的课堂参与，让学生的主观能动性得到体现，丰富学生的自我学习成果。

加强引导主要强调的是为学生打造探究、合作的学习平台，培育学生反思能力、归纳概括能力、表达能力等，为学生将隐性知识转化成显性知识提供重要载体；促使学生养成注重反思、加强体验、把握规律等良好习惯，让学生可以真正感受到数学学习的乐趣，丰富学生的成就感。

启发升华要求的是利用学生主体参与的方式展示思维过程，而教师则结合发现的问题、缺陷与优势等进行巧妙点拨，弥补学生的不足，发扬学生的优势，促使学生把教育形态知识转化成为学术形态知识。

（二）数学美在数学教学中的指导作用

数学用特有语言构建了特有的数学形式，而这样的形式通常有冰冷面具，遮住了数学本身的光华。而学生认为数学是用冷酷无情法则统治的产物，理解难度大，更让学生不容易接受。数学教学要能够揭开冷酷面具，挖掘数学中美的因素以及有趣的方面，让学生可以感受数学美，并且主动地对其进行鉴赏，为学生营造愉悦宽松的情景，促使学生受到美的感染，进而启迪学生的心灵，让原本枯燥单调的数学符号、公式、概念等内容，转化成为令人神往的财富，刺激学生对数学学习产生浓厚兴趣与探索主动性，从而把握数学美学方法，挖掘数学美育价值，让数学教学事半功倍。

1. 数学教学要引导学生审美、赏美

数学美是数学对象与数学方法在人们头脑中的能动反映。数学活动实际上是心智活动，从本质上看就有理性审美的需要，数学的内容、结构方法等方面都有自然或创造的美，数学美生动、奇巧，引人入胜。事实上，在日常的数学学习和探究活动中，我们常常能够感受到习题解法简化了，会觉得做了一件漂亮的事，也就是说会认为它是美的。

在具体的数学教学环节，应该将数学美进行明确表示，让学生带有科学的审美观点去看待数学，加强对数学的理解，更好地应用数学。数学当中蕴含着无穷的魅力，有着让人入魔的趣味性，而这些都是因为数学美。数学教学中，应该引导学生主动发掘数学中蕴含的美。学生数学能力提高，在很大程度上是数学美追求的宝贵成果。著名的数学家莫尔斯曾经说过，数学中的诸多发现与其将其看作逻辑问题，倒不如说数学发现是神功驱使。这样的力量没有人懂，但是对于美的不自觉追求起着积极促进作用。

数学审美心理要求人们能够具备一定的审美意识，涵盖审美情趣、感受、观念、能力、理想等诸多内容。如果将审美情趣进行层次划分的话，具体可以分成四层，也就是美感、美好、美妙和美觉。

数学始终追求的目标是从混沌中发现秩序，将经验升华成规律，将复杂还原成基本，在丑中发现美和感受美。

2. 以美激趣、由趣生爱、因爱而索

在开展数学教学时，促使学生在学习活动中领略数学美，能够刺激他们产生学习兴趣，提高他们的学习内驱力以及创造性。要让学生在学习数学的同时收获愉悦轻松的良好感受，提高鉴赏能力，促进学生自主发展。依靠一般数学教育是无法达到要求的，这就需要数学教师充分挖掘数学中的美，发现其中的趣味性因素，指导学生对数学美进行深刻的感悟与体验，让学生可以感受数学的魅力，体会数学的乐趣和感悟方法的精妙。

（三）数学史、数学教育史对数学教学的影响

不管是数学还是数学教育，抑或是其他科学，都有其发生发展过程。尽管数学教师担当着数学教育的责任，但从始至终都不可能脱离对数学形成发展与数学教学整体规律研究的背景。换句话说，在教学实践中也要在这个背景下探寻教学材料，优化教学设计，深层次地探索创新性教学思路，同时适当学习与借鉴他人的教学经验，以便促进数学教育的改进与完善。

纵观我国的大量数学教育家，包括数学特级教师，或者是在数学教育领域作出了诸多贡献的人，都是在了解历史上数学家、数学教育以及同行的成果后确立自身对某一问题的切入点以及方法的，最终建立了带有自身特色的教学法，形成了特定教学风格，展示出自身在教育方面的独特见解。

1. 史学分析法对数学教学的影响

在数学课题教研中，从数学发展史中探寻教学设计灵感，进而研究教学目标与方法，就是视觉分析法。

史学分析法的实施，先要搜集大量和数学研究课题有关的素材，接下来对这些素材展开细致深入的研究与分析，从他人工作或成果中吸取经验教训，确定自身解决问题的突破口，找到着力点，顺利突破数学问题和完整数学课题研究。所以，史学分析法是历史经验归纳法、综合分析法，从本质上看是经验总结和理性的统一体。

著名数学家波利亚在他创作的诸多著作中，反复提及的观点是数学具有演绎与归纳这两个侧面，而这样的观点也揭示出数学科学是演绎和归纳的一个综合体，并表明应该运用辩证的方法分析数学理念，这样才算作辩证科学数学观。

数学中的每个概念都有各自发生发展的过程，研究这些数学概念的发展史，

能够让数学概念教学更地的生动，同时也可以确保教学活动的展开与数学规律相符，与学生的认知和成长规律相符，让学生迅速理解，并且应用好所学内容。

2. 数学史料的教育价值

在人类的文明发展历程中，数学发生发展历史也是其中不可缺少的一个组成部分，闪耀着理性光芒，而这样的理性精神推动了数学进步，也丰富了人类社会文明。

将数学史料当作重要的材料，恰当地揭示知识产生发展过程，能够改变学生对数学的认知，让学生不再觉得数学是冰冷无趣和枯燥的，让学生在分析和学习数学史料的过程中拥有更加强烈的数学求知和探索的动力。

引导学生掌握数学史料内容，可以让学生对数学产生发展的背景进行有效把握，不单单能够调动学生数学兴趣，还能够改变学生以往片面或错误的认识，让学生意识到数学并不是没有来源的，数学就在我们的身边，生活中处处充满着数学的身影。这样学生就不会再将数学当作神话学科，揭开了数学神秘的面纱，让学生可以更加深入地解读数学奥秘。

3. 数学家的故事与数学教学

数学发展有特定客观背景，但数学进步和数学家的努力追求是有不可分割的关系的。数学家在数学探究中执着不懈，面对挫折越挫越勇以及不懈追求的故事，可以帮助学生在面对数学学习中的难题时秉持正确的态度，增强数学学习自信心，进一步锻炼学生的探索精神，让学生可以找到学习榜样，在榜样力量的引导下受益匪浅。

4. 数学教学经验对数学教学的影响

数学教学是一门技能、科学，同时还是一门艺术。

如何把握以及灵活运用好教学方法与技巧，怎样提升教学艺术层次和境界？怎样让教学工作朝着科学化的方向发展，形成带有个人特色的教学风格？这些问题思考起来非常复杂，实践中也存在着诸多难处。但是只要具备成为数学教育家的抱负和志向，怀着积极的态度、强烈的兴趣，拥有浓厚的自信心，坚定不移地发挥数学教育功能，将职业当作事业，脚踏实地地做好每件工作，虚心学习和借鉴他人宝贵的教学经验与财富，加强对自身教学的反思，刻苦钻研数学哲学、方法论、教育理论，参与教育实验，并整合自身个性特征，创新形成自己的教学方法，突破照抄照搬和生搬硬套的窠臼；在教学结束后总结得失，勤奋探索，开展哲学思考，加强与他人的合作互动，用研究性的态度对待数学课程，持续不懈地做下去，就一定会看到成功和胜利的曙光。

（四）数学学习心理与数学教学

数学学习应该是主动接纳的学习过程，需要转变被动性的学习状态，顺利地完成知识体系的主动构建。数学知识与技能的获取并非一个迁移和继承的过程，应该将实践操作与沟通互动作为基础，利用反思总结的方式完成主动建构知识体系的过程。这实际就是建构主义数学学习观，也被称作数学学习心理方法，在数学教育的创新发展方面发挥着导向性价值。

1. 数学学习建构学说

建构主义数学学习观可以被归入宏观层面的数学方法论当中，也是一种数学学习心理方法，而该方法涵盖以下几种重要的学习观念。

（1）数学学习活动是一个“内化”过程

数学学习心理反映出的是学生学习数学进程当中的心理活动，既与数学特征相关，还和一般认知过程有着密切的关系。第一，和数学形式化有着密切关系。数学理论知识有着明显的抽象性与概括性特征，而且数学学科当中理论的抽象与概括性明显高于所有学科的理论知识。抽象与概括过程，实际上也是知识内化过程，利用符号化、同化或者顺应等方式实现；第二，和数学严谨性特征有着密切关系。数学严谨性特点要求结论的获得一定要借助推理论证的方式证明才能够得到肯定，而严谨结论展示在学生面前时因为略去了发生发现过程，变得非常突然和生疏，也因此让学生在学习方面感到困惑。所以，学生在探索和把握数学符号化与形式化的过程中，要有教师耐心细致的指导，特别要依靠教师合理设置的教学情景，让学生可以亲身经历与体验知识过程，顺利地完成内化，之后再转变成外化。整个过程是指导学生深入思索与理解的过程，就是说数学形式化教学能够帮助学生内化知识的情景，确保数学本质的还原。

（2）数学学习是一个主动建构的过程

原有的数学知识、经验是新的数学知识建构的基础。新教授的数学知识内化与建构需要经历四个形态变化，分别是图式、同化、顺应以及平衡，同时还需要学生的感知、消化与创造，最后才可以进入学生的认知结构体系当中，达到掌握的程度。整个过程跟随着的是学生身心方面的变化，必须要有学生的主体参与，不能够由其他人替代。主体参与并非只是动口与动手，关键的是要将思维活跃起来，将动手与动脑进行整合，主动探索数学问题，借助多元化的数学思想方法，完成总结分析，得到新的问题与成果。数学教师则需主动为学生营建有助于学生主动建构知识体系的良好环境。就学生而言，要在教师的领导以及良好环境的支撑之下，发挥主体作用，掌握学习策略，收获理想的学习效果。

（3）数学建构过程是一个不断发展深化的过程

数学发展深化依靠严格定义以及严密的逻辑推理，学生依照原有图式同化或者顺应新知识，就要通过动脑加工的方式完成新图式的构建，而获得的新图式通常会带有学生自身的特色，而且获得的认知不一定是完整以及准确的，极有可能出现不足与失误。利用数学练习和应用等方式找到失误，弥补不足，利用反例检验知识，加强感悟，这是建构、反思到再建构的过程，只有经历了这样的过程才可以确保认知结构准确，促进建构活动继续推进。

（4）数学建构活动具有社会性质

学生数学建构的学习过程需要学生独立完成，其间不能够由其他任何人代替，不过尽管如此，一定要有特定社会环境。在社会环境当中，我们先看到的是由师生构建的学习共同体，其次，也需要看到家庭、学校、社会等领域对学生开展认知活动带来的一定影响力。这样的影响通常是在沟通、竞争、询问等过程中实现的。

（5）“建构”与“理解”

学生对教师传授或者学生从教材中获得的知识需要经历理解或消化的发展过程。在建构学说指引之下，理解或者消化的含义是非常深刻的，不仅是弄清教师教授或者教材中给出的数学知识，而是依靠学生自身知识经验给出解释，进而和学生自身认知结构衔接起来，让新材料在学生大脑当中收获特定意义。一旦与自身已有知识经验建立了联系，那么学生就会产生学会和理解的感觉，这样的感觉，事实上是理解较高层次的体现。

（6）“掌握”的特征

学生是否真正意义上掌握了数学知识，知识建构的效果是怎样的，主要体现在是不是可以给其他人讲得清楚明白，让他人理解。这是试金石，同时也是掌握知识、构建认知结构体系的根本特点。这就是助人者会获得更大帮助的理论根据。

2. 数学建构学说下的教学基本原则

（1）主体—主导原则

数学学习的过程是学生主动构建的过程，学生是整个学习活动的主体，所以在具体教学环节，必须确立学生主体地位，以便更好地彰显学生主体价值；学生想要获得数学知识技能，丰富数学思想方法，一定要经历感知、消化与改造的演变过程，最终保障这些知识和学生自身的认知结构相适应，还可以实现真正意义上的掌握与理解。但是整个过程不能让学生过于随意，必须要让学生在教师的科学化引导之下开展学习活动，发挥教师主导作用，让教师扮演好设计者、组织者、参与者、评估者等诸多角色。学生主体要借助教师指导给出的有力保障与支持，但不可以过于依赖，要充分发挥主观能动性，完成教师指导下的自主建构，实现自主学习。

（2）适应—创新原则

众所周知，数学知识学习和学生的经验以及数学思维能力存在着紧密的关系，但该学习多少知识，学习怎样的知识，却不应该按年龄“定量”分配，因为这种“相关”不是线性的。根据同化、顺应、平衡原则，数学学习内容不可以难度过小和数量过少，必须有一定难度与数量的数学新知识，只有这样才能够刺激学生产生学习好奇心和探索求新的内驱动力。就数学复习而言，不能只是单纯意义上的重复，也不可以利用煮夹生饭的方法，应该变换角度，纵横变化，让学生在复习过程中也可以收获新鲜感，获取新感悟。过于陈旧和简单的数学学习素材会让学生产生抵触的学习情绪，难以促进学生学习意志力和其他优良学习品质的培育。

（3）教—学—研协调原则

结合认知建构原则的要求，教师组织的教学活动，师生与生生互动沟通的目的，均是想要让学生收获丰富感悟，帮助学生建构知识体系。给予高质量和充足数量的数学信息，调动学生的各个感官，实现各个感官优势功能的发挥，促进学生知识加工与消化的进程，合作，探究性学习等都属于教、学、研协调准则的直接体现，也是建构主体性和社会性相整合的表现，能够从宏观层面上发挥学习共同体的作用。

从一定角度上看，数学学习需要重现人类对数学的建构过程，但是运用过于简单便捷的方法，无法让学生直接获取与消化吸收，必须利用师生与生生互动的方式，利用反思、检验、创新、优化、发展等方法达到真正意义上理解和把握的程度。

（4）问题—解决原则

为了提高数学建构的有效性，必须坚持问题—解决原则，要将列出问题作为起点，甚至是把思维失误当作开端，引起概念、理论和实践、必须和可能等方面的矛盾与冲突，从而获得新知识与新方法，之后，再借助学生的自主探索与创造，借助社会建构干预的方法解决问题，接下来利用反思实践的方法提出新疑问，步入下一轮的问题解决过程中，形成一种良性循环的良好学习局面。

（5）个体—共同体认知一致性原则

学习的过程应该是学生作为学习主体主动建构的过程，而每一个学生都是差异化的个体，他们在建构方面有着各自差异化的特点。但依照生物发展规律来看，个体认知在一定程度上重复共同体认知的过程。所以，个人知识建构一定会有某些人类共同特点存在。换句话说，假如教师将数学教学返璞归真，也就是依照数学发生发展过程优化教学设计的话，很容易让学生轻松理解与掌握，这符合学生的建构规律，也遵循了数学发展的过程，在这个过程中个体和共同体存在基本一致性，但我们也不排除有变异与创新情况的存在。

（6）优化—创新原则

学习是一种发展的过程，也是观念持续演变的过程。事实上，知识就是某种观念。所以，知识是不能够传授的，其中传递的只是信息而已。学生对传递的数学信息进行观念上的研究整合，开展选择性的接收与加工活动。所以，将阶段性总结作为经常性的一种学习活动，厘清知识间的内在关联，压缩信息以及进行信息编程，可以更好地在大脑中储存信息，建立以及优化认知体系。比方说，在解完一道数学题之后，不是立即停止，而是进行一定的反思，将有价值的数学问题以及解决方法变成一种思维模块，然后在大脑中储存起来，进而在有需要之时迅速检索和提取，让学习到的知识技巧得到有效应用。另外，认知处在发展与深化的进程中，所以学生认知结构也是逐步发展和重构优化的。在整个进程中，学生改变思想观念，开展创新学习，有助于优化学习质量。

二、微观数学方法论与数学教学

（一）观察、实验与数学教学

观察和实验在科学研究中有着非常广泛的应用，能够为科学知识的归纳、科学研究的获得提供有效路径，同时也能够为科学理论的形成奠定坚实基础。

数学学习研究对象是形式化思维素材，虽然来自经验，但是经历了抽象处理的过程。非物质对象可以开展观察与实验吗？大量的教学实践和相关研究证明，该问题的结论是肯定的。这是因为数学系统符号化事实上属于物化，同时还付诸研究对象所有信息资料。进而数学在研究与表述中，应用的符号、图形等形式变成了数学对象的替身，而这些可以真实看到与触摸到的东西，就是观察与实验的对象。不过数学中观察实验和其他科学实验的差异还是存在着的。

通过对传统数学教育模式进行研究，可以发现其存在着一个显著弊端，那就是没有注重观察和实验，而是把关注点放在了培养逻辑思维与计算等能力上。现如今，伴随数学研究与教学手段创新改革的推进，尤其是计算机设备和多媒体技术在数学教育领域的大范围推广，将观察和实验引入数学教学中是至关重要的，同时通过发挥观察和实验的优势作用，能够让数学教学与学习活动更加高效。

1. 观察、实验对数学学习的意义

学习数学应该特别关注数学活动，把活动中的观察和实验当作重点，培养站在数学视角观察事物的意识与习惯，获取个性化的活动经验，并有效借助所学知识解决实际问题，增强学习兴趣与动力，树立强大的学习自信心。

在教学活动中指导学生不断丰富知识经验，强调的是教师除了要让学生把握数学概念，掌握数学运算方法，理解数学理论与表达方法，更为关键的是，要让学生自主投入到观察和实验中，让学生对上面的这些知识与经验拥有个人独特的见解与认知。

实际上，纵观整个数学发展史，数学家之所以能够获得成功，为数学发展做出举世瞩目的贡献，其中一个非常重要的原因就是这些数学家注重观察和实验，并在这一过程中进行主动地发明发现。所以，最佳学习法是自主发现，观察和实验对数学学习意义重大。

2. 观察与实验在数学教学中的应用

观察、实验方法在数学中的应用可大体分为两个层次。第一个层次是利用观察和实验的方式猜想进而实现发现。第二个层次是利用观察与实验的方式探寻解决实际问题的方法。在教学环节，利用观察与实验策略，能够增强学生的知识认知，让学生更加轻松有效地获取方法。

数学观察和实验应用的领域主要体现在观察生活中的数量关系、空间结构等方面。比如，观察几何图形不同元素之间的位置，并亲自动手实验，从而领悟出数学上的结论，将其表述成为命题。这个过程不管是数学的技术教育，还是文化教育的功能都有体现。

利用观察探寻特点，找到解决问题的着力点和突破口；利用观察和已有方法之间的关联，或者是观察已知和未知之间的关系解决数学问题等均属于观察在数学解题中积极作用的体现。引导学生主动利用观察和实验法，投入数学素材加工处理中，能够激发学生的主动性。

伴随现代科技的全面进步，数学实验的价值开始变得直观具体。以往只能在想象中做到的事，如今能够在数学实验室中轻松完成，同时很多悬而未决的难题也有可能在数学实验方法的支持下获得突破。比如四色问题，在数学中能够划归成 1936 个情况，而每个情况证明都能够转化成数学逻辑判断，能够用计算机完成操作。不过计算机证明一直到今天，都没有得到广泛意义上的认可。

数学实验能够利用计算机给予的数据、图像、动态表现，获取更多观察试验与模拟机会，以此为根基，能够出现顿悟与直觉，构成数学猜想，之后借助演绎推理的方式完成猜想证明和真伪的判断。

3. 观察、实验与数学证明

数学证明指的是把定义、公理、定理等当作出发点，利用形式逻辑演绎推导获取结论。数学教学中的定理有很大一部分是利用观察与实验猜想的方法获得的，而要成为定理就要经历非常严密严格的证明。其原因主要有以下几个方面。第一，观察与实验对象仅是数学研究对象的替身，不是本身。第二，观察与实验一定会有误差存在。第三，观察与实验运用到的素材是非常有限的，只可以获得特殊命题，而一般命题必须利用证明方法获得。在数学中，观察实验以及实践操作不存在证明价值。

就数学教育而言，数学本身的特点决定了观察实验等数学活动，也只有启迪发现、促成猜想的作用，认为它可以代替证明的想法和做法都是错误的。

（二）合情推理与数学教学

合情推理统指归纳、类比、联想等思维与推理过程。历史学家分析史料、律师分析案情、经济学家统计推理、物理学家归纳证明等都是合情推理的范畴。数学证明属于演绎推理，该推理具备可靠性和不可置辩性。合情推理则存在风险性以及争议性，不具备持久性。

1. 类比推理

类比推理能够带给人深刻的思维启迪，而这样的启示作用有着极大的能量。类比推理在数学教学中应用非常频繁。

（1）类比类型

①简单共存类比；②因果类比；③对称类比；④协变类比；⑤综合类比。

数学中应用比较广泛的类比体现在：低维与高维类比，数与形类比，有限与无限类比，微分法与限差分法类比等。

（2）类比在数学中的作用

①提出新问题，获取新发现。类比能够激发与锻炼学生的联想能力，促使学生掌握发现问题的技巧，增强学生的洞察能力。②可用来检验猜想。即对一般性的猜想，可以由特例的结论给予反驳。换句话说，对“个别”情形不成立的结论，“一般”也不成立。

2. 归纳推理

归纳推理属于认知事物最为基础的方法。举一个非常简单的例子：人们抬头看到某只黑色乌鸦，之后又看到一只黑色乌鸦；小孩看到的乌鸦是黑色，大人看到的乌鸦也是黑色；中国人看到乌鸦是黑色，外国的乌鸦也是黑色，之后，人们通过归纳的方法获得天下乌鸦一般黑的结论。这个过程就是归纳推理过程。合情推理体系当中的归纳属于不完全归纳，是从特殊到一般、从经验到事实的一种真理探寻方法。

运用归纳推理能够从个别事实中窥见真理端倪，在得到启迪之后，给出假设与猜想。因此，合情推理中归纳推理是数学发现的重要方法。

在数学教育以及学生学习数学知识的环节，不完全归纳法常常应用在发现猜测问题答案与发现猜测解决问题路径这两个方面。众所周知，完全归纳法通常在证明中应用。

（1）用归纳法发现问题的答案（结论）

就数学问题而言，用不完全归纳法能够从特殊事实中猜测可能的一般结论，这样的归纳方法有着抽象概括的作用，能够指引人们发现问题结论。

在几何学领域中，获得两点间线段最短的结论实际上是亿次、亿万次经验归纳获得的；正方形边长和对角线长度之比是方五斜七，是木工归纳获得的经验结论；矩形、圆形面积计算公式，最初是人们在实践经验当中归纳总结而来的。

当然，用不完全归纳法进行合情推理，获得的结论有可能在最终逻辑论证之时被认定是错误的。不过站在数学教育层面上分析，学生利用合情推理得到的结论，即使被认定是错误的，学生在整个过程中也获得了体验，经历了探究过程，对于他们的学习和素质培养来说是很有益处的。

（2）用归纳法发现解题途径，为获得理性认识指引道路

利用归纳法能够从处理特殊问题的方法与思路中归纳概括一般问题的处理方法或思路。在数学几何教学环节，添加辅助线始终是解题重点与难点，有部分学生得到两圆相切公切线、两圆相交公共弦等方面的结论均属于归纳产物。事实上，添加辅助线只是绝大部分情况之下有效，并不是在所有的证明中都是有效的。由此观之，归纳出现的认知判断并非一定是准确的，究竟是否准确需要利用理论或实践予以确定。

合情推理中的归纳推理之所以合情，是因为矛盾一般性寓于特殊性中。利用探索特例获取一般问题的解答方法是探索发现数学方法的一个有效路径。在合情推理体系中，类比和归纳推理的差别是显而易见的。归纳推理是由特殊到一般，我们可以称其为纵向思维，类比推理可以被称作横向思维。在解决实际数学问题的过程中，这两个推理方法有着相辅相成的关系，彼此配合互相利用。由于二者的配合利用，借助联想、推广、猜想等方法能够探索获得问题结论或解题路径，得到创新成果，因而创新思维的形成要有合情推理诸多方法的配合。

（三）数学猜想及其教育价值

数学猜想是人们结合已有知识与事实，对数学中的某些理论方法等给出猜测性判断。因为这样的猜想判断活动不存在严谨性理论根据作为基础，所以在真伪性方面也是无法进行评判的。尽管是这样，数学规律发现证明法的获取通常需要

经历不够严格的一个探索过程，而且这个过程对于学生学习数学知识来说是至关重要的。但正如高斯所说的，在大厦建设完成之后，应该拆除脚手架，也就是说发现证明思路是大厦的脚手架，将其拆除，将证明当中的思想方法当作图纸收入档案或者是全部抛弃，让结论这座大厦展现在我们面前。在这一节，我们探索的是怎样找到大厦建筑图纸，怎样恢复大厦脚手架，将凝固的东西融化，发现数学家探究的痕迹，找到数学规律发现的证明方法，进而让学生分析与解决问题的能力得到锻炼。

数学猜想是借助合情推理法对数学的探索与研究，是数学发现发展的重要方法。数学猜想引领着数学进步方向，因为数学猜想是在未知领域获得的判断，所以数学猜想是创造性思维的一种表现形式。很多数学家也特别表示，假如不存在大胆的数学猜测，那么就不会有伟大的数学发现。

掌握数学猜想形成方法，分析猜想特征，学习数学猜想中提出与解决问题的思维策略，在学生学习数学以及推进数学教育方面的作用非常显著。

1. 由直观的、简单的事实产生数学猜想

数学和现实世界存在着非常紧密而又广泛的关联，很多数学问题实际上就直接来自于我们的周围生活，与此同时，复杂性常寓于简单性中。在一定情形之下，数学猜想有的时候能够从生活中的问题引发，假如可以找到简单问题的本质，那么通常就可以获得极具价值的数学猜想，获得意想不到的收获。

2. 由归纳提出数学猜想

从某类对象中很多个别对象的属性出发，利用矛盾普遍性与特殊性的原理，猜想着某类对象全体都具备这样的属性。此时不完全归纳法思维成了创造新思维至关重要的一步。事实上，许多数学基本概念和方法的建立、许多重要问题的发现和解决、许多研究成果的获得都是首先由特殊事例归纳概括，并进行数学猜想之后获得的。

3. 由类比产生的数学猜想

类比是促进数学猜想出现的一个至关重要的路径，很多数学家就是运用类比方法收获灵感、直觉，从而提出数学猜想的。很多的自然现象间有着诸多相似点，这让我们的类比方法有了用武之地，能够运用类比分析策略解决很多不同，但却存在一定相似性的问题。学习并且把握类比方法，对于从一个数学体系过渡到另一个体系、对于新体系的探究、对于新结果的预测猜想都有着极为重要的价值。

比方说，在自然数的理论体系中，最大公约数、最小公倍数等均是其中的重要定理，而在多项式中，存在着最高公因式、最低公倍式等定理。自然数理论与多项式理论在证明法、逻辑结构等诸多领域都有很多显著的相似点，所以我们能够将整数性质类推到多项式性质，完成类比性的数学猜想。

类比法实际上是异中求同，体现着差异当中的统一性，假如不存在差异的话，那么类比也将不具备意义。这里所说的同，并非是绝对意义上的相同，不然类比就不再是新颖，也不再具备推广价值了。所以，类比是求同存异，在探索新知和获取新结论方面益处多多。

4. 由数学理论引出的猜想

数学理论是人们结合实际，从数学逻辑结构中进行延伸获取的，事实上是运用确切方法对数学规律的概述。在庞大的数学理论体系中，有些理论能够引人猜想。实际上，有很多数学家利用数学理论引发猜想，而这些猜想有很多被证明是正确的。由此观之，数学这一工具带有科学预见性的特征。

5. 数学猜想的教育价值

数学猜想是数学研究成果，更是一种重要的研究方法，不单单促进了数学进步，还让数学教育获得了长效发展。之所以得到这样的认识，数学方法是理论系统当中不可或缺的组成部分，是数学学习领域不可缺少的组成元素。

基础数学教育不可以接触数学前沿的诸多猜想，但对基础教育这样特定阶段的数学活动，数学猜想的作用是不可小觑的。主要体现在利用已经掌握了的数学知识方法促使学生主动投入数学实践活动，加深数学理解，自主探究，解决实际问题的策略。在上述活动中，能够让学生分析与解决实际问题的能力得到锻炼，让学生的洞察力得到极大的发展。

（四）思想实验与数学教学

数学是一门思维科学，应用非常广泛的策略就是思想实验。思想实验是一种复杂性强的思维运动，其根据是真实实验格式，利用创造假想主体干预动态改变的假想客体形象，进而发现事物内在规律。

从结构上看，思想实验和真实意义上的实验拥有共同的结构，前者是以后者结构为根基的，利用假想客体的动态改变，用推理法进行阐述，整个构思过程存在着想象和逻辑的对立统一关系。比方说，欧拉定理 $V-E+F=2$，假设多面体是空的，接下来去掉一个面，把剩下的每个面平铺在平面上，这个过程与评出结果是思想事物，之后利用思想实验的方式完成推理以及证明。

假如思想实验存在冲突矛盾，就证明猜测命题是错误的。假如思想实验不存在任何的矛盾冲突，那么判断才有可能变为现实。这样的思维在数学教学中的价值是非常突出的。

1. 思想实验是一种理性的思维方式

很多事在处理前，通常会开展可行性的论证分析，也就是在单纯理论情形之下，站在理论视角上确定是不是可行的，而这样的实验往往是在思维领域中开展的，体现的是实验者的思想性。因此，我们将其命名为思想实验。现如今，数学中有很多思想实验，常常会与计算机实验协同推进。

2. 思想实验的特征

（1）思想实验的目的性

人们利用思想实验探寻自己觉得具备价值的信息。思想实验并非是随意或者盲目性的，会受研究任务与目标的制约。为保证自身的任务顺利地完成，必须有计划和带有目的地投入未知事件，展开有意义的探究，整个过程是动态化的思维过程。

（2）思想实验的理性特征

思想实验的理性特征，在思维抽象性与深刻性方面有着直接体现。思想实验是针对思想事物的实验活动，而思想事物已脱离事物具象，抽象成具体事物的本质属性，深入理解与把握对象本质，人为性地构建，有助于思想实验环境的开展，通常能够做到现实实践当中不能够实现的很多操作。

实际上，计算机的五次革命均是数学领头的。其中图灵对计算问题的逻辑描述，就属于极具代表性的思想实验。由此观之，思想实验首先是实验，整个操作是利用思维活动开展的，其特征是把具体实验抽象以及理想化。思想实验将逻辑和谐与能够构造性当作检验标准，和一般实验相比，客观存在不会受到具体条件制约，只要“理论上”办得到（或假设能办到）即可，因此，这种实验不要求什么实验设备，不承担任何风险，经济实惠。

（3）思想实验的理想化特征

思想实验是在理想化与纯粹条件之下开展的理论研究与计算。思想实验要有合理化设计，要有丰富想象力，是思维创新的结果。

数学模型法为思想实验的推进提供了重要载体，思想实验是依照实验目的，结合研究对象的活动本质，在理想化条件之下实现对对象或其本质的理性再现，在一定意义上实现感性到理性认知的转化。

和观察实验相比，思想实验是深刻而有力的，是能够重复开展或多次再现对象的，能够实现反复多次观察，能够让人的主观能动性得到有效发挥。

3. 思想实验与数学教学

无论是数学教育还是学习，思想实验是非常广泛的，也是教学实践当中不可缺少的一部分。

思想实验能够让我们找到解题思路。思想实验是学生感兴趣的数学方法。假如在课堂教学中，教师结合教育内容设计思想实验的话，能够激发学生的好奇心与求知欲。

要想让学生在学习数学的过程中掌握思想实验方法，教师需要从实际出发，为学生创造诸多良好的保障条件，尤其是要设置合理化的教学情境，引领学生探索新规律，找到新问题，创造新方法，促使学生把握科学策略，同时推动学生创新思维与创造力的提升。

就目前而言，数学实验已经成为很多高校数学课程体系当中的组成部分，事实上其属于思想实验。同时在思想实验的过程中，还要加强对计算机的应用。

数学实验的意义主要有以下几个方面的体现。（1）对数学的追求不单单局限在证明上，寻求的是理解。有理由相信，一系列图片能够与一系列的“等式”具有相同说服力。（2）注重发现以及大胆的创造。将计算机作为重要载体开展实验活动，可以切实体现数学本质是思想的自由，不让智慧受严格化的束缚，让学生的创新力以及创造性思维得到充分的锻炼。（3）追求解决问题的数学精神。数学实验供给了数学工具，让人们能够更加科学有效地处理复杂无序的对象，让自然科学到达更高的发展水平。（4）能够发展求实精神。数学实验特别重视精密性的图像，能够让数学中的诸多内容以及思想实验被证实。

伴随数学实验的进步，未来数学很有可能会划分成理论与数学实验两个部分，假如不能达到这样的程度的话，至少在部分数学研究当中数学实验不可或缺。

第三节 数学方法论在高等数学教育中的应用

数学方法论是关于数学思想方法、发展规律等的理论，是追溯数学产生与发展过程，对数学方法的适用背景与条件，指其要害，揭其本质，与其所隐的评价与议论。在经历了很长时间的教育实践之后，利用大学数学课程理论与实践分析，对数学方法论指导下的大学数学教学的有关内容展开如下论述。

一、数学方法论在大学数学教学中应用的意义

（一）大学数学课程概述

1. 大学数学的教育功能

大学数学教育功能主要侧重的是对学生发展的功能和作用。怎样对大学数学教育功能进行正确的理解，是教育的基本理论问题，同时还是大学数学教师要具备的理论素养。为什么会在大学教育的学科体系中，在各种不同的专业学科建设中，都会把数学作为基础和重点？想要找到问题的答案，大学数学教师应该拥有对数学科学的深层次认识，具备良好的数学观，同时还要把握数学技术和文化教育方面的特点，并全面认知大学数学在高技术人才全面素质方面的功能。

所谓大学数学的技术教育功能，是指大学数学认知与改造客观世界活动中具备的教育意义与价值。数学是手段，是人们在解决科学问题中必须要应用的工具，也就是说，数学具有工具性的特征，其显著表现是一定的技术性，这种技术又有别于其他“实用”技术，具体体现在语言性、计算性、用以抽象的技术等方面。

大学数学的文化教育功能是指大学数学在塑造学生科学素养及社会文化修养方面的功能，包括数学的智育、德育、美育功能等。

2. 大学数学的教学目标

大学数学教学需要在学生的成长和发展过程中提供四项重要服务。第一项是为学生后续课程与有关专业课程学习提供服务。因为纵观大学的诸多专业，大量

专业课程在学习的进程中都要有数学知识的参与与把握。第二项是为学生思维能力培养服务。数学思维能促使学生深层次地把握数学内涵，让学生可以在数学这一理性工具的支持下，提出新问题、预见新事物、揭示新规律以及革新新方法。第三项是为学生处理与解决实际数学问题提供服务。塑造学生完整数学意义时，让学生可以主动利用数学解决实际问题。第四项是为学生持续性发展与终身学习服务。

大学数学教学要把侧重点放在培育学生以下几种能力上：一是用数学的思想、概念、方法消化吸收工程概念和工程原理的能力；二是将实际问题抽象成数学模型的能力，也就是抽象概括实际问题，使其转化为数学问题再进行解决；三是求解数学模型的能力，具体包含数学计算、推理、论证。

（二）大学数学教学应用数学方法论

传统模式对大学数学教育的影响非常深刻，使大学数学课程的开设和组织实施有过固定化的模式，首先是对数学定义定理进行解释和说明，接下来是对推理进行具体的演练和讲授，当学生掌握了这几部分内容之后，则对学生进行习题训练。所以说，在数学课堂上讲授的内容局限在知识层面，在方法领域涉及的内容极少。所以，可以用关注知识教学、轻视思想方法练习的说法对传统模式的整体特征进行总结，因而无法让学生从中掌握大量实际性技能。在数学问题方面，通常会引导学生学习技能技巧，让学生选用题海战术的学习方法，促使学生把握多种多样的数学题目与解题方法。但是，假如调整这样的教学思路，数学教师从方法论层面出发，对数学理论知识的本质内涵进行深层次的分析与挖掘，让学生了解不同数学知识存在的关系，才能让学生的知识体系得以建构，数学学习趋向于系统化。

人类认知所遵照的规律就是由浅入深，学习作为认知活动的高级层次，也应该受此规律的影响，从表层过渡到深层，从浅层学习到深度学习。在数学这一领域，表层内容包括的是数学中浩如烟海的基本知识与技能，与之相对应的深层内容就是我们如今要探讨的数学思想方法。通过对表层内容进行学习，能够不断夯实数学根基，但是仅有基础知识还是不够的，需要向深层次拓展，那就是学习数学思想方法。真正把握数学精髓，以便真正意义上把握数学这门科学。教师在实际教学中，为了让学生对课程的理解更加深入，需要努力挖掘数学中蕴含着的思想方法，同时也为学生补充很多教材中没有涉及的思想方法内容，使学生可以化抽象为具体，深入领悟数学内涵，实现从表层学习到深度学习的迁移、从量变到质变的巨大飞跃。

在数学方法论体系中，包含大量的数学思想，对这部分内容进行学习与掌握，加大研究力度，使其与数学教学进行深度融合，对于广大师生来说都是宝贵财富。第一，数学教师可以受到数学方法论的启迪，主动地掌握以及应用数学思想方法来改进教学活动，从而对传统教育模式进行变革，结合实际，组织形式多样和内容丰富的教学活动，提高数学教育质量。教师加强对这一内容的把握，能够通过发挥自身言传身教的作用，对学生进行潜移默化的熏陶，促进学生数学核心素养的培育。第二，学生可以把数学思想方法作为自身开展学习实践活动的指导，尤其是在具体的解题环节要用数学思想方法，简化复杂内容，窥得学习之路，提升解题效率与成效，确保创新与实践探究能力的综合发展。

二、数学方法论在大学数学课程教学中的应用策略

数学思想方法具有一定的隐性特征，事实上，它并不是多么的神秘，就在数学知识中。只要善于挖掘知识的深层内涵，从中进行高度凝练和探索，那么就可以掌握它，实现综合能力的迁移，促进数学素养的综合发展。由此观之，教师将数学方法论应用到大学数学教育中，并进行引导和启发，可以促使学生从数学角度出发探究问题，使数学思想朝着深度方向发展。数学方法论是一门有助于数学科学本身研究的科学，所以探索的是数学中的实质性内容，这对于教师做好数学研究，把方法论应用到课堂上，有着重要的指导以及促进作用，也自然可以降低教师的教育难度。

（一）在概念形成阶段渗透数学思想方法

数学学科中包含大量枯燥而又基本的数学概念内容，要想扎实学生的基础，掌握概念内容是关键，但是由于这些概念学习过于枯燥，很容易影响到学生的学习兴趣以及学习主动性。因此，选用恰当方法，帮助学生突破数学概念是关键。数学概念是用文字进行描述的，其中还会应用到很多数学符号的内容，加剧了概念的抽象性。对概念的产生进行分析，挖掘概念的本质内容，可以帮助学生锻炼数学思维，找到概念学习的乐趣。把数学方法论引入概念教学，可以作为一种有

效的策略。教师可结合教材特征，利用数学思想方法对数学概念本质进行揭示，帮助学生突破数学概念，学习这一难点。

（二）在数学理论形成阶段突出数学方法论的教学，优化知识结构，提高学生的逻辑思维能力

想要学习并且把握一个陌生的知识点，必须逐步深入，不能急于求成，更不能一味地寄希望于瞬间而成。大学数学知识的学习也是如此。在教学前期阶段，会把难度小的理论教学作为主要内容，其目的在于为接下来的深层次内容的学习打下基础，不会让学生直接接触复杂知识而产生畏难情绪。数学知识之间存在着内在关联性，也正是因为这样，它们可以构成一个知识体系。利用这样的关联可以帮助学生进行知识体系建构，实现对已有知识的巩固，促进新知识的吸收。

注重在数学理论形成阶段渗透数学思想方法的精华，帮助学生改善和优化知识体系，可以让教师在具体的教学中突破生搬硬套的教育模式，不再让学生机械性地模仿解题方法，也不再让学生产生对数学理论实际不求甚解的态度。相反地，突出数学方法论思想教学活动则可以唤醒学生积极深刻的学习体验，让学生的探究思想被调动起来，也让学生的创新能力以及想象能力得到培养，最终发展学生完善的数学逻辑。

（三）精讲多练，善用数学思想方法总结概括

在数学学习的整个环节中，不进行一定题目的练习，只是在课堂上学习教材中的理论，常常无法保证教学质量。但是，如果数学练习题内容设置过多的话，那么进行知识启发和理论点拨的时间就会减少，再加上目前大学数学课程呈现出逐步缩减的发展趋势，对改进教学质量来说极为不利。为了彻底改变这样的现状，教师要努力做好课前准备工作，在备课中投入更多精力，强调精讲多练可以更好地帮助学生系统地学习数学思想方法。在知识框架体系中，学习数学深层次的内容，在自主探究中把握学习方法与数学思想，最终全面实现学以致用，达到触类旁通的学习层次。这将是提高教学效率以及确立学生主体作用的关键措施。

比如，在教授重要极限后，很多学生没有深层次地加以思考，在遇到问题后会将本来题目凑成重要极限的形式。这样不仅无法达到良好的效果，还会让学生出现思维定式。对此，教师可以指导学生运用类比的数学思想方法进行探究：在

变量发生改变时，两极限式中函数变化趋势是不是一样的？假如它们存在着不同，那么不同是什么？又为什么会出现这样的不同？在历经一系列的剖析与研究后，学生很容易找到变量改变是函数变化的主因。学生自主获得这样的结论后，教师可以归纳指导，让学生了解变量改变与函数改变之间的密切关系。在学习完这部分内容后，则专门设置巩固性数学练习题。精讲多练的教育模式，讲授的内容不占主要部分，让学生自主探索和数学练习的内容则占据主体，可以让学生掌握用数学思想方法概括性学习的策略，另外还能促进学生数学思维的深层次发展。

三、数学方法论指导下大学数学教学的教学策略

（一）数学方法论指导下大学数学的教学目的

第一，促进学生一般科学素养提升，也就是可以合情合理地思索，能够清晰准确地表达思想，并且有目的、有秩序地完成相关工作；拥有一般性的科学常识知识，丰富专业领域的常识，提升辨别真伪的能力；拥有归纳科学态度，对科学有着尊重与热爱之心等。第二，提升学生学习质量，让学生的数学意识、才智、才能、发现与评价等方面的能力得到综合进步。第三，推动学生社会文化素养水平的提高，涵盖拥有科学思想认知和最为基本的逻辑常识，可以遵照正确行为规范行事，善于和他人进行沟通协作；拥有正确价值理念，有着各自的理想与追求，在面对挫折与难题时，能够坚持不懈，不抛弃，不放弃；拥有高尚的思想道德素质、法治意识、审美能力等。

（二）数学方法论指导下大学数学的教育方式

在具体的大学数学教育环节，教师需要坚持将数学方法论作为教育指导，结合教学目标，落实教学原则，再现数学的发生发展过程，整合学生认知规律，发挥大学数学在技术以及文化教育领域的功能，为学生综合素质的全面发展提供服务，这实际上就是大学数学教育方式的简单说明。

要让这样的教育方式真正得到贯彻落实，必须特别注意以下几个问题：（1）坚持理论联系实践的原则，倡导解决实际问题，增强数学意识，发展应用技能；（2）揭露数学创造的全过程，对心智活动进行再造，激发数学机制，锻炼创新思维；（3）灵活选择应用数学史料，创新编制趣闻逸事，科学利用唯物史观的思想，对学生

进行洞察力启迪;(4)介绍生平(数学家的)事迹,分析成败缘由,培育科学态度,增强竞技能力;(5)把审美教育和大学数学教学进行整合,促使学生领悟数学之美,有效挖掘和利用好大学数学当中的审美元素,找准审美教育的有效切入点;(6)教学证明和反驳的内容,让学生的逻辑推理能力得到锻炼,同时促使学生用数学思想方法解决实际的问题;(7)教授猜想与发现,锻炼合情推理能力,习得科学化的思维方法;(8)教规则、教策略、教算法、教应变,提高综合解题能力;(9)引导开展数学观察和实验,加深对数学内容的深度学习,掌握建模思想,明白数学和生活之间的内在关联。

总之,大学数学教育改革的基础与前提条件是从思想理念上进行转变。首先,教师需要对自身的数学观进行合理化的打造,同时还要坚持正确的教育观、学生观、教师观和教材观,用正确的思想引领教育教学行动。其次,教师要改革大学数学教育模式,把数学方法论的重要原则和方法作为开展教学活动的指导,注重培养学生数学素养,将学生教导成拥有数学头脑的全面发展型人才。

第四章　数学文化融入高等数学教学

第一节　数学文化与数学教学

一、数学本质及其文化意义

（一）数学本质的认识与理解

1. 数学本质的认识

由于数学是复杂的，并且数学在不断发展，因此过去关于数学的某些描述是不完整的。事实证明，无论是柏拉图主义还是数学基础三大学派（逻辑主义、直觉主义和形式主义），对数学的描述均存在一些瑕疵。例如，柏拉图主义无法给出数学对象的明确定义，形式主义无法解释数学理论在客观世界中的适用性。纯数学基于现实世界的空间形式和数量关系，即它基于非常现实的材料。在国内，这种叙述常被用作数学的定义。例如，中国著名数学家吴文俊教授为《中国大百科全书·数学卷》写下的数学条目：“数学是研究现实世界中数量关系和空间形式的科学。”又如，《辞海》和《马克思主义哲学全书》中对数学定义分别是“研究现实世界的空间形式和数量关系的科学”和“数学是一门探索现实世界中数量和空间形态的科学”。从某种意义上来说，“数学是研究形式和数字的科学”，这一观点得到了部分数学家的认可。

然而，在分析上述对数学特征的描述时，有三个关键因素：现实世界、数量关系、空间形式。考虑数学的演化，如非欧几何和泛函分析之类的分支总是远离现实世界，并且数学逻辑之类的分支难以确定其归属。随着数学的不断发展，数字和形状的概念继续扩大，以使数学的定义适应一直变化的数学内容。当数学与现实分离时，一方面数学需要解决自己的逻辑矛盾，另一方面数学必须通过与外界接触保持生命力。

2. 数学本质的理解

理解数学的本质可以通过以下几个方面。

第一，把数学看成一种文化。数学是人类文化重要的组成部分，它在人类发展过程中起着非常重要的作用。数学是科学的语言，是思想的工具，是理性的艺术。学生应该了解数学的科学性、应用性、人文性和审美价值，理解数学的起源和演变，提高自身的文化技能和创新意识。

第二，明白数学中的拟经验性。数学是在经验中不断变化的，它不是一种文化的元认知，而是思维的高度抽象，是心理活动的概括。数学思维和证明不依赖于经验事实，但这并不意味着数学与经验无关。学习数学是一个和别人交流的过程。在数学课上，我们要努力了解数学的价值，让学生从自己的经验中学到知识，并且把知识用在生活和学习中。

第三，把握数学知识的本质。过去，在理解数学知识时，人们经常只看到数学知识的一个方面，而忽视其另一个方面，这导致了各种误解。例如，只考虑数学知识的确定性，不注意数学知识的科学性；只承认数学知识的演绎性，不注重数学知识的归纳性；只看到数学知识的抽象性，不注意数学知识的直观性。

第四，提炼数学思维方法。数学基础往往包含重要的数学思维方法。在数学教育中，只有通过教学和学习两个层次的知识和思维，才能真正地理解知识，帮助学生形成很好的认知结构。

第五，欣赏数学之美。欣赏数学之美是一个人的基本数学素养。数学教育应体现象征美、图像美、简洁美、对称美、和谐美、条理美和创造美。学生应该意识到数学之美，体验并欣赏数学之美，进而享受数学之美。

第六，培养数学精神。数学是一种理念，一种理性，能够激励和推动人类思想达到最高水平。数学教育应该反映数学的理性思维和精神。

简而言之，数学是动态的，是靠经验一点点积累的，它是一种文化。可以说，随着时间的推移，数学的内容会越来越丰富。和其他学科一样，数学也可能存在错误，发现错误、纠正错误，才能使数学进一步发展。在这一过程中，人们才能真正理解数学的本质，理解数学课程标准中提出的概念，真正满足新课程的要求。

（二）数学本质的文化意义

数学的本质是指数学的本质特征，即数学是量的关系。数学的抽象性、模式化、数学应用的广泛性等特征都是由数学的本质特征派生而来的。首先，数学揭示事物特征的方式是以量的方式，因此数学必然是抽象的；其次，量的关系是以不同模式呈现，并且通过寻求不同模式来展开研究的，因此数学是模式化的科学；最后，客观事物是相互联系的，量是事物及其联系的本质特征之一，因此数学应用是广泛的。

数学本质的文化意义在于理解数学的抽象性及模式化是研究世界、认识世界的基本方法和基本思想。数学的文化意义中，数学本质的文化意义最为重要。大学数学课程基本的文化点即是数学本质的文化意义。揭示数学本质的文化意义的重点在于揭示数学的抽象性和模式化，从而形成透过现象看本质的思想素养。

1. 数学的抽象性文化意义

数学的抽象性高于其他学科的抽象性。在数学中，不但概念是抽象性的，而且方法、手段、结论也是抽象性的。数学的这种抽象性导致它应用的广泛性。所以，抽象性的观点是数学中一个基本的观点。下面以哥尼斯堡七桥问题为例，来分析抽象性的观点。

哥尼斯堡是欧洲一个美丽的城市，有一条河流经该市，河中有两个小岛，岛与两岸间、岛与岛间共有七座桥相连。人们晚饭后沿河散步时，常常走过小桥来到岛上或对岸。一天，有人想出一种游戏来，他提议不重复地走过这七座桥，看看谁能先找到一条路线。这引起了许多人的兴趣，但经过多次尝试，没有一个人能够做到。不是少走了一座桥，就是重复走了一座桥。多次尝试失败后，有人写信求教于当时的大数学家欧拉。欧拉思考后，首先把岛和岸都抽象成点，把桥抽象成线，然后把哥尼斯堡七桥问题抽象成“一笔画问题”：笔尖不离开纸面，一笔画出给定图形，不允许重复任何一条线。需要解决的问题是，找到一个图形可以“一笔画”的充分必要条件，并且对可以“一笔画”的图形给出“一笔画”的方法。

欧拉把图形上的点分成两类：注意到每个点都是若干条线的端点，如果以某点为端点的线有偶数条，就称此点为偶节点；如果以某点为端点的线有奇数条，就称此点为奇节点。要想不重复地“一笔画”出某图形，那么除去起始点和终止点两个点外，其余每个点，如果画进去一条线，就一定要画出来一条线，从而都必须是偶节点。于是，图形可以“一笔画”的必要条件是图形中的奇节点不多于两个。反之也成立：如果图形中的奇节点不多于两个，就一定能完成“一笔画”。

当图形中有两个奇节点时，则从任何一个点起始都可以完成“一笔画”（不会出现图形中只有一个奇节点的情况，因为每条线都有两个端点）。这样，欧拉就得出了图形可以“一笔画”的充分必要条件：图形中的奇节点不多于两个。从这个例子中我们深刻地感受到数学抽象性的强大威力，这个例子也开创了拓扑学的先河。

2. 数学的模式化文化意义

数学是模式化的科学。数学的本质特征是数学的抽象性，数学抽象性的本质是其形式建构性质。

纯存在性证明即是一种形式建构。数学上证明一个事物存在可以有两种途径：一种是构造性证明，即用某种方式把该事物构造出来；另一种是纯存在性证明，即用逻辑推理的方式证明该事物一定存在。人们很容易接受构造性证明，但不太容易接受纯存在性证明。

下面用纯存在性证明的方法来证明：天津市南开区里至少有两个人的头发根数一样多。

抽屉原理：把 4 个苹果放到 3 个抽屉里，至少会有一个抽屉里有两个或两个以上的苹果。再用抽屉原理证明一个小命题，以加深对抽屉原理的理解。这个小命题是：367 个人中，至少有两个人会在同一天过生日。因为生日只论几月几号，不论年，而平年有 365 天，闰年有 366 天，现在有 367 个人，所以至少有两个人的生日在同一天。

最后再来证明“天津市南开区至少有两个人的头发根数一样多”。这是因为一个人的头发不会超过 20 万根，而天津市南开区的人数多于 20 万，所以运用抽屉原理就知道，天津市南开区至少有两个人的头发根数一样多。这就是纯存在性证明，它证明了上述命题，但并未指出哪两个人的头发根数一样多。这比通过数头发根数去找出头发根数相同的两个人的构造性证明要高明，因为数头发根数很容易出错，更不用说由于数的时间过长，在数的过程中还可能掉头发。这个例子一方面让学生知道了纯存在性证明是怎么回事，另一方面也让学生感受到了数学逻辑推理的强大威力，体会到了数学的魅力。

这个例子中的抽屉原理就是一个模式。大学数学教学应挖掘自身内容，揭示数学抽象的本质——形式建构性质，体会数学的模式化。

二、基于数学文化观念的数学素质认知

在数学文化的基本观念中，数学被赋予了广泛的意义。数学不仅是一种科学语言，一门知识体系，还是一种思想方法、一种具有审美特征的艺术。在此基础上，数学素质的含义应予以新的阐述。数学素质的本质是数学文化观念、知识、能力、心理的整合，而实现数学素质教育目标的关键在于充分体现数学文化的本质，把数学文化理念贯穿到数学教育的全过程中。

素质是一个与文化有密切关系的概念，教育学理论关于素质概念所强调的是人在先天素质（即遗传素质）的基础上，通过教育和社会实践活动发展而来的人的主体性品质，是人的智慧、道德、审美的系统整合。由此可见，素质概念的实质在于各种品质的综合。

数学素质是个体具有的数学文化各个层次的整体素养，包括数学的观念、知识、技能、思维、方法，数学的眼光，数学的态度，数学的精神，数学的交流，数学的思维，数学的判断，数学的评价，数学的鉴赏，数学化的价值取向，数学的认知领域与非认知领域，数学理解，数学悟性，数学应用等多方面的数学品质。

（一）数学的思想观念系统

数学的思想观念系统主要包括：要有独立思考、勇于质疑、敢于创新的品质，要形成数学化的思想观念，会用数学的立场、观点、方法去看待问题、分析问题、解决问题，树立理性主义的世界观、认识论和方法论，对数学要有客观的、实事求是的、科学的态度和看法，如不仅要认识到数学的重要性和作用，还要意识到数学的局限性和不足，要注重数学方法与其他科学方法的协调和互补，对数学的真、善、美观念及其价值有客观、正确、良好的感悟、判断和评价。

（二）数学的知识系统

在现代教育日益强调能力、素质的时候，有一种认识上的偏颇，好像知识不再重要了。从数学素质的构成看，知识是最基本的成分，知识与能力、知识与素质不是对立的，而是相辅相成的。对数学知识而言，至关重要的是，在知识被学习者纳入自身认知结构时，知识是以怎样的方式构成的，不同的知识构成方式决定着知识在认知结构中的功能。优化的知识结构具有良好的素质载体功能和大容

量的知识功能单位，只有被优化和被活化的知识才能发挥作用。为此，不仅要阐述知识本身是怎样的，还要阐明知识何以如此；不仅要揭示知识的最终结果，还要展示知识的发生过程，使知识以一种动态的、相互联系的、发展的、辩证的、整体的关系被组合在一起。知识的上述特征应该成为其构成数学素质要素的基本前提。

（三）数学的能力系统

数学能力的发展过程是一个包含认知与情感因素在内的日益变得相互关联和在更高级水平上的复杂的心理预演过程，其中多种思维形式从不同的侧面反映了数学能力的本质。数学能力具有十分丰富的内容，其中，数学创造力作为数学能力的有机组成部分，在数学能力结构中占据着核心地位，这种核心地位同时决定了数学创造力在数学素质教育中的重要意义。数学创造力不应单纯地被理解为作为科学的数学创新与发现，而应扩展到数学教育的过程中与范围内。数学创造力体现在数学的感觉、数学的观察、数学的悟性、数学意识、数学知识的学习、数学的问题解决、数学的思维、数学的交流、数学应用等不同数学活动中。在数学教育过程中，个体的数学认知活动都是人类数学文化进程的一种再现，其中独特的心理基质构成了真正创造力的起点。

三、数学文化与数学素质教育

（一）数学教育的理念

现代化建设所需的数学人才，必须具备现代化的数学素质结构，仅仅把数学看成训练思维的智力体操是不够的。因此，不能仅仅把数学看成其他科学的工具，应赋予其更为宽泛的意义。在数学教育过程中，我们要特别注重挖掘数学的科学教育素材，体现数学的科学教育价值，发挥数学教育的科学教育功能，塑造和培养有科学思想、科学观念、科学精神、科学态度、科学思维的现代化建设人才，充分展示数学的自然真理性、社会真理性和人性特征，突破数学的外在形式，深入其思想精神的内核之中。在培养学生的数学观念时，应让学生具备数学是人类文化的共同财富的世界文化意识，促进文化融合与交流，用数学等科学文化变革传统文化，促进知识素质的现代化，迎接信息社会全球经济一体化的挑战。

（二）教学方法与策略

由于未来数学课程的文化内涵丰富，教学方法改革充满机遇与挑战。因此，要重视学生数学文化经验的积累和总结，包括数学的观察、实验、发现、意识，无论成功还是失败，都是有价值的，要重视数学史典籍和数学家传记的德育功能和教化作用。

数学素质作为现代社会人们必备的一种素质，是人们完整素质结构的有机组成部分。数学素质教育是培养人们数学文化素质的基本手段，为了切实实现素质教育目标，还需要在理论和实践两个方面做大量的工作。在实施数学素质教育过程中，必须考虑到诸如应试教育的现实性、数学不同侧面的特点、对数学应用的多层次需求、数学素质教育目标的层次性、社会对数学需求的多样化等因素。

四、大学数学文化的教育维度

数学已有几千年的发展史，现在已经渗透到社会的各个领域中。它所蕴含的文化资源无比丰富。它可以是发人深省的数学思想、精彩美妙的数学方法和让人着迷的数学命题，也可以是展现数学在科学技术、政治经济、文学艺术及社会现实生活中的那些应用。然而，这些内容又都是繁杂无序的，是没有组织结构的，我们必须经过适当的筛选和一定的教学加工，才能把它们改造成“教育形态”的数学文化。我们可以从数学文化教育的以下几个维度考虑。

（一）数学文化的科学教育维度

在激发学生兴趣和创新精神的基础上，数学教学更应注重培养学生迎难而上的探究精神。数学作为人类文化的一部分，其永恒的主题是认识宇宙，也认识人类自己，要让学生深切地感受到数学是科学的语言、思维的艺术。

与其他学科相比，数学探究的抽象程度更高一些，如数学模型就是通过对原型的模拟或抽象而得来的，它是一种形式化和符号化的模型。

在引导学生进行数学探究的过程中，教师要成为有力的组织者、指导者、合作者，应该为学生提供较为丰富的数学探究问题的案例和背景材料，引导而不是代替学生发现和提出问题，特别是鼓励学生独立地发现和提出问题，还要组织学生通过相互合作解决问题，指导学生养成查阅相关参考资料、在计算机网络上查找和引证资料的习惯。教师要大力鼓励学生独立思考，帮助学生坚定克服困难的毅力和勇气，同时要指导学生在独立思考的基础上用各种方式寻求帮助。

在教学内容的组织上可进行适度拓展延伸。首先是教材的文化拓展。教材是学生学习数学的重要依据，只要教师对教材相关内容进行适当的加工、拓展和补充，就可使其焕发出文化的活力。例如，在概念教学中展示一段背景综述，充分揭示数学知识产生、发展的过程，使学生感受到数学知识都是事出有因、有根有底的，均是一定文化背景下的产物。又如，在解题教学中，除了必要的解题训练外，通过整理和反思，让学生感受解题过程中所蕴含的数学思想和方法。其次是利用经典数学名题拓展。数学是一门古老而又常新的学科，问题是促进数学发展的源泉和动力。从古到今，产生了极其丰富而有趣的数学问题，这些数学问题孕育着深刻而丰富的数学思想方法。最后是利用科学中的数学拓展。从哥白尼日心说的提出、牛顿万有引力定律的发现，到爱因斯坦相对论的创立，再到生命科学遗传密码的破解，数学在其中发挥了非常重要的作用。另外，教师还可以进行跨学科拓展，可从数学出发延伸到其他学科知识，也可从其他学科的需要出发引出相应的数学知识，如物体运动变化与曲线、导数与瞬时速度等。

（二）数学文化的应用教育维度

把数学应用意识视为一种重要的数学素养，这就要求我们多用数学的眼光去发现生活，不失时机地把课堂上的数学知识延伸到实际生活中，向学生介绍数学在日常生活和其他学科中的广泛应用。例如，教师在课堂上提出通信费等函数问题，交通路径、彩票抽奖等概率统计问题，贷款、细胞分裂、人口增长等数列问题，以及利润最大、用料最省、效率最高等优化问题，鼓励学生注意数学应用的实例，开阔他们的视野。在解决实际问题时，学生若能深切感受数学的应用价值，感受数学与现实世界的紧密联系，将有助于其形成良好的数学观，有利于其透过问题的表象探寻问题的本质，从而形成基于数学视角和数学方法思考并解决问题的能力。

（三）数学文化的人文教育维度

数学教育具有培植人文精神、促进心灵成长、使学生获得非与生俱来的完美人格的人文价值。学生学习数学时，需要学习的不只是事实和技巧，更需要吸收一种数学的世界观，一套判断问题是否值得研究的标准，一种将数学的知识、热情、鉴赏力传递给他人的方法。教师教好数学，不能只让学生简单地记住一堆事实或掌握一套技巧，而需要开发与学科有关的东西。

数学发展的历史长河中蕴藏着无限的人文教育素材，数学的发展史可以说是人类文明史的缩影，充满了人类的喜、怒、哀、乐，既有艰辛的劳动，又有辉煌的成就，经历了从幼稚到成熟的成长过程，它承载着人类社会每一次重大变革的重要成果。教师可利用数学家的故事，展示他们执着追求真理的精神风采，呈现他们高尚的人格品质，从而激发学生的民族自尊心和自信心，增强他们继承和发扬民族光荣传统的自豪感和责任感。

（四）数学文化的审美教育维度

数学是一种奇妙有力、不可缺少的科学工具，可把奥妙变为常识、复杂变为简单。简单既是思想，又是目的。数学思想是人人都可以享用的，如数学中有一种非常重要的思想方法——化大为小，也就是把遇到的困难事物尽量划分成许多小的部分，这样每一小部分显然更容易得到解决，每个人都可以用这样的方法来处理日常问题。

自然界和人的生产生活领域有大量错综复杂的关系和变化着的现象，利用数学分析方法，可以将这些关系和现象中隐含的秩序和法则通过公式、方程式等表现为简单而有用的规律，这就是数学美。美，在本质上体现为简单性。“好的数学”是一种至美，只有借助数学才能达到简单性的美学准则。

数学教育离不开审美教育，数学中的简单美是激发求知欲、形成内驱力的源泉。如果能让学生在数学教育中有如此的审美经历，定会激发他们钻研数学的热情和动力。引导学生充分享受这种简单美，不但能培养学生的创造性思维，而且对提高学生类比、联想、想象等特殊思维能力有十分重要的作用。另外，数学的简单美还能培养学生遵循客观规律、办事简洁和精益求精的个性。只有让学生体会到数学的内在美，才能让学生爱好数学，进而钻研数学。

第二节　数学文化融入高等数学教学的意义

一、数学文化融入大学数学教学的必要性

（一）适应国家和社会发展对人才的要求

国家和现代社会的快速发展，对人才提出了更高的要求，需要培养具有创新意识和能力的高素质复合型人才。大学生是未来国家发展的中流砥柱，在国家的建设和发展中发挥的作用是无可取代的。他们的素质直接关系到国家未来的发展及整个社会的发展潜力。因而，培养适应国家和现代社会发展所需要的高素质人才，是对大学教育的必然要求。

纵观古今数学发展史，我们可以看出，数学科学早已进入社会化发展时期，数学已不仅仅是一门专业化的科目，着眼点也不在于数学的应用价值，而是在于提高人的素质。大学数学教学承担着立德树人和发挥素质教育功能的基本任务。大学数学作为大学的重要理论基础课程，不但是学习后续专业课程的工具，而且是培养学生理性思维和文化素质的重要载体，是衡量人才培养质量及其科学水平与科学素质的重要内容。大学数学在产生和发展的过程中，对人们的思维形式、价值取向、行为方式、情感和意志品质等产生影响，反映了大学数学对塑造人的文化素质、形成正确的观念以及培养高素质人才有着独特的作用，是大学生更好地适应现代社会发展和培养文化自信不可或缺的渠道，在大学教育中占有特殊重要的地位。在大学数学教学中融入数学文化，能够帮助学生形成理性思维、科学精神以及人文精神，提升自身的综合素质，充分发挥素质教育的独特育人价值，为国家和社会发展培养所需要的高素质人才，使他们能够担负起国家繁荣昌盛的重担，成为国家和现代社会创新发展的不竭动力。

（二）服务于大学数学教学改革的需要

随着教育改革进程的不断深化，大学数学教学形式和理念发生了非常大的变化，尤其是在“立德树人”教育根本任务确立的背景下，综合素养的提升在大学数学教学中的地位越来越高，成为检验大学数学教学改革成效的重要目标之一。中国科学院李大潜院士曾指出：“大学数学的教学改革，要着眼长远，着眼学生一辈子的成长和发展。”当前，大学数学教学改革正是基于学生长远发展的需要，强调数学文化价值，坚持数学科学教育和数学文化教育并重，将数学文化融入大学数学教学作为教学改革的需要和有效途径之一。这就要求教师在教学理念以及教学形式等方面进行转变。数学文化的融入以及在数学教学过程中的体现与运用，促使教师从文化层面来理解数学的存在、影响和教育作用，使教师在进行教学改革创新时思路更宽，教学形式的创新选择面更广。不仅关注学生数学基础知识的掌握，还从学生数学思维的形成以及思维体系的构建角度出发，为学生学习数学提供更加立体的途径。一方面，教学过程体现数学知识的发生和发展过程，促进学生的自主探索；另一方面，数学教学不仅传授知识，还融入数学文化，引导学生掌握数学科学价值的同时，探寻数学的人文价值，弄懂数学与社会发展之间相辅相成的促进关系，使学生在数学科学知识和数学文化知识融会贯通的宽阔视野下，开启心智，养成求真务实、批判质疑等理性思维习惯和精确严密的科学精神，全面提升学生的综合素养。这才是大学数学教学改革目标的关键所在，这一目标顺应世界教育发展趋势和现代教育理念的要求。

（三）加强大学生数学素养培养的需要

科学理论知识的掌握固然重要，但是，相对而言，数学所蕴含的数学文化对学生成长的影响和所起的作用更大。因为对大多数大学生来说，在未来的工作岗位中，直接用到的数学科学理论知识不多，但是数学所蕴含的思想方法、人文精神以及给他们所带来的良好的意志品质等数学文化，可让其受益终身。比如，数学中所特有的严谨理性、开拓自律、务实创新以及数学所兼有的真、善、美和哲学思想等深厚的数学文化，可以帮助学生从更深的层次、更宽的视角去观察社会、思考人生，这对大学生的全面发展无疑会起到更重要的作用。因此，在大学数学教学中，教师不能只注重对学生科学素养的培养，而忽视对学生人文素养的培养和教育，应当将数学文化教育融入教学之中。在帮助学生理解和掌握数学科学理论知识的同时，让学生学会用数学的思维去思考和解决问题，尤其是提高运用数学文化知识分析问题和解决问题的能力，感悟数学中蕴含的数学文化，使学生逐步领会到数学的精神实质和思想方法等数学文化的价值，不断提高其数学素养，进而从更高层次实现大学数学的教学目标。

（四）激发学生数学学习内驱力的需要

一般认为，内驱力是在需要的基础上产生的一种内部唤醒状态或紧张状态。学习内驱力是学生自主产生的一种对学习的渴望，可以直接推动学生进行学习活动的一种内部心理状态。一个内心有了学习内驱力的学生，就会自发、自主地去学习。学习内驱力是一个学生的核心竞争力，它相当重要。

大学数学是一个相对枯燥的学科课程。大学生思维模式虽然已经从形象思维向抽象思维转变，但是大学数学知识抽象、晦涩，数学概念抽象、立体，数学定理深奥难懂，学生理解起来依然很困难。久而久之，很多学生出现了“谈数学色变”的现象，学习数学的欲望不高，对学好数学的信心不足。如果教师仍按传统方式讲授数学知识，学生学习的兴趣和内驱力会减弱，更谈不上数学素质的提高。在大学数学教学中适当融入数学文化，让学生在学习数学知识的同时感受数学文化的魅力，并通过情境创设，激励、唤醒、鼓舞学生，启发学生多角度想问题，诱发学生学习数学的兴趣，活跃课堂气氛，最大限度地激发学生的学习欲望与学习内驱力，对学生的数学学习有积极的促进作用，进而提高数学课堂的实效。

（五）加强学生创新思维能力培养的需要

培养学生的创新思维能力是数学文化教育功能的本质和核心，是数学教学工作的重要组成部分。对于任何一门学科，只有站在文化的高度上去审视和认识，才能真正理解它的科学意义和文化价值。例如，大学数学教材中隐藏了很多数学思想方法，如符号化思想、数形结合思想、函数思想、极限思想、建模思想、化归思想等，这些思想的本质都是创造性思维方法，它们蕴含于大量的数学概念、定理、法则和解题过程之中。因此，教师应在传授数学知识的同时，通过对数学知识的发生、发展、应用过程的揭示和解释，将这一过程中丰富多彩的思想方法抽象概括出来，使学生在自主学习的过程中受到创造性思维品质的启迪和熏陶。

一旦学生掌握了数学思想方法，就能更快捷地获取知识，更透彻地理解知识，更灵活地运用知识，在知识的获取、理解和运用过程中，自觉地产生创新意识，使创造性思维得以充分体现。所以融入数学思想方法等数学文化内容，加强了对学生创新思维能力的培养，会使学生受益终身，这正是数学素质教育的本质所在。

二、数学文化融入大学数学教学的作用

大学数学教学对概念、定理等一般都以直接呈现加证明的方式给出，并未对相关概念、定理得出的过程予以探究；课程作业与考核也基本不涉及相关内容，使得数学文化不能有效融入教学，这就使得大学数学教学对数学文化的融入不够重视。然而，数学文化的融入对大学数学教学有重大的作用。

（一）有助于构建民主、活跃的课堂环境

教学实践表明，轻松、民主、活跃的课堂学习环境更能激发学生的求知欲。数学文化观下的数学教学应着力于数学活动的开展，在课堂上构建一种活动化的课堂环境。作为课程形态的数学文化，其活动主体是教师和学生组成的“数学共同体”，教师不再是课程的传递者和执行者，学生不再是课程的被动接受者和吸收者，他们共同参与课程开发的过程。因此，将数学文化融入大学数学教学中，可以促使教师改变以往一言堂教学模式，让大学生快速地融入数学教学活动中，改变以往被动学习知识的状态。师生在深入探寻、研讨数学知识的发生和发展过程，数学的人文价值及数学与各学科、与社会发展之间相辅相成的促进关系的过程中，共同参与，平等交流，畅所欲言，一起经历发现问题、分析问题、解决问题的全过程，形成民主、活跃的课堂氛围，使大学生的创造力与想象力得到激发，从而达到共识、共享、共进的目标，实现教学相长和共同发展。

（二）有助于提升学生的数学能力

众所周知，数学教学的根本目的在于培养数学能力，也就是培养运用数学解决实际问题的能力和进行发明创新的本领。事实上，我们说一个人的数学能力强，有数学才能，并不是简单地指他记忆了多少数学知识，而是指他有运用数学解决实际问题的能力和创造发明的本领。数学文化揭示着数学知识产生的背景和形成的过程、起源与发展等。将数学文化融入大学数学教学中，对于每一个概念，都

将会在一种广阔的文化背景下，从产生背景、解决思路以及相关拓展等角度去展现与阐述，揭开数学神秘的面纱，学生可以清楚地看到知识产生的原因和来龙去脉，改变对数学的高度抽象、刻板的印象，产生学习兴趣和动机，消除对数学的畏惧感，在内心深处亲近数学、认识数学、理解数学、学习数学。由此可见，数学文化的融入，让学生不仅仅学到数学知识和技能，还通过数学文化的熏陶，逐步养成理性思考的习惯，进而学会思考，并善用数学的观念去分析和解决问题。这会有助于学生提高数学能力。

（三）有助于帮助学生开阔视野，增长见识

数学这一学科的产生源于社会发展的需要。它是认识当今世界的一把大钥匙，被广泛应用于各个学科领域，与其他自然科学、人文社会科学等学科有着千丝万缕的联系，任何学科都离不开它。它们之间相互渗透、相互影响、相互促进。数学文化充分体现了数学在其他学科面前的应用价值和魅力。例如，数学可为经济学提供强有力的理论支撑，可为物理学解决诸如直线运动即时速度、变力所做的功、水压力、引力等实际问题，还可为机械制造提供数值算法设计等。其他的学科文化也对数学有着很大的影响。例如物理学、经济学等为数学研究提供许多很有价值的生动原型。由此可见，数学文化可以作为学生学习数学和其他学科知识的桥梁。多学科、跨学科知识的融合和应用，能帮助学生从更大范围和更多角度去考虑问题，有助于学生开阔视野，增长见识，扩大知识面，感受数学的价值和魅力。还有，适当地融入一些数学史、数学家的故事以及数学趣闻，也可以开阔学生的视野，激发学生的学习兴趣，培养学生的民族自豪感。另外，在介绍中国数学文化素材时，适当介绍国外数学文化素材，特别是中外数学思想、文化的差异，可以帮助大学生加深对多元数学思想、文化的了解，拓宽其视野。因此，数学文化的融入，让学生学会用数学眼光观察世界、用数学思维分析世界、用数学语言表达世界，开阔了视野，增长了见识，提高了兴趣，增强了自信。

（四）有助于落实“课程思政”教育理念

大学数学是一门具有高度的抽象性、严密的逻辑性和很强的应用性特点的课程。事实上，数学知识的形成过程都是漫长而又曲折的，数学的每一个概念、公式、定理、法则等数学理论知识都是数学家通过不懈的努力、刻苦的钻研而产生

的，同时也是数学家智慧、意志力的结晶。

将数学文化融入大学数学教学之中，从数学知识产生和发展的轨迹方面让学生看到数学发展的曲折历程，深刻体会探索的思维过程，亲身体验成功与失败，感受数学家们那种顽强拼搏、积极进取、不畏艰辛、不怕失败的精神和迎接挑战的勇气以及能够承受挫折和战胜危机的顽强意志，有助于学生养成严密的逻辑思维习惯，形成严谨、精准的科学态度，拥有克服困难、奋发向上、坚韧不拔的拼搏精神，形成正确的数学观。同时，通过讲述古今中外数学家刻苦钻研和报效祖国的故事，让学生明白一个道理——“虽然科学没有国界，但科学家有自己的祖国”，有助于激励学生刻苦学习，激发爱国主义热情，弘扬中华民族传统文化，培养文化自信。大学数学中诸如从无限到有限、“以直代曲”等规律和方法，有助于培养学生的辩证唯物主义思想。因此，大学数学教育既是一种数学文化的教育，又是一种品格的教育。这正是落实“课程思政”教育理念的具体体现。

（五）有助于促进“教”与“学”的有效改变

在教学中，教师的“教”，学生的“学”，都不是个人行为，而是需要两者相互切磋交流的互动行为。

在大学数学教学中融入数学文化，教师必然会在教学过程中多关注数学文化与所教知识的联系，更恰当地将数学文化融入教学中，并促使教师进行反思，改进教学。比如，结合具体的教学内容采取灵活多样的教学方式。有时候一个巧妙的融入胜过千言万语的描述，不但可以激发学生的探究兴趣，而且可以加深学生对数学知识的理解。它可以是一句话、一个片段、一个故事、一个漂亮的结论等，但需要落实在教学的每一个细节中；也可以是布置一个专题，让学生通过多种途径去查找资料，撰写数学小论文等。

同样，受到数学文化（比如数学美）的熏陶，学生对数学的好感度会有所提升，对数学的偏见和误解会逐步消除，学习态度会改变，也必然会改变固有的数学学习方式，并养成良好的认知习惯；学会在理解的基础上，学习前人的智慧，多角度思考问题的本质，学会辩证地看问题，注重探索数学知识的来龙去脉，了解数学知识形成和发展的过程，抓住数学知识的本质属性，感受数学学习的乐趣。不再是老师说什么就是什么，而是学生有了自己的思考和主张，主动去探索、研究问题，寻求更简易、快速地解决问题的方法，并增加解决方法的多样性。

第三节　数学文化融入高等数学教学的原则与策略

一、数学文化融入大学数学教学的原则

将数学文化融入大学教学，应当基于大学数学教学内容和大学生的实际情况，基于数学文化教学的特点，重点关注学生，着力于重构知识，使教学效果得以彰显。在大学数学教学中，融入相应的数学文化必须坚持一定的基本原则，才能取得相应的教学效果。

（一）主体性与主导性相结合的原则

主体性与主导性相结合是指将数学文化融入大学数学教学时，要在教师主导下充分体现学生在教学中的主体地位。在教学中，要创设适合大学生参与的环境和氛围，选择和改变数学文化素材要结合教学内容，更重要的是要充分地尊重学生的成长规律，以学生的认知需要为出发点，将知识蕴含的数学文化价值和精神充分展示给学生，让学生自主建构，自觉地投入于更多的教学互动之中，体会数学文化，感悟数学文化。同时，教师要发挥主导作用，时刻明确教学主题和目标，确保数学文化的探讨始终不偏题、不跑题，应有助于数学教学内容和主题本身，不能本末倒置；还需要把控时间和节奏，注意融入要自然和流畅，并随时关注学生的动态及其对课堂的感受，适时做出调整，进而提高课堂效率。

（二）科学性与趣味性相结合的原则

科学性与趣味性相结合是指在大学数学教学中融入数学文化时，要体现科学性与趣味性的统一，确保素材的科学性、真实性、有效性，能引发学生的好奇，提高学生探讨的兴趣。

将数学文化融入教学，一方面，所选择的数学文化素材必须是客观的、真实存在的，有实际意义，不可胡编乱造，不能违背数学文化事实，而且教师在传授

数学文化时，不能随意更改，更不能虚构数学文化内容，要做到尊重事实。另一方面，大学生虽然心智发展已经趋于成熟，对事物本质的认知也已达到一定的高度，但面对高度抽象的大学数学内容，在课堂中依然难专注于对知识内涵的探究。因此，教师选取的数学文化素材还应具有一定的趣味性，并用更加趣味性的解读方式融入教学，以便吸引学生的目光，活跃课堂气氛，调动学生学习的积极性，让学生在浓厚的探究兴趣引导下更加积极地参与到数学教学过程中，促进教学效果的提升。

需要注意的是，将数学文化融入教学，不只是为了活跃课堂和激发学生兴趣。有些高校教师，在教学中插播一些数学文化小片段，甚至加入一些小游戏或互动等无可厚非，但一定要把握住数学教学这一主题，切忌把数学课变成历史课和科技应用课等其他课，防止热闹过后学生什么数学知识都没学到。事实上，要让学生的兴趣点始终集中在对数学知识的探讨上，这才是将数学文化融入教学的出发点。

（三）广泛性与恰当性相结合的原则

广泛性与恰当性相结合是指在大学数学教学中融入数学文化时，不仅要站得高、看得远，目光放在整个数学文化的范畴内，还要基于所教学的内容或主题，基于学生已有的认知基础，来准确选择恰当的数学文化素材进行教学，并选择恰当的时机融入，确保融入的有效性。将广泛性与恰当性相结合，不仅可以拓宽学生数学文化知识面，还可以直接促进学生的发展。

教育心理学表明，人的认识总是由浅入深，由表及里，由具体到抽象，由简单到复杂。而数学学习是一个特殊的认识过程，包括对数学材料的感知、记忆和思维等，是一个复杂的、多阶段、多层次的认知过程。因此，要以学生的需要、年龄特征、已有知识经验和个体差异为原则融入数学文化组织教学。数学文化涵盖的范围非常广，在选择教学内容所涉及的数学文化素材时，应当着重考虑学生的现实状况，要与学生的认知水平相匹配，充分考虑学生的认知特点和接受能力，要保证最终选取的数学文化素材能够与学生所掌握的新、旧知识都有联系，而且数学文化素材所涉及的数学知识难度要适中，接近学生当前发展区，以便于学生解读和消化，这样才能满足学生学习的需要，从而提升教学效果。不仅如此，在具体融入教学时，还要考虑到数学文化内容与数学知识之间的衔接度和适应性，选择在最恰当的时机和环节融入，使之与教学内容融为一体，保证教学自然流畅，达到“润物细无声”地融入数学文化的最高境界，从而促进大学生更好地去理解和掌握数学知识，并从根本上增强教学的实效性。

（四）思想性与目的性相结合的原则

思想性与目的性相结合是指将数学文化融入大学数学教学时，应当注重融入其中的数学思想方法和数学应用，并始终明确融入的教学目的，重点对教学内容所蕴含的数学思想方法进行剖析，真正体现大学数学教学的根本目的。

将数学文化融入大学数学教学的根本教学目的，是通过教师的有效引导，大学生能够更好地理解和掌握数学理论知识，学会运用理论知识更好地解决实际问题，增强大学生数学知识运用能力，进而提升大学数学课堂教学质量。而要达到此教学目的，让学生深刻领会并学会灵活运用数学思想方法是关键。但在日常教学实践中，有些教师很容易本末倒置，就是大量融入数学史或数学典故，将数学课变成了历史课和故事会，在有限的教学时间内，没能揭示问题的本质，没能让学生深度领悟数学思想方法，没能确保教学过程的思想性。这样就很难达到教学目的。

（五）课堂内与课堂外相结合的原则

课堂内与课堂外相结合是指采用课内教学与课外训练相结合的途径进行教学来融入数学文化。数学文化素养培养是一个长期的潜移默化的过程，学生要在数学学习中，经过反复的理解和实践，才能逐步养成数学文化素养。但由于课堂时间和内容量有限，限制因素也多，很难提供更多的数学文化训练。将课堂延伸到课外训练实践中可以拓展数学文化教学融入的场域，体现数学文化融入形式的多样化，丰富数学文化教学内容，强化数学文化素养的培养。例如，开展数学文化（含民族数学文化）社会调查研究与实践活动，可实地参观科技馆、民俗馆等文化场所；组织数学建模竞赛或与数学教师、数学家等数学工作者面对面的交流会；撰写数学文化（尤其是数学思想方法）作文或与数学文化有关的小论文；借助互联网呈现数学文化，供学生课外学习等。

（六）历史性与时代性相结合的原则

历史性与时代性相结合是指在大学数学教学中所融入的数学文化素材，应既要注重历史性，也要体现时代性。也就是说，数学文化内容，既可以是历史形态的内容，也可以是现实形态的内容；在数学文化产生的时间选择上，应既要注重数学的过去，也要重视数学的今天，让学生在数学的历史中感悟，在数学的现实应用中领会数学的精神、思想和方法，从整体上了解数学发展的脉络。这样，可以加强学生对数学的宏观认识和整体把握，促进学生形成合理的数学发展观、知识观、价值观，增强学生学习数学的信心和动力。

二、数学文化融入大学数学教学的策略

教育教学实践表明，在大学数学教学过程中应该始终贯彻大学数学不仅是一种科学，而且是一种文化；不仅是一种知识，而且是一种素养；不仅是一种工具，而且是一种思维模式的新教学理念。这一理念的贯彻，需要采取适当的策略将数学文化融入大学数学教学之中。

（一）在数学文化案例的选择上，要服务大学数学教学，体现求真育人

数学文化本身具有独特的育人价值，使得融入数学文化对大学数学教学体现“求真育人”具有重要的意义。

为有效发挥数学文化的教育价值，融数学文化于大学数学教学中，其案例的选择值得考究。

首先，注重它的适用性。选择的数学文化案例应满足大学数学教学的需要，有利于帮助学生理解数学知识的本质，即“对数学知识的来源、发展以及运用的理解”。也就是说，所选用的案例要与教学内容相符，能帮助学生理解数学知识，探究和解决问题，增强数学认识信念。

其次，注重它的文化性。尤其是选取有利于促进学生对中华传统文化的理解和热爱、增强文化自信的案例。只有这样，数学文化价值才能更好地得以体现，育人的功能才能得以凸显。

例如，微积分是牛顿和莱布尼茨发明的，我国古代数学家刘徽的“割圆术”

等描述的“逼近”思想，是极限思想的雏形，是微积分思想的基础，比微积分的创立早一千多年；华罗庚开创了“中国解析数论学派”，在多复变函数论、典型群方面的研究领先西方数学界十多年，成就了国际上有名的“典型群中国学派”；陈景润攻克哥德巴赫猜想等。选择这些典型性的教学案例，对促进学生掌握数学知识点、激发学生学习数学的热情、感受数学家追求科学道路的艰辛大有裨益，既丰富了学生的数学文化知识，又增强了学生的民族自豪感和自信心，同时还能激发学生对数学研究的科学精神和爱国情怀。

最后，注重它的实用性。大学数学中抽象概念和定理较多，按照传统的常规理论知识，公式证明复杂，学生主动学习的积极性不高，甚至会出现畏难情绪，影响数学学习效果。为了提高学生学习数学的兴趣，帮助学生更全面地理解数学知识的本质，增强数学学习效果，教师在教学过程中要注重选择能反映数学知识的直观来源、应用背景和理论的直观的案例。而最主要、最容易的做法，就是从身边入手，从生活事例入手，尤其是选择学生最为熟悉的日常生活实例。这样就更接近学生的“数学现实”，从而有助于增强学生学习数学的有效性。所谓“数学现实”是指人们利用数学概念和数学方法对客观事物认识的总体，其中既含有客观世界的现实情况，也包含受教育者使用自己的数学能力观察这些客观事物所获得的认识。具体来说，它包括学生在生活中所接触到的数学问题、数学概念，以及学生原有的认知结构。

其实，在日常生活中，数学无处不在，正如我国数学家华罗庚所说：宇宙之广大、粒子之微小，火箭之速，化工之巧，地球之变，生物之谜，日用之繁，无处不用数学。因此，可以先对生活中的数学文化案例进行分析挖掘，让学生体验数学与实际生活的一些联系。这样，会增强学生对解决实际问题的探索欲，极大地提高学生观察、分析问题的主动性。值得注意的是，对于日常生活案例的选取，教师应找准契合点，避免生搬硬套，应以应用数学知识解决实际问题为出发点，并且以学生在日常生活中所面临的实际问题为切入点，这样更容易加深学生对知识点的理解与记忆。例如，求生活中常见的不规则图形面积（比如校园面积），来引导学生学习定积分的概念；选取校运动会田径比赛项目案例，来分析导数的概念；引入快递公司寄件阶梯收费案例，理解分段函数等。这些案例，不但让学生学会用数学知识解决问题，而且让学生体会数学应用价值及其内涵。

若教学对象是文科专业的学生，教师应尽量从文科专业相关的一些数学应用实例中选择案例，例如，在讲授“概率统计”时，教师可以引入数学在股票、选举、考古、诗歌的评判等工作中的应用实例；又如，在讲授“线性规划”时，教师可以将人力、物力的合理调配，工序的合理安排，缩短工期，优化组合等问题转化为数学问题（即数学规划）去解决等。这样既可激发学生学习数学的积极性，使文科生了解数学在本专业的应用及数学概念的来龙去脉，又有利于学生数学素养的培养，提升学生专业学习的自豪感，顺利实现“情感态度价值观”目标。

如果教学对象是民族地区高校学生，教师还可以从学生耳濡目染的民族文化生活元素入手。比如，在壮族地区，讲授“微积分”中用定积分求不规则图形面积时，可以以“那”为案例，“那”是壮族读音，表示“稻田”的意思；也可以以著名的龙胜梯田为案例。又如，讲授“微积分”中用“微元法”求立体图形体积时，可以以铜鼓和绣球立体模型制作为素材，铜鼓和绣球都是壮族地区学生熟悉的民族工艺品。将这些体现壮族儿女勤劳和智慧、富有民族特色的文化背景，恰当地融入相关教学之中，可以激发学生学习数学的兴趣和自信心。

（二）在数学文化融入的方式上，要创设教学情境，掌握切入时机

课堂教学是大学数学教学的主要途径。课堂教学采用何种方法融入数学文化，更有助于大学数学教学，很值得探究。创设教学情境，掌握切入时机是很有效的方法。

教学情境是指在教学过程中作用于学习主体、产生一定的情感反应的课堂环境。教育家夸美纽斯曾说，一切知识都是从感官开始的。创设教学情境，就是要吸引学生注意力，把学生的思想感官引入教学情境中。因此，创设教学情境是教师教学艺术的体现，同时也是数学文化融入课堂教学的切入点。

情境，即生活背景，即文化基础，即师生情感碰撞的土壤。如何创设教学情境？应善于从生活入手，基于学生的文化基础、认知水平和心理特征，让数学教学在学生的文化背景中展开，用情感激发学生的学习欲望，而且“渗透在课堂教学的全过程之中”，使学生在已有文化背景知识基础上，学习、感知和内化新的知识，完成新知建构。不妨从以下几个方面入手。

第一，以生活事例，引导探究。

例如，在探讨“微积分”中“用铁皮做成一个容积一定的圆柱形容器，应当如何设计，才能使用料最省？”时，教师可以让学生思考：“王老吉等饮料罐为

什么制作成如此形状？”把抽象的极值问题转换成熟悉的生活情境问题，使问题变得亲近、具体、生动有趣，这样立即就激发了学生的学习热情。引导学生思考，去解决实际生活中的问题，让学生从数学角度去解释日常生活中的现象，感悟数学应用文化之美。像这样，加强数学与实际生活的联系，可以促进学生的数学学习，加深学生对数学文化价值的认识。

第二，从问题入手，创设悬念。

例如，在讲授“函数零点概念”时，首先抛出问题：方程 $x^5-3x+1=0$

有实根吗？若有，有多少个？怎么求？如何使用求根公式？面对这一串问题，只有高中数学基础的大学一年级学生可以直接判断实根的存在性，但涉及求根，甚至一般化的求根公式，不免有困惑：五次方程，难求解，从而创设悬念。此时，教师应抓住这个时机，通过融入作为数学文化的数学史来解开悬念，如：这些问题对同学们来说确实困难！在数学发展史中，数学家发现了一元二次、三次、四次方程的求根公式，随后几乎所有的数学家都坚持不懈地对五次及五次以上的高次方程的求根公式进行了探索。直至 1824 年，数学家阿贝尔证明了五次及五次以上的一元高次方程没有求根公式。但数学家用函数观点对方程的近似解进行了深入研究。

像这样通过“鉴古引新，感知文化”的教学过程，拓展了知识的深度，更拓宽了知识的广度，让学生体会了数学知识产生、发展、应用的艰苦、曲折的历史过程，感受了数学家科学探索、追求真理的精神和务实求真的品格，开阔了学生数学文化的视野，提升了学生数学学习的品位和深度，丰富了课堂内涵的同时，也潜移默化地锻造了学生的核心品质。这样的课堂教学进程是在学生的随性探究中自然推进的，和谐又有效。

（三）在数学文化融入目的的达成上，要挖掘文化内涵，实现文化育人

雅斯贝尔斯指出“教育是人的灵魂的教育，而非理智知识和认识的堆集”。作为人与人精神相契合的“灵魂教育”，文化教育及文化的理解和认同最为关键。

在教学中融入数学文化的最终目的是文化育人。将数学文化融入教学之中，不仅可以帮助学生理解和掌握数学知识，还能让学生热爱中华传统文化，提高民族自信心和自豪感，进而实现文化育人。在教学中，教师要善于利用文化育人的

手段，注重数学文化内涵的挖掘和提升，深入挖掘其潜在的教育价值，展现出其民族文化特色、民族精神和民族气质。

第四节　数学文化融入高等数学教学的路径与实践

一、数学文化融入大学数学教学的路径

在大学数学教学中融入数学文化，不能仅仅停留在引入数学史料上，还应重视结合现代化教学手段揭示数学思想方法，加强数学与生活的联系，呈现新知生成的过程，挖掘数学美的因素，凸显用数学思维解决问题的特殊方式和独特魅力，拓宽融入数学文化的路径，帮助学生养成良好的数学文化素养。

（一）挖掘数学文化内涵，构建数学文化传播机制

在教学中，教师要努力挖掘数学文化内涵，在注重数学技能与数学知识传授的基础上，积极构建数学文化传播机制，为学生深入了解数学文化奠定基础。

1. 适时引入数学史，深入领会数学精神

在大学数学教学中，培养学生的数学精神是一项极为重要的任务，它能促使大学生更好地成长。数学精神实际上是指数学家在进行数学研究过程中所表现出的奋斗精神、求知精神、创新精神等。数学是一门相对抽象、复杂的学科，这也使学习数学的难度大大提升。正因如此，在日常大学数学教学中，我们不难发现不少学生尽管内心十分渴望学好数学，但他们却因之前对数学的认知和学习经历，对学习数学产生了一种“惧怕”心理。这就需要教师帮助学生消除这种心理障碍，引导学生客观、正确地认识数学，树立信心，而适时引入数学史，用数学精神来激励学生就是一种很有效的路径。例如，可以适时介绍以华人命名的数学研究成果、我国历史上尤其是现当代的数学成就、数学十大公式、著名的数学大奖以及数学家尤其是我国数学家的奋斗史与创造性思维过程等有关数学史的知识。数学史中蕴含着丰富的数学精神与数学思维，能让学生感受到数学学习是一个曲折前进的过程，数学家也不例外，他们也是在一次次的成功与失败中，总结经验、不

断前进。引入数学史能够激发学生学习数学的兴趣，充分调动学生学习的积极性与主动性，还能够培养学生的数学精神，更重要的是通过数学史学生可以了解数学的发展历程，探究数学家的思想，掌握数学发展的内在规律，对其今后的发展具有重要意义。

2. 以数学知识为基础，充分揭示数学思想方法

数学思想方法，学生一旦掌握了它，就能触类旁通，促进迁移。因此，学习基本的数学思想方法是形成和发展数学能力的基础。大学数学中蕴含着丰富的数学思想方法。大学数学教材就是遵循基本数学思想方法的轨迹而展开的。但是，数学思想方法并非现成地存在于现实世界中，而是人们通过实践活动，对事物有了广泛的认识后，再进行定性把握、定量刻画，逐步抽象、概括，才形成了模型、方法和理论体系。即数学思想方法由数学的概念、原理、观念和方法提炼概括形成。而教材为了叙述严谨、简洁，在一定程度上省略了概念、公式、定理及其数学思想方法的产生、形成、发展直至完善的过程，大量的数学思想方法隐含在数学知识中。在大学数学教学中，教师应在传授数学知识的基础上，将重点放在知识背后的数学思想方法的探究中，凸显数学思想方法在数学知识学习中的灵魂和精髓地位，并且在进行数学知识解读时有意识地将内容中蕴含的数学思想方法进行剖析，让学生“由内而外”地掌握数学知识的本质。

3. 围绕核心知识，整体呈现新知生成过程

核心知识即对学生发展最有价值的知识。就数学学科而言，核心知识一般是指数学的基础知识、基本思想、基本技能和基本活动经验。数学的学习过程不仅仅是知识接收、储存和应用的过程，更重要的是思维的训练和发展的过程。一般认为，数学不但枯燥，而且抽象，学生学起来乏味，理解困难。如果在数学教学中，教师让学生了解数学知识的来龙去脉，及其产生、发展的前因后果，那么学生学起来就会兴趣盎然，不但知其然，而且知其所以然。但长期以来，数学教学常常忽视或压缩数学知识生成的过程而偏重结果。其实被忽视或压缩的过程正是突出数学思想、培养创造性思维等数学文化的好素材，如数学概念、定理、公式的提出、建立、推广过程，解题思路的探索过程等。数学中每一个概念和定理的发现，几乎都经历了前人长期观察、创造、比较、分析、抽象、概括的漫长过程。由于数学的最终成果是以逻辑推理的形态出现的，学生往往看不到它被发现、创造的艰苦历程，很容易产生错觉，以为数学就是一步一步地推导，只有推理没有

猜想，只有逻辑没有艺术，只有抽象没有直观，学生对数学的本质不能把握，更谈不上用数学眼光和思想方法来认识周围世界。

因此，在大学数学教学中，教师应改变以往只重视结果、忽视过程的教学做法，注意充分展现数学知识产生、形成与发展的生成过程，尽可能多地暴露思维过程。例如，注重概念、定理、公式的形成过程，展现结论的推导过程，展现数学思想、方法的思考和形成过程，展现问题被发现的过程，使学生仔细体验数学知识得以产生的基础以及获取这一知识的程序和技巧，得到数学文化的熏陶，逐步领悟数学核心知识，最终形成数学素养和成功经验，从而提高数学综合能力。

4. 注重挖掘数学美的因素，创设美育的情境

数学中存在许多美的因素，可以说“哪里有数学，哪里就有美”。然而人们往往只注重实用性，而忽视它的美，尤其在中学阶段，数学的美因忙于解题、苦于对付考试而被埋没，不少学生一直没感觉到数学美，觉得学起数学来“枯燥无味”。其实数学蕴含着比诗画更美丽的境界。这种美是一种发人深省的理论美、内在美，其含义是很丰富的。例如，数学中有式的美，形的美，对称的美，和谐的美，一题多解的美，数学思想的美，数学内容的美，应用的美等。这些美蕴含在数学的公理、定理、公式、定义、法则和解题等可以直接接触到的内容中，并没有直接、明确地体现出来，它是模糊的、隐藏着的。这就需要教师在大学教学中，引导、启发学生去发现、感受、欣赏数学的这些美，把抽象的数学理论美的特点充分展现在学生面前，渗透到学生心灵中。只有充分展示数学美，创设出优美的情境，使学生感到数学王国也充满美的魅力，他们才能感知、鉴赏、追求数学的奥秘，突破以往学习数学“枯燥无味”的思维定式，变苦学为乐学，积极主动地探索知识，追求数学美，增强对数学美的热切信念，从而提高学生对大学数学学习的兴趣，培养学生的数学审美能力，最终实现提升学生数学核心素养的目标。这正是将数学文化融入大学数学教学的目的所在。

需要注意的是在数学教学中融入数学美教育，要把握住理论知识的本质及特征，准确地分析其潜在的美学因素，并予以充分揭示，使学生明确地认识到数学美的含义；尤其要善于挖掘其中的精妙之处，然后在课堂教学中，根据学生对知识的掌握程度，从各个层次、各个角度，通过一些具体的实例充分挖掘数学内容中的艺术成分，使其中蕴含的美展现出来。同时，还应当与数学知识的教学及能力培养相结合，并恰如其分地融入教学过程之中，寓教于乐，使学生在潜移默化

之中获得美的修养。比如，可以使用发现法教学，从审美的角度提出问题，为学生创造思维情境，使学生沉浸在渴望求得具有美学特征的新知识情感之中。然后在教学中通过实践去获得感知，在此基础上，让学生愉快而又顺其自然地再发现具有美感的新知识，在这一过程中学生的审美能力必然会得到培养和提高。

5. 加强日常生活中的数学应用，彰显数学文化价值

大学数学能够被应用于各个领域，在人们的生产实践中扮演着十分重要的角色。随着数学应用越来越广泛，大学数学教学中加强数学应用环节就显得十分关键。这也对当代大学生提出了更高的要求，大学生不仅需要掌握基本的数学知识，还要用所学的数学知识指导人们的生活，解决日常生活中所遇到的复杂问题。无论是教师，还是学生，都应当对大学数学的应用予以足够的重视。由于大学数学所涉及的领域十分广泛，因此教师也需要对相关学科有所涉猎。通常情况下，数学与物理、化学等学科密不可分，这就要求教师将这些知识融会贯通，进而拓宽学生的思维；学生要学会理论联系实际，善于将所掌握的大学数学知识与所学专业知识进行融合，会用数学的眼光审视专业知识，用数学思维解决专业学习中的问题，促进大学数学与所学学科的交叉应用，不断彰显数学文化价值。

必须注意的是大学数学更注重对问题的分析、理论的论证，因此，教师在大学数学教学中更要引导学生在日常生活实践中认识数学、学习数学，培养学生利用数学知识解决日常生活中实际问题的能力，帮助学生在实践中向权威挑战、不惧怕失败，进而提升自己、完善自我。这样，一方面可以让学生感受到数学的应用价值，另一方面可以培养学生积极向上的数学精神。可见，通过应用数学解决日常生活中的实际问题，既提高了学生解决问题的能力，又增加了学生迎接困难的勇气，还弘扬了坚持不懈、勇敢拼搏等数学精神。这对于大学生的成长是尤为重要的，是在大学数学教学中融入数学文化的切实可行的路径。

（二）运用现代化教学手段，展示数学文化的魅力

大学数学不同于初等数学，更侧重于对概念、定理的理解以及对公式的推导，要求学生能够把握数学的核心思想，具备发散性的思维，深入思考数学课堂中所涉及的一系列问题。如果教师的教学方法单调，缺乏吸引力，就会给学生一种大学数学课堂“枯燥乏味”“缺乏生机活力”的不良感观，会使一部分学生不理解教师所讲授的内容，甚至会让一些学生对数学产生一种“畏惧”心理，慢慢地就

会有一些学生对数学学习失去兴趣和信心，这对数学教学是很不利的，对学生理解和掌握数学文化有比较大的负面影响。因此，对于教师而言，通过运用现代化教学手段来充分展示数学文化的魅力不失为一条很好的现实路径。它能够进一步改善目前大学数学教学所存在的问题，先进的教学设备和教学方法能为教师提供更多的思路，使教学形式与教学内容逐步趋于多元化、专业化、立体化、直观化，这也能有效地提升教师的教学效果，有助于学生更好地理解和掌握数学知识。

总的来说，大学数学教学应当充分运用现代化教学手段，将数学文化与教学内容完美融合，全方位、多角度地展示数学文化，让学生深入数学学习中，用心感受数学，从而对数学产生浓厚的兴趣，最终实现自主学习和快乐学习，这将有助于数学文化的传播，对提升大学数学教学质量也是十分有益的。

二、数学文化融入大学数学教学的实践

大学数学教学活动围绕数学文化来展开，可以为学生营造良好的学习氛围，促使学生在渴望、热爱的基础上学习和感悟数学，对数学产生全新的认识，更深入地体会数学文化，更好地理解和掌握所学数学知识，进一步提升数学素养和逻辑思维能力，从而传承数学文化。为此，高校教师应当全方位、多角度地加强数学文化的教学实践，使数学文化与大学数学教学深度融合，充分发挥数学文化的价值。

（一）深入钻研教材，充分挖掘数学文化

数学概念、公式、法则、性质和定理等知识都明显地呈现在教材中，是有形的。而数学文化却隐藏在数学知识中，是无形的，并且不成体系，散于教材各章节中。因此教师要认真钻研教材，领会教材意图，弄清每一章节中包含的数学文化内容，把隐藏在具体知识内容背后的数学文化元素揭示出来。例如，通过求曲线上一点的切线斜率、求变速直线运动物体的瞬时速度等变化率问题引出导数概念；通过物体运动的路程、变力做功、曲边梯形面积等一系列求和问题引出定积分概念，运用的都是极限思想。极限思想贯穿于微积分课程的始终。可以说微积分中几乎所有的概念都离不开极限。又如，微积分中极限运算和积分运算是两类基本而重要的运算，在这两类基本的运算中，可通过恒等变形、换元、等价代换等将所运算的问题转化或化归到某个法则、公式或结论上，其体现的就是通过转

化实现由复杂向简单、由未知向已知的转化思想方法。这样从有限的教材内容中挖掘和提炼出数学思想方法等数学文化素材，发现和设计数学思维的新观点以及学生的“最近发展区”，在有限的教学时间内，给学生点燃数学文化精髓的火花，把数学教学由教知识、教技能的“教书”，升华为培养具有数学素养的“育人”，实现数学教学的质的飞跃。

（二）在新课引入中融入数学文化

这是在数学教学中融入数学文化的常见方式。在大学数学教学中，教师在讲授一些比较难理解的数学知识尤其是概念、定理时，常常通过引入知识产生的背景或现实的数学原型或数学史料或与所学知识相关的直观具体的实例，帮助学生理解所学知识。数学文化被自然地融入了整个教学过程之中，对数学教学大有益处，让学生深刻理解了数学文化的内涵，从而提升了学生的数学文化素养和数学学习能力。

（三）以数学知识为载体，融入数学文化

数学文化的最高层面是数学作为一门精密逻辑的科学体系，以知识形态存在，具有抽象性、逻辑性和系统性，却蕴含着丰富的数学思想方法。学生在理解、把握数学知识时，不仅仅是记忆形式上的数学知识，更重要的是领会以数学知识为载体的数学思想方法、数学精神等。因此，数学文化的融入要以数学知识为载体，应重视数学的来龙去脉和数学发展的连续性，注重数学的应用，强调数学的抽象过程，凸显数学思想方法。离开基础知识的教学，数学文化的融入就会变成无源之水。纵观大学数学，能够融入数学文化的机会很多。诸如概念的形成过程，法则的推导过程，结论的导出过程，规律的揭示过程，无不蕴藏着向学生融入数学思想方法和训练创造性思维的极好机会。在教学过程中，一定要精心设计教学过程，让学生亲自参与“知识再发现”的过程，经历探索过程的磨砺，吸取更多的思维营养。

例如，定积分既是一个抽象的概念，又是一个内涵相当丰富和思想相当深邃的概念，学生难以把握和进行透彻的理解。针对这个问题，在教学中，教师应使学生在掌握数学知识的同时，领会概念背后丰富的数学思想及其分析、处理问题的一种策略和基本方法。先通过实例（物体运动的路程、力所做的功等）来展示

平面图形的面积还可以表示路程、力所做的功、压力、电量等，说明面积具有广泛的应用性。接着与学生探讨怎样计算平面图形的面积(不规则的平面图形面积)，以求一片树叶面积为例，引导学生用“分割、近似替代、求和”的思想求出树叶面积的近似值，这样求出的面积总存在误差。为了解决上述误差问题，再与学生探讨如何求曲边梯形面积。在求曲边梯形面积之前，让学生思考这样的两个问题：①曲边梯形与“直边图形”的区别？②能否将求曲边梯形面积的问题转化为求“直边图形”面积的问题？

同时复习前面求树叶面积的思想：分割、近似替代、求和。再依次给出求曲边梯形面积的四个步骤：分割、近似替代、求和、取极限。在以上四个步骤中重点讲清为什么取极限，落实、巩固和升华求树叶面积的思路。总结、归纳解决这些问题的步骤：分割、近似替代、求和、取极限，进一步揭示解决问题的基本思想“化整为零→近似代替→积零为整→取极限”，让学生感受到“极限”这一工具的神奇作用，彻底解决了前面遗憾的“误差”问题，揭示“有限与无限”既辩证又统一的关系。运用极限方法，分割整体、局部线性化、以直代曲、化有限为无限、变连续为离散等，这样定积分的概念逐步被发展并建立起来了。经过这一系列的观察比较、综合分析，学生领悟到了所研究对象的本质属性，进而概括出定积分的概念。像这样经历了一种再创造过程，学生既能从中学到研究方法并领会其中蕴含的数学思想，又能深刻理解概念的精神实质，从而能更好地应用概念。

（四）在“问题解决”中融入数学文化

从某种意义上讲，教学的最终目的是使学生能自主地解决各种问题。数学问题的解决过程，实质上是命题的不断变换和数学思想方法反复运用的过程。数学思想方法是数学问题解决的数学文化成果，它存在于数学问题的解决之中，数学问题的步步转化，无一不遵循这一数学文化成果指示的方向。

在解决问题的过程中，教师要把注意力花在引导学生怎样去想，如何想到，到哪里去寻找解题的思路上。运用分析、比较、综合的方法和化归、函数的思想去解决问题。将数学思想方法这一数学文化关键元素置于解决问题的中心位置，突出数学思想方法的解题功能，加深学生对数学思想方法作用的理解和认识，加速知识的内化进程，增强其运用的主动性。

“数学思想”是数学的灵魂，“数学方法”是数学的行为，它们都属于数学文化的范畴。学生只有把数学知识上升到数学思想方法的高度，才能有效地提高数学素质。如果说数学方法是解数学问题的具体战术，那么数学思想则是数学方法的统帅，是站在战略的高度上去分析处理数学问题的。在大学数学教学中必须以数学知识为载体，传授数学思想方法。反过来，数学知识的教学也应在思想方法的指导下开展，数学知识和思想方法互相促进，才能使学生深刻地理解数学知识，并能灵活地运用。

（五）在数学应用中融入数学文化

在数学教学过程中，教师可结合学生所学专业介绍数学与其所学专业的关系，特别是讲授一些数学在其专业中的具体应用，让学生深刻体会数学的实用价值。

我们知道《线性代数》中的概念和定理都比较抽象，如果直接讲解这些概念，不少学生难以接受。此时，教师可以结合学生的专业，从这些概念产生的实际背景入手，选取通俗易懂的实例，激发学生学习热情，使学生对相关概念产生兴趣。例如，对于信息技术专业的学生，教师在讲授“矩阵的逆”这一概念时，可引入加密编译问题。如融入与学生所学专业息息相关的数学应用实例后，既可以帮助学生牢固掌握知识点，又能让学生在应用线性代数知识解决实际问题的过程中，认识到数学对本专业学习的重要性，提高了学习数学的积极性。

（六）在挖掘数学美中融入数学文化

大学数学中处处存在着美，大学教师要着力研究关于数学美的问题，还应当在教学中引导学生挖掘数学中美的因素，在融入数学文化的同时，培养学生的数学审美能力。

例如，在讲授微积分基本公式$\int_a^b F'(x)\mathrm{d}x=\int_a^b f(x)\mathrm{d}x=F(b)-F(a)$以引导学生全方位剖析公式的形式、结构、内容等，并总结出：这是一个优美的公式。

1. 形式美

此公式把定积分转化为原函数的函数值的差，简洁、概括、形象、理想、易记。

2. 统一美

此公式把微分思想与积分思想进行了统一，两者的相互转化并不是人为的规定，而是它们之间存在着必然的共同性、联系性和一致性，使它们具有一种整体和谐的美，这种美就是统一美。

3. 内容美

可以改写成

$$\int_a^b f(x)\mathrm{d}x = F(b) - F(a) = F(x)\Big|_a^b$$

$$\int_a^b f(x)\mathrm{d}x = \left(\int f(x)\mathrm{d}x\right)\Big|_a^h$$

上式把分别独立定义、似乎毫不相干的不定积分和定积分联系了起来，像一座金色的桥梁，把计算定积分问题归结为求被积函数的不定积分问题，从而得到了计算定积分简便易行的方法，这个公式揭示了定积分和不定积分的深刻内在联系，把数学推到了新的广阔天地。正因如此，把上面这个公式称为微积分基本公式。

4. 方法美

公式的证明，推理严谨，方法独特。

总之，大学数学作为绝大多数理工科、经管类等专业学生的必修课程，其重要性是显而易见的。但由于大学数学的难度相对较大，内容更为抽象，这就为学生的数学学习增加了不少的难度。同时，受传统教学观念的影响，有些高校数学教师更重视数学理论知识的传授，而忽略了数学文化的重要性。数学文化在一定程度上能够帮助学生更好地理解数学理论知识，如果教师一味地讲解概念、公式、定理、法则，无疑会让学生感觉枯燥乏味，进而导致一部分学生失去学习数学的信心。随着大学数学教学改革的不断深化，高校教师需要适时转变教学观念，全方位改变教学方式，让学生成为学习的主体，鼓励并倡导学生自主学习、敢于质疑，提高学生的数学文化素养，烘托良好的数学氛围。这对于改善教与学的状况，实现大学数学教学目标，培养契合新时代发展需要的高素质人才具有重要意义。

第五章　高等数学教育教学中的思维能力培养

第一节　高等数学教育中的数学思维与思想

数学思维的运用是高等数学学习的一个重要手段，良好的数学思维无疑能促进高等数学的学习。许多学习者错误地认为数学思维是逻辑思维和创造性思维，对这两种思维的运用和培养方面的知识也是一知半解。为使他们修正错误，完善原有认识，使数学学习更有章法，有必要对高等数学学习中的数学思维及数学思维作用的发挥进行论述。

一、数学思维与数学思想概述

学习数学，不仅要掌握数学的基本概念，基本知识和重要理论，而且要注重培养数学思想，增强数学素质，提高数学能力。数学教学的效果和质量，不仅仅表现为学生深刻而熟练地掌握系统的数学学科的基础知识和形成一定的基本技能，而且表现为通过教学发展学生的数学思维和提高能力。

（一）数学思维

数学的教学过程中，经常采用的思维过程有：分析—综合过程，归纳—演绎过程，特殊—概括过程，具体—抽象过程，猜测—搜索过程，并且还会充分运用概念、判断、推理等的思维形式。

从思维的内容来看，数学思维有三种基本类型：一是确定型思维，二是随机型思维，三是模糊型思维。这三种思维类型是人们对必然现象、偶然现象和模糊现象进行逻辑描述、统计描述或模糊评判的不可缺少的思维方法。

1. 所谓确定型思维

就是反映事物变化服从确定的因果联系的一种思维方式，这种思维的特点是事物变化的运动状态必然是前面运动变化状态的逻辑结果。

2. 所谓随机型思维

就是反映随机现象统计规律的一种思维方式。具体一点来说，就是事物的发展变化往往有几种不同的可能性，究竟出现哪一种结果完全是偶然的、随机的，但是某一种指定结果出现的可能性则是服从一定规律的。就是说，当随机现象由大量成员组成或者成员虽然不多、但出现次数很多的时候，就可以显示某种统计平均规律。这种统计规律在人们头脑中的反映就是随机型思维。

3. 所谓模糊型思维

就是从定量角度去反映模糊系统规律的思维方式。上述确定型思维和随机型思维，虽然有着不同的特点，但它们都是以普通集合论为其理论基础的，都可以分明地、精确地进行刻画。但是在客观现实中还有一类现象，其内通、外延往往是不明确的，常常呈现“亦此亦彼”性。为了描述此类现象，人们只好使用模糊集论的数学语言去描述，用模糊数学概念去刻画，从而创造了对复杂模糊系统进行定量描述和处理的数学方法。

数学思维的方式，可以按不同的标准进行分类。根据思维的指向是沿着单一方向还是多方向进行，可以划分为集中思维（又叫收敛思维）与发散思维；根据思维是否以每前进一步都有充足理由为其保证而进行，可以划分为逻辑思维与直觉思维；根据思维是依靠对象的表征形象或是抽取同类事物的共同本质特性而进行，可以划分为形象思维与抽象思维。现在有人又根据思维的结果有无创新，将其划分为创造性思维与再现性思维。

（二）数学思想

数学思想是指对数学活动的基本观点，泛指某些具有重大意义、内容比较丰富、思想比较深刻的数学成果，或者是指数学科学及其认识过程中处理数学问题时的基本观念、观点、意识与指向。数学方法是在数学思想指导下，为数学活动提供思路和手段及具体操作原则的方法。二者具有相对性，即许多数学思想同时也是数学方法。虽然有些数学方法不能称为数学思想，但大范围内的数学方法也可以是小范围内的数学思想。

二、高等数学教育中的逻辑思维

逻辑思维是指按照逻辑的规律、方法和形式，有步骤、有根据地从已知的知识和条件推导出新结论的思维形式。在数学学习中，这是经常运用的，所以学习数学十分有利于发展学生的逻辑思维能力。

（一）数学逻辑思维概述

数学逻辑思维是运用形式逻辑和辩证逻辑的思维规律和方法形成数学概念，对数学结论作出判断、进行数学推理的一种思维。形式逻辑是以固定范畴建立起来的思维科学，其基本规律有同一律、矛盾律和排中律。同一律是指在同一个推证过程中所用到的概念须保持同一性；矛盾律是指在同一推证过程中对同一个对象的判断不能互相矛盾；排中律是指在同一推证过程中对同一个对象必须在肯定和否定中作出一个判断，而无第三种可能。形式逻辑的形式是概念、判断、推理。辩证逻辑是从内容与形式的统一的角度揭示事物运动变化规律和事物之间联系发展规律的思维，包括对立统一规律、质量互变规律、否定之否定规律、普遍联系规律等。

逻辑思维的主要特点是抽象性，它是在对具体对象进行思考的基础上抽象出的对所有思考对象都适用的共性思维形式，脱离数学对象的具体内容而存在。逻辑思维还具有方法多样性的特点，它所用的方法是以前已经提过的各个层级的数学思想方法，多达数十种。

（二）数学逻辑思维的形式

数学逻辑思维的形式也就是形式逻辑的形式，分为概念、判断、推理三种。

1. 数学概念

数学概念是反映数学所研究的对象的本质属性的思维形式，它是在对同一类事物进行抽象的基础上舍弃非本质属性保留本质属性而得到的。概念包含外延和内涵两个部分，外延是概念所指称的数学对象的全部，内涵是所指称对象的本质属性，外延与内涵的大小成反比。一些数学概念依外延的大小又存在着从属关系，外延大的概念叫作属概念（上位概念），外延小的概念叫作种概念（下位概念）。

2. 数学判断

数学判断是对数学对象进行否定或肯定的思维形式，数学中作出判断的对象包括命题、图形、图式等，判断的作用是澄清对知识的错误认识，从相反的角度促进对知识的正确理解。

3. 数学推理

数学推理是依据数学结论间的关系，以一个或几个已有的结论作出一个新的结论的思维形式。数学中常用的推理有演绎推理和归纳推理。演绎推理是以某一类数学对象的一般结论为前提，推导出这类对象的个别或特殊对象的相应结论的思维形式；归纳推理是根据某一类数学对象的一些特殊或个别对象具有某个结论，推导出该类对象的全体也具有这个结论的思维形式，归纳推理中常见的推理是不完全归纳法。

（三）数学逻辑思维在高等数学学习中的作用及发挥

1. 数学逻辑思维在高等数学学习中的作用

第一，数学逻辑思维有助于加强数学与现实的联系，强化学习者的学习动机。数学概念是构成数学内容的原始细胞，它们不是人们凭空想象出来的，是在对现实世界深刻把握的基础上抽象出来的，是对社会实践的反映。学习概念可使人们从数学的角度认识世界，感受到数学的实际价值，增强学习这门课的动机。

第二，数学逻辑思维有助于学习者进一步认识数学的本质。推理具有高度的抽象性，也是学习者学习高等数学时倚重的主要数学思维，通过对它的运用，学习者可不断地体会高等数学的抽象性这一主要特点。推理的进行也伴随着数学思想和方法的运用，而思想方法是数学知识得以组织和发展的工具，在推理过程中又可进一步深化对数学本质的认识。

第三，数学逻辑思维有助于促进学习者个性和认知的发展，推理成功的意义不止于证明了一个数学结论，较为复杂推理的完成还可使他们感受到克服困难、战胜自我的喜悦，提高自信心。数学推理还可引发迁移效应，会使学习者将在数学学习过程中学习到的推理方法用到现实中，由此及彼、由表及里地认识世界。实践固然是检验真理的唯一标准，但个体的精力和实践能力有限，不可能事必躬亲地验证真理，这时就要依靠前人或同时代的他人获得的真理进行推理，对真理进行证明，由此推理可作为学习者习得真理的重要手段。

2. 高等数学学习中逻辑思维作用的发挥

（1）优化概念的学习

第一，要结合具体的实例学习概念。数学概念（核心是定义）虽是前人认识客观事物的既有结果，但学习者对其不要开门见山、平铺直叙地学习，要本着从具体到抽象认识事物的原则进行理解，因为人的认识过程总是从抽象到具体的，经历具体化学习得来的知识往往更易建构其意义。课本上许多重要的概念型知识总是按照引例—定义—应用例子—巩固性练习的顺序编排的，学习时首先要特别重视书上的或者教师给出的引例，通过其生动理解定义的实际来源及与其联系紧密的已学知识，其次要在学习定义后进行足量的练习，通过做题达到对定义更深刻具体的认识。

第二，要利用变式学习概念。学习了概念的定义后，要在保持本质属性不变的前提下变换外在形式，列举同类特殊数学对象，从不同的角度达到对定义的深入理解，避免以后运用定义时出现不灵活和错误的现象。

第三，要积极将概念纳入已有认知结构。新数学概念的学习总是在原有知识的基础上进行的，学完后要充分考虑它们和旧知识的关系，将其以网络、表格等形式精致化，并尽可能建立激活扩散模型、CPFS 等认知结构。

（2）善于运用多种方法对数学结论进行判断

除了从正面利用推理对数学结论进行判断外，还要灵活运用其他种类的方法判断真假，如对于包含有“全部”“任意”“一定”等词的结论常用反例、特殊值、特殊方法作出判断，对于少数难从正面入手的结论则借助逆否命题作出判断等。

（3）改善逻辑推理的方法

继续强化三段论的应用，进一步重视归纳推理的应用；书写的推理步骤要条理清晰，勿失太简，否则只能使自己的思维和方法晦涩难懂，难以在证明其他问题时实现正迁移；高等数学比初等数学在内容和思想方法方面更广泛抽象，所要求的推理方法相应也要求更高的抽象性，故学习者在学习过程中应重视诸多具有针对性的思想方法如构造法、RMI 法、放缩法、特殊值法等的学习，并有意识地加以应用；要重视克服思维定式的冷处理法等方法的学习应用。

学习者在平时习惯于对纯粹的数学结论进行推理，忽视情境性问题的作用，学习者只有在特定情境脉络中进行的学习才有意义，才能更积极地参与，诚然，高等学习者不可能在很大程度和广度上实现情境认知，但也应该充分利用教材中提供的具有实际情境的题目进行练习，积极地参与学校组织的数学建模培训和活动，使自己在亚实际情境中更自觉地运用所学知识进行推理，学到更多的具有综合性和实用性的推理方法。

三、高等数学教育中的直觉思维

直觉思维是未经过一步步分析推证，没有清晰的思考步骤，面对问题突然间地领悟、理解得出答案的思维形式。通常把预感、猜想、假设、灵感等都看作直觉思维。直觉思维在解决问题中有重要的作用，许多数学问题，都是先从数与形的直觉感知中得到某种猜想，然后再进行逻辑证明的。因此，培养学生的直觉思维与逻辑思维不能偏废，应该很好结合起来。

（一）数学直觉思维概述

数学直觉思维是学习者对数学概念、命题、问题等数学对象进行思考时，不受逻辑规则的约束而对其某一方面本质特征的直接而迅速地洞察和领悟的思维。

数学直觉思维的主要特点如下。

1. 非逻辑性

数学直觉思维进行得极其简单,其结论的产生没有明确的逻辑规则作为依据,推理也不严密。

2. 直接性

数学直觉思维总是以跳跃的方式直接得出最后结论，几乎不经历推理过程。

3. 高度自动性

从对数学对象展开思考到结论出现，整个思维是一个顺其自然的过程，不需要学习者做出意志努力，表现出高度自动化特性。

4. 思维过程内隐性

进行数学直觉思维时，学习者对自己思维过程各种智力和非智力活动没有清晰的意识，也无法向他人描述。

5. 坚信感

学习者总是整体相信其由直觉思维得到的结论正确，而不管这些结论在事实上正确与否。

6. 结论的或然性

结论可能是正确的，也可能是错误的，需要依据逻辑规则或通过实践加以检验。

（二）数学直觉思维的形式

数学直觉思维可分成直觉和灵感两种形式。直觉是运用有关知识组块和形象直感对当前问题进行敏锐的分析、推理，并能迅速发现解决问题的方法或途径的思维形式。灵感是人们对长期探索而未能解决的问题的一种突然性顿悟。

（三）数学直觉思维在高等数学学习中的作用及发挥

1. 数学直觉思维在高等数学学习中的作用

第一，数学直觉思维有助于引导数学思维的进行。学习者一看到数学对象，学习者会立即对头脑中多种相关模式进行检索，迅速提取出最接近的模式，以此为依据展开进一步的思考，这就是直觉，是思维的前导，为后续思维确定最初的方向。

第二，数学直觉思维有助于诱发创造新思维。直觉思维是学习者在对范围比当前知识广、层次比当前知识深的背景知识的潜意识思考中获得的，而且由于时间极短难以和当前知识产生直接的逻辑联系，形成的结论往往是新颖、独特的，体现出创造性的特征。

第三，数学直觉思维有助于学习者充分感受数学美。直觉思维要利用数学对象的对称性、与其他知识的相似性等数学美进行，其秉持的求简、求和谐等原则具有美学特点，思维的结果常体现出奇异美，因此学习者在直觉思维过程中可有意无意地感受数学美，鉴赏数学美，利用数学美的作用学习高等数学。

第四，数学直觉思维有助于提高学习者学习数学的信心。数学直觉思维的结果是学习者在诸多模式的比较中择优而获得的，在产生之初对此较为确信，利用逻辑推理证实以后，他们会体验到成就感和自豪感，信心大增；纵然是结果被证伪，他们也不会过分沮丧，因为感受了思维的创造性，奠定了下一步思维的基础。

2. 高等数学学习中直觉思维作用的发挥

（1）培养整体性的认知结构

人类之所以能了解学习情境的全局或领悟到问题的关键，全靠他们在知觉中能形成一种正确的完整的模式，而所谓知觉就是个体对外界事物的整体认识。学习者要产生直觉思维，在平时高等数学学习中就要将所学知识与其他类型高等数学知识和别的学科知识进行前后、纵横联系，精致加工，形成整体性的认知结构，为自己以后的检索提供丰富的素材，提高直觉思维产生的速度。

（2）发挥数形结合、化归、类比等数学思想方法的作用

数形结合可化抽象为直观，使许多潜在的性质一目了然，提高形象识别直感的程度，而形象识别直感是直觉思维最基本的手段，所以利用图形可使学习者产生更多的直觉思维；化归过程是象质转化直感不断产生的过程，学习者由此从陌生到熟悉地认识问题，想出可能的解决办法；类比是形象相似直感的直接应用，这类直感是学习者直觉思维赖以产生最常用的手段。

（3）善于对问题进行猜想

猜想是清晰化、凝练化的直觉思维，是思维结论的表述，对问题进行直感后，学习者要善于对解法或结论进行猜想，发挥其对思维的引导作用。当猜想正确，促成问题的解决后，学习者信心增强，以后愿意利用这种直觉思维解题，即使猜想不正确，学习者也会对问题进行“预热”，为后续思考打下基础，他们还会从中反思出错的原因，以避免在对别的问题的猜想中犯同类错误。

（4）将“酝酿效应”与“冷处理”相结合，发挥灵感的作用

对较为复杂的问题进行了较长时间思考而没有突破性的收获是常事，根据心理学中的“酝酿效应”，在未来意想不到的某一时刻该问题可能会在思考者的头脑中出现解法。故学习者不要急于解决问题于片刻，对问题也要善于进行一段时间的深入思考，实在无法解决时，再用“冷处理”方法，将问题暂时放手，转而思考别的问题或休息。在这样特殊等待的过程中，许多问题解决者的灵感会令人惊喜地在脑海中闪现。

四、高等数学教育中的形象思维

形象思维是指通过客体的直观形象反映数学对象“纯粹的量”的本质和规律性的关系的思维。形象思维是与客体的直观形象密切联系和相互作用的一种思维方式。

数学形象性材料，具有直观性、形象概括性、可变换性和形象独创性（主要表现为几何直觉），而与数学抽象性材料（如概念、理论）不同。所以抽象思维

所提供的是关于数学的概念和判断，而形象思维所提供的却是各种数学想象、联想与观念形象。

（一）数学形象思维概述

数学形象思维是对数学对象进行直观思考而达到对其初步理解的一种思维，是认识过程中的感性认识在数学中的具体体现。

数学形象思维的特点是直观性、形象性、主观性、潜逻辑性、创造性。

学习者对数学对象进行观察后，就会自然而然地产生直接的印象，这种印象较为粗浅，没有上升为理性认识，不明显具有逻辑思维的印痕，这就是形象思维的直观性。

学习者对数学对象的印象以图形和图式两种方式储存在脑海中，当对象易于与图形联系时，其储存方式就是图形，难以用图形表示时，其储存方式就是图式，即具有特定结构的式子。这就是形象思维的形象性。

学习者对数学对象的感知是知识建构的一部分，建构主义认为，由于事物存在复杂多样性，学习情感存在一定的特殊性及个人的先前经验的独特性，因而每个学习者对事物意义的建构可能不同，这样，感知的结果即形象思维也就表现出学习者的主观性，不同学习者对于同一数学对象的图式或图形难免有所不同。

数学的一个突出的特点是它的抽象性，作为一种数学思维，尤其是高等数学的一种思维——形象思维，不可避免地带有抽象思维即逻辑思维的特性。与抽象性相比较而言，尽管形象性是形象思维的主要特征，但学习者感知数学对象时，还是潜意识地要用到概念、判断、推理这三种逻辑形式，使得思维过程或结果带有潜逻辑性。

学习者对数学对象建构的主观性使自己的形象思维易于与自己的知识背景、建构方式、个性等非智力因素等联系起来，导致获得的图形或图式与众不同，表现出一定的类创造性，甚至是创造性。

（二）数学形象思维的形式

从思维的复杂程度来看，数学形象思维可分为形成数学表象、数学直感、数学想象三种形式。

1. 形成数学表象

表象是感知过的事物不在眼前时，感知者头脑中浮现出的该事物的影像。数学表象是学习者针对数学对象产生的表象，可分为图形表象和图式表象图形表象是以图形的方式存在的表象，图式表象是以数学结构式（如不等式、方程、解析式）方式存在的表象。

学习者对新学习的数学对象的认识过程是先进行视觉、听觉，接着进行知觉，这是形象思维的活动，作为思维的结果，感知的对象会以图形或是图式表象的形式有意无意地保留在头脑中，以备下一步乃至以后的学习。

2. 数学直感

直感是运用表象对具体形象的直接判别和感知。数学直感就是利用已有表象对新的数学对象的直感。依复杂程度，数学直感可以分为形象识别直感、模式补形直感、形象相似直感、象质转化直感。

形象识别直感是学习者将正在学习的高等数学对象和自己头脑中已学过知识的众多表象相对照，判别是否属于其中的某一种类型，这种直感就是所有数学学习者进行数学问题解决时经常运用的模式识别法。

学习者对眼前的数学对象进行判别后，认为它是某一自己熟悉的数学模型的一部分，为了利用这种模式解题，需要增加新的结构式或图形，这种直感就是模式补形直感，配方法、凑配法、对偶法等数学方法就是模式补形直感法运用的体现。

形象相似直感是在前两种直感运用无效的情况下，学习者将正在思考的数学对象与不同类属的结构相似的数学对象进行类比，由已知数学对象的处理方法来探索当前数学对象处理方法的一种直感。类比法是这种直感的主要体现。波利亚推崇的一种数学方法，也被数学学习者广为运用。

利用前三种直感对数学对象进行思考，难以得出有效结果后，学习者将数学对象的表象不断变化，每一种变化都对应数学对象质的变化，通过一系列变化将原对象变为易思考的对象，这种直感就是象质转化直感，其具体体现就是映射法、换元法等数学方法。

3. 数学想象

数学想象是学习者对头脑中既有数学表象进行整合或改变，产生新的数学表象的思维。根据所变化表象的种类，数学想象可以分为图形想象和图式想象。

图形想象是学习者基于直感，在自己头脑中将所研究的图形的表象通过点、线、面的立体化加工，得出新的可以充分利用的表象。图式想象则是基于直感将刚形成的图式表象在结构形态方面进行变化，得到与所求结论更为接近的图式。图形想象较图式想象更具有直观性、生动性，在思考问题时两种想象常结合起来进行运用。

（三）数学形象思维在高等数学学习中的作用及发挥

1. 数学形象思维在高等数学学习中的作用

第一，数学形象思维有助于提高学习者学习高等数学的兴趣。数学图形表象表现出意境美、对称美，图式表象表现出结构美、和谐美、奇异美，这些美使学习者久久留恋于这些表象。通过多种直感和想象，学习者又获得新的具有美感甚至是创造性的表象，进一步提高了学习高等数学的兴趣。

第二，数学形象思维有助于加深学习者对高等数学知识的巩固。学习者头脑中保留的数学表象是对高等数学知识初步学习的结果，利用其进行的别的形式的形象思维使他们对相关知识的思考广度得到拓宽，深度得到延伸，加深了对这些知识的巩固。

第三，数学形象思维是其他类型数学思维的基础。表象是其他三种思维所依据的材料；直感有助于做出正确的逻辑判断，模式补形直感常催生创造性思维；想象可促进逻辑推理的进行，也是创造性思维的重要成分，数学中的直觉和灵感，如果没有想象的展开是不可能实现的。

2. 高等数学学习中形象思维作用的发挥

（1）更有效地形成数学表象

学习者以往的数学学习固然可以形成很多数学表象，但如果在以下几个方面有所侧重，则会更有效地形成数学表象。

①加强学习的直观性

学习新知识时要充分利用教具、影像、模型、多媒体的直观作用呈现知识，这有助于获得更生动、丰富的表象，也使学习更为快捷。其中多媒体课件（CAI）的教学作用尤为明显，要结合具体知识利用 Matlab、几何画板等软件制成 PPT 课件，进行演示学习。

利用直观性形成表象最为经济的方法是数形结合，对于一些对图形依赖性比较强，又易于画图的知识，要结合图形进行学习，必要时要用几何画板、Matlab

等软件画图，从而形成更形象、牢固的数学表象。

②利用知识的规律形成数学表象

数学的许多知识都有其规律和特征，学习者学习时要克服浮躁，对知识深入地进行思考，揭示这些规律和特征，形成更为精致的数学表象。例如，初学第二个重要极限公式时，不要机械地识记原始公式，同时还要把握其三个方面的特征，这样既易于理解公式，解题时针对不同结构的求极限的式子又可迅速地提取相应表象。

③利用原有认知结构形成数学表象

新知识的学习总是要依赖原有的知识，要努力寻找已有邻近知识的认知结构，从这一结构中提取先行组织者（预备知识），作为新旧知识的结合点，再以此为基础推陈出新，逐渐获得新知识的数学表象。其好处是使新表象的得出并不突兀，还易于与其他知识相结合而生根，促成原有认知结构的顺应，不过应该注意的是，要尽可能使新的数学表象与其他类似表象相比具有可辨别性。

（2）发挥数学直感的作用

①继续发挥形象识别直感的基础性作用

数学被称作模式的科学，新知识的学习和问题的解决都离不开已有模式的作用，形象识别（也称模式识别）在中小学乃至大学数学学习中一直起着基础性的作用。尽管这种方法为许多人所诟病，但它确为学习数学的最有效方法，一旦离开已习得模式将无以使新旧知识联系起来，阻断对新知识形象思维的进行，故这种直感的运用只能加强，不可削弱。思考数学问题时，学习者如觉得该问题与某种熟悉的模式联系紧密，但又感觉只是模式的一部分时，应产生模式补形直感，将问题依模式结构的整体性添加一些元素（如式子、图形）进行思考。

②注重形象相似直感的运用

学习者感到所思考的问题与某一不同类型的已习得知识有些相似时，可用形象相似直感思考，或用类比法。由前面论述可知，类比是一种常用而重要的思想方法，它可用于引导解题思路，其重要性略次于模式识别，故应重视形象相似直感，有意识地加以运用。

③发挥象质转化直感的作用

数学能力被界定为“介于任务操作自动化能力和应对新情境能力之间的一种相对能力”，象质转化直感的运用正是着眼于陌生问题，所以它直接关乎数学能力的提高，重要性不言而喻，当问题情境较为陌生时，要积极发挥象质转化直感的作用，利用多种数学思想方法将其逐渐转化为熟悉的模式来处理。

（3）善于立足原有知识进行想象

小到学习者解决数学问题，学习新知识，大到数学家发现新的数学结论，想象在其中都起着关键作用，要重视想象力的培养。学习者要立足于自己所学的知识，或是当前的问题，利用映射法、逆向思维、类比、比较、归纳等进行想象，例如由数列到函数、由一维空间到二维空间、由导数到积分、由命题到逆命题、由几何到代数等展开想象，以得出更多的图式和图形表象，强化知识间的联系，提高想象力。

第二节　数学创造性思维基础

一、数学创造性思维概述

高等数学的目的主要是培养学生的数学素质，让学生会用数学的思想方法和理论知识去分析问题、解决问题。学生能力的提高离不开知识，但是能力并不能随着知识的获得而自然产生出来，它是教师有意识培养的结果。学习者在思考高等数学问题时，常利用发散性思维、直觉思维等思维方式，将当前知识和已有数学知识或其他学科知识联系起来，对知识进行独特的组合，产生新的结论，发现新的方法，形成新的知识，这种类型的思维就是创造性思维。所以，教师在教学活动中应结合理论知识的教学，重视学生创造性能力的培养。

数学创造性思维是一种非常复杂的心理和智能活动。在数学创造活动中，始终离不开数学创造性思维。人们所取得的创造成果，也无一不是创造性思维的结果。数学创造性思维不同于一般数学思维，由于发挥了人脑的整体工作特点，发挥了直觉、灵感、数学美感的作用，按最优化的数学方法与思路，不拘泥于原有理论的限制和具体内容的细节，而完整地把握数与形等有关知识之间的联系，实现认识过程的飞跃，从而达到数学创造的成功。

创造性思维不是一种孤立的心理活动。它是灵活性、深刻性、批判性、组织性、发散性、多向性、独创性、跨越性、迟效性、相对性、预见性等多种思维品质的相互渗透、相互影响、高度协调、合理构成的产物。

数学创造性思维的主要特点是：（1）新颖性，思维的成果不能是过去知识的重复，必须是新颖独特，前所未有的。（2）思维成果具有一定的应用价值，创造性思维所得到的结论、知识和方法能丰富数学知识，解决其他问题，特别是能解决实际问题。

数学创造性思维活动常常受到一些障碍。造成创造性思维障碍的因素有下列几种。（1）数学知识贫乏。缺乏与创造性地解决某个问题有关的数学知识，缺乏数学思维的原材料，就很难把有关数学知识重新结合起来，产生新观念。数学知识贫乏，产生想象、猜想、假设的可能性就小，阻碍了创造性思维的顺利进行。（2）不加批判的学习。创造是在继承的基础上进行的，广博的知识能促进创造性思维。但是，在学习别人的知识时，如果不通过自己头脑的批判性吸收，机械地照搬，纳入别人的思维轨道，就会阻碍创造性思维。（3）传统观念的束缚。传统的理论、观点、方法常常束缚人们的头脑，老师、书本、权威可能使人产生迷信，不敢怀疑，从而堵塞创造性思维的发展。（4）习惯性思维。人们都有自己的习惯的思维程序、思维定式。人们在解决问题过程中，沿着同一思路进行，使各种观念在头脑中形成固定的思维锁链。这种习惯性思维程序在创造性思维过程中，往往使人思路阻塞。（5）满足、固执己见与偏见。满足使人不思上进，造成思维僵化、固执己见，抱着错误观念不放，使人误入迷途而不能自拔。偏见扼杀创造性，这些都能成为创造性思维的障碍。

二、数学创造性思维的形式

按照不同的标准，数学创造性思维有不同的分类。按照思维的程度，数学创造性思维分为首创性思维和完善性思维。（1）首创性的思维。这是一种基本上不依靠或很少依靠已有成果而开拓一些新领域的数学思维。例如数学家们创立微积分和群论、非欧几何、解析几何等的思维就是首创性思维；（2）完善性的思维。这是对前人业已创立的数学成果进行发展和完善的思维，现在大部分数学家或数学研究者在已有领域进行研究所采用的思维就是这种思维。

关于创造性思维，常见的有以下几种形式。

（一）直觉思维

人们在思维过程中，有时会在脑海中突然闪现出某些新思想、新观念和新办法。

这种突然“闪现”“突然产生”“顿悟”就是直觉。人们认识过程中的这种特殊的认识方式就叫作直觉思维。直觉思维的形式不是以一次前进一步为特征的，而是突然认知的，是顿悟的形式，是飞跃的认识过程。例如，数学家高斯在谈到一个证明了数年而未能解决的问题时说：“终于在两天以前我成功了，像闪电一样，谜一下子解开了。我自己也说不清楚是什么导线把我原先的知识和使我成功的东西连接起来。”尽管直觉思维常常表现为“突然”“顿悟”的形式，但是直觉思维也是基于过去的经验和教育的结果。直觉是某种外部刺激所带来的联想，是神经联系的重新组合和认识思维结构上的突破与更新。正是这个原因才使得一个人能以飞跃、迅速、越级和放过个别细节的方式进行思考，从而使他在思想中激起和释放出某些新思想、新观念和新办法。直觉在教学过程中也是客观存在的，并且有其特点，研究这些特点，对发展学生的直觉思维，促进其创造性思维能力的发展是有重要意义的。受到其他事物的启发是捕捉直觉的一条重要途径。利用具有启发作用的事物和所要思考的对象的某些相似之处，进行“类比”“联想”和“迁移”有助于触发学生的直觉思维。

当解决问题的逻辑通道受到阻塞时，科学家常常凭借直觉从大量复杂的经验材料中，直接得出结论，做出新的发现。直觉的这种启迪思路，寓于创造的作用，还表现在数学计算上。费洛尔在给梅比乌斯的信中写道：“当有人给我出一道题目时，即使是很困难的题目，答案也会立即出现在我的直觉中。我当时根本不知道自己是怎么得到这一答案的，只有在事后，我才去回想我是如何得到这个答案的。而且这种直觉从来没有发生过错误，甚至还会随着需要而越来越丰富，所以只凭直觉足以对付这些计算。甚至我还有这样一种感觉，似乎有一个人站在我身旁，悄悄地告诉我求得这些结果的正确方法。但这些人是如何来到我身边的，我却一无所知，又若让我自己去找他们的话，那肯定是找不到的。”“我经常感到，特别是当我单独一个人时，我自己好像是在另一个世界上，有关数学的思想几乎是活的，那些算题的答案也是突然之间跳到我眼前来的。”这就表明，直觉对于计算也有不可忽视的创造性功能。

第三，在科学认识活动中，科学家常常利用直觉获得猜想（公理或假说），然后演绎地推出若干定理，建立科学理论体系。

众所周知，形成科学理论有两条基本途径：一是以逻辑方法为主的逻辑通道：二是以直觉为主的非逻辑通道，在现代科学发展中，科学家常常采用非逻辑的通道。对此，爱因斯坦认为，由经验事实上升到理论体系的公理，没有逻辑通道可言，主要依靠思维的自由创造。

（二）猜想思维

猜想是对研究的对象或问题进行观察、实验、分析、比较、联想、类比、归纳等，依据已有的材料和知识做出符合一定经验与事实的推测性想象的思维形式。猜想是一种合情推理，属于综合程度较高的带有一定直觉性的高级认识过程。

数学猜想是在数学证明之前构想数学命题的思维过程。它是一种创造性的形象特征推理。就是说，猜想的形成是对研究的对象或问题，联系已有知识与经验进行形象的分解、选择、加工、改造的整合过程。

严格意义上的数学猜想是指数学新知识发现过程中形成的猜想。即在数学学习或解决问题时展开的尝试和探索，是关于解题的主导思想、方法以及答案的形式、范围、数值等的猜测。在这种意义上，数学猜想的一些基本形式是类比性猜想、归纳性猜想、探索性猜想、仿造性猜想及审美性猜想等。

类比性猜想是指运用类比方法，通过比较两个对象或问题的相似性，得出数学新命题或新方法的猜想。归纳性猜想是指运用不完全归纳法，对研究对象或问题以一定数量的个例、特例进行观察、分析，从而得出有关命题的形式、结论或方法的猜想。探索性猜想是指运用尝试探索法，依据已有知识和经验，对研究的对象或问题做出的逼近结论的方向性或局部性的猜想。仿造性猜想是指由于受到物理学、生物学或其他科学中有关的客观事物、模型或方法的启示，依据它们与数学对象或问题之间的相似性做出的有关数学规律或方法的猜想。审美性猜想是运用数学美的思想——简单性、对称性、相似性、和谐性、奇异性等，对研究的对象或问题的特点，结合已有知识与经验通过直观想象或审美直觉，或逆向思维与悖向思维所作出的猜想。

（三）灵感思维

著名科学家钱学森教授认为："所谓灵感，恐怕是人脑有那么一部分对于这些信息再加工，但是人并没有意识到。"有人认为：灵感是直觉思维的另一种形式，它表现为人们对长期探索而未能解决的问题的一种突然性领悟，也就是对问题百思不得其解时的一种"茅塞顿开"。

数学灵感来源于数学家或数学工作者对数学科学研究或探索的激情，灵感通常是突发式的。对数学工作者来说，努力形成灵感容易诱发的环境与条件，如查阅文献资料，与有关人员进行交流讨论，善于对各种现象进行观察，剖析，善于汲取各家、各学科的思想与方法，有时可把问题暂时搁置，或者上床静思渐入梦境，一旦有奇思妙想，要立即跟踪记录，如此等等，则灵感也可以是诱发的。

（四）发散思维

发散思维是从特定的信息中产生信息，其着重点是从同一来源中产生各种各样的为数众多的输出，很可能会发生转换作用。这种思维的特点是向不同方向进行思考，多端输出、灵活变化、思路宽广、考虑精细、答案新颖、互不相同。因此，也把发散思维称为求异思维，它是一种重要的创造性思维。

第三节　高等数学教育中创造性思维的培养

一、创造性思维品质与创造性人才的自我设计

（一）创造性思维品质的特征

创造性思维是思维的高级形态，是个人在已有经验的基础上，从某些事实中寻求新关系，找出独特、新颖的答案的思维过程。它是伴随着创造性活动而产生的思维过程，存在于人类社会的一切领域及活动中，发挥着重要的作用。由于创造性思维具有独特性、发散性和新颖性，因而具有创造性思维的人，就其思维方法和心理品格而言，应具有以下一些特征。

1. 善于思考，敢于质疑

他们对书本上的知识和教师的言行，不盲目崇拜。对待权威的传统观念常投以怀疑的目光，喜欢从更高的角度和更广的范围去思索、考察已有的结论，从中发现问题，敢于提出与权威相抵触的看法，力图寻找一种更为普遍和简洁的理论来概括现有流行的理论。

2. 观察敏锐，大胆猜想

他们有敏锐的观察能力和很强的直觉思维能力，喜欢遨游于旧理论、旧知识的山穷水尽之处。对于某些“千古之谜”、人们望而生畏的“地狱”入口，他们却能洞察其中的渊薮并产生极大的兴趣。善于察觉矛盾，提出问题，思考答案，做出大胆的猜测。

3. 知识广博，力求精深

他们知识面广又善于扬长避短，善于集中自己的智慧于一焦点上去捕获频频的灵感。他们常凭借已有的知识去幻想新的东西。爱因斯坦称颂这种品格说：想象力比知识更为重要，因为知识是有限的，而想象力概括着世界上的一切，推动着进步，并且是知识进化的源泉。

4. 求异心切，勇于创新

他们喜欢花时间去探索感兴趣的未知的新事物，不羁于现成的模式，也不满足于一种答案和结论，常玩味反思于所得结论，从中去寻觅新的闪光点。兴趣上常带有偏爱，对有兴趣的学科、专业，则孜孜不倦。

5. 精力旺盛，事业心强

他们失败后不气馁，愿为追求科学中的真、善、美的统一，为了人类的文明，为了所从事的工作和科学事业的发展，毕生奋斗，矢志不移，甘当蜡烛，勇于献身。

（二）创造性人才的自我设计

一个人的创造性思维，并非先天性的先知先觉，而是由良好的家庭、学校、社会的教育和个人进行坚毅拔的奋斗、求索所造就的。是否任何教育都能造就这样的人才？注入式的教学方法能造就吗？学生不讲究科学的学习方法，脑子中塞满越来越多的公式，定律就能自然产生吗？能否自然而然地出现幻想，想象、灵感和洞察力？单纯地灌输知识只能培养模仿能力。

因此，教育必须采取利于培养创造性思维能力的科学的教育方式。今天，学生在学校受教育的过程，应当是培养创造能力、训练创造方法的过程，是激励人们创造性的过程。学生应立于教与学的主体地位，所谓教师之主导作用，贵在善于引导启迪，使学生自奋其力，自致其知，非谓教师滔滔讲说，学生默默聆受。尝试教师教各种学科，其最终目的在达到不复需教，而学生能自为研索，自求解决。因此，大学生在学习过程中，应充分发挥自治自理的精神，要学会自我设计，把握住学习的主动权，去自觉地培养和发展自己的创造性思维能力。

如何才能做好自我设计？（1）必须对培养创造性能力的目的有明确的认识。要看到这是时代的要求，是时代赋予青年的历史使命。青年必须以高度的责任感和自信心来对自己的学习阶段做出恰当的规划、设计。（2）要有高度的定向能力。一旦对大学的每个学习阶段的知识学习和能力训练的要求明确以后，就要排除外界各种干扰信息，不畏惧困难，保持高度的注意紧张性，促使自觉地、有目的地去索取知识与培养能力，并把重心放在能力的培养上。（3）要用心去探究、理解科学知识的孕育过程，即假设推理验证或间接地验证修正假设推理再验证……这一循环往复的过程。这个过程正是揭露知识内在矛盾和发现真理的过程，也是遵循唯物辩证法的认识过程。（4）要研究推敲知识的局限性，真理的相对性。正如爱因斯坦所指出，科学的现状没有永久的意义。（5）要敢于用批判的态度去学习知识。学会从书本中去发现问题，从课外读物中去寻找新的思路与线索。要学会凭直觉的想象去大胆地猜想，猜想出的结论并不一定都是正确的，要学会去分析、肯定和扬弃。即使猜想被扬弃，但获得了创造能力的训练，这也是我们所要追求的。因为任何一个创造性的错误要胜过一打无懈可击的老生常谈。（6）要学习科学的方法论，学会正确的学习方法和思考方法。切记，学习最大的障碍是已知的东西，而非未知的东西，不能在已知的领域中停步不前。（7）要学会科学地安排时间。因为时间对每个人来说，都是个“常数”。要珍惜时间、利用时间，就得学会“挤”时间，“抓”时间，把精力的最佳时刻用在思维的关节点上，用在思维的最重要目标上去，以保持创造思维的最佳效果。（8）要学会建立良好的人际关系。有价值的良好的创造活动，常常需要不同的单位和个人的协作，需要提供更多的信息和保持良好的工作条件。

因此，正确的、良好的人际关系是一个从事创造性活动的人所必不可少的。一旦按照所学的专业的要求和自身的情况做出了实事求是的自我设计，就应当以坚忍不拔的毅力，勤奋刻苦地学习，步步实现自我设计。功夫不负有心人，艰苦的劳动，必然赢得能力攀升，功成名就！

二、数学创造性思维在高等数学学习中的作用

（一）发现新的高等数学知识

研究者或学习者的创造性思维成果使自己发现了新的高等数学结论和方法，如果是首创性思维成果，还能丰富数学知识，并有可能由点带线、由线带面地促进高等数学的发展。如 1731 年法国青年数学家克莱洛借助在两个垂直平面上的投影研究空间曲线时，首次提出了空间曲线有两个曲率的结论，迈出了建立微分几何的第一步，以后欧拉、蒙日等数学家又以自己创造性的思维成果使这门学科得到不断发展，并日臻完善。

（二）加深对所学知识的理解

创造性思维的出现来源于学习者对某一类数学知识进行的深入思考，也可能源于将这类知识与其他类知识相联系进行的思考，由此可从深度和广度两个方面加深对所学高等数学甚至是其他学科知识的理解，从而建立包容性更强的认知结构，例如，求无穷级数的值时，可以将级数问题化为概率问题，这种方法体现出一定的创造性，在这一思维过程中，级数、概率中的泊松分布、中心极限定理等被放在一起应用，便于学习者利用知识间的关系进一步巩固知识。

（三）提高学习者的数学能力

数学能力是阅读能力、概括能力、归纳能力、逻辑思维能力、直觉能力、数学转化能力、数学建模能力、自我监控能力等多种能力的综合体。创造性思维也可以增加形象思维的表象的数量，提高直感能力，增强想象力；创造性思维越发展，思维的敏捷性、灵活性、广调性、深刻性也就越得到提高，思维的独创性也就得到发展，使得逻辑思维中的新概念出现得就越多，判断和推理能力就越强；随着创造性思维的出现，新的直觉思维必然会不断出现，而且创造性思维的成果新颖独特，是主体独立思考的产物，具有应用价值，这些特征易使主体对它深刻巩固，在以后思考其他问题时容易以直觉和灵感的方式出现；创造性思维常需将知识进行转化，数学转化能力随之得到了提高；创造性思维还可提高概括、归纳

等其他多种能力。由此可见，创造性思维能使数学能力得到提高。

（四）强化学习者学习高等数学的动机

学习者经历创造性思维，受到了其他人的称赞，他们会重新认识自己的能力，欣赏思维成果的价值，自豪感和信心大增，学习会更加主动积极，思考问题更加深入，以期更多创造性思维的出现。这样的良性循环长此以往，使其学习高等数学的动机得到不断强化，有力地促进这门课的学习。

三、高等数学问题解决与创造性思维的培养

创造性思维是一切创新活动的基础和核心，是人类思维活动的高级形式。学习是创新的基础，创新是学习的目的。教育不仅应使学生继承前人已有知识，而且应该培养发展学生的创造性思维能力，为他们以后开创性地工作播下种子，打下基础。同时，21 世纪是以知识和信息为基础的知识经济时代，国民素质和民族创新能力在国际经济和科技竞争中具有越来越重要的作用。要做一名 21 世纪合格的人才，除了要具备一定的数学知识外，更重要的是要具备数学思维能力，特别是数学创造性思维能力。21 世纪正是我国教育体制改革从“应试教育”向“素质教育”全面转轨，并逐步推进的时代。素质教育的根本宗旨在于提高全体国民的素质和民族创新能力。素质教育特别强调学生的创造意识、创新精神、创新能力、创新思维的培养，所以，数学教育的目的在于培养学生的数学创造性思维。只有这样，才能符合现代社会发展的需要，才能一代胜过一代。

在数学教育中，培养和发展学生的数学创造性思维可从以下几方面入手。

（一）加强基础知识教学和基本技能训练

要为发展学生的数学思维和提高他们的创造能力奠定坚实的基础。一定的知识和能力是学生今后学习和工作成功的必备条件。就知识和能力的关系而论，脱离开知识，能力培养便失去基础，不去发展能力，便难以有效掌握知识，两者是不可分割的辩证统一体，教学方法的实质就在于如何在教与学的过程中，把获得知识和发展能力统一起来，使之相互促进。在教学中，知识和能力的统一问题，经常表现为正确处理好学懂与学会的矛盾问题。数学光学懂了不行，还要看解决

问题的能力如何。数学知识的学习既要做到学懂，还要做到学会，但是学懂是基础。如果事先还没有学懂那根本谈不上学会。从教学角度来分析，懂是获得知识的问题，会是增长能力的问题。从懂到会要经过一番智力操作（特别是思维），是把人的外在因素转变为内在因素的过程。

数学教学不仅要传授知识，而且要传授思想方法，发展学生的思维和提高他们的能力。而能力的发展要求与基础知识教学紧密地结合起来。从大量的知识内容中去获得思想方法和发展能力的因素。从反复的练习中去学会运用这种思想方法和发展能力。我们不能脱离开知识孤立地谈论能力培养，而是要在传授知识的过程中，结合知识获得的同时，一点一滴地去培养学生的能力。到了大学阶段，学生的基本思维能力均已具备，教学中就应重点考虑创造性思维能力的培养。

（二）要研究把知识转化为能力的过程

对任何人来说，知识是外在因素，能力是内在因素。教学工作就是要促进知识转化为能力，而且转化得越快越好，这是教学方法的科学实质。我们知道只有在知识和能力之间建立起来一种联系才能促使其相互转化，这种联系是大脑功能的反映，是思维的产物。在教学中学生思维的内容就是教学内容，教师必须深入研究学生在学习过程中的思维状况，知识是在思维活动过程中形成的。在教学中智力对知识的操作是通过思维来实现的。这一般表现为求异思维和求同思维，这是学习过程中的基本的思维方式。求异思维就是对事物进行分析比较，找出事物之间的相同点和不同点。求同思维就是从不同事物中抽取出相似的、一般的和本质的东西来认识对象的过程。

一时兴起的创造欲望难以持续存在，不足以培养创造性思维，必须依靠创造性动机的激发和强化来培养，因为动机能启动学习者的创造性活动，促使活动朝着创新的方向进行，保持活动的强度和持久性，故学习者应该充分认识创造性思维的价值，树立明确而具体的创造性目标，结合一些具体生动的问题情境努力思考，力求创新，也要积极参加学校组织的有关创造性活动，学习者创造性能力缺失的一个主要原因是创造性方法的贫乏，他们应向有创造性特征的人学习，虚心向他们请教，观察他们面临问题时如何利用发散性思维、直觉思维将问题进行转化形成创造性成果，并将习得的方法不断用于自己的创造性活动中。

（三）激发学习动机，培养学习兴趣和求知欲

正确的学习动机是激发学生学习主动性、积极性的重要动力，也是发展创造性思维的必要条件。要把正确的学习动机和学习活动结合起来，自觉主动地学习，并运用已掌握的知识独立地分析问题和解决问题，积极开展创造性思维活动。好奇心和求知欲的激发对培养和发展创造性思维是十分必要的。为了培养学生的好奇心、求知欲，可以不断地给学生创设变化的而能激起新异感的学习情境。如一题多解、一题多变、一题多联等来激发学生的创造内在动机，促进学生数学创造性思维的提高。

（四）引导学生积极探索、广开思路

科学上的发明或创新都离不开探索，培养探索的爱好和能力，自然成为培养创造性思维的主要内容之一。布鲁纳就曾指出：“探索是数学的生命线。”因此，应该使整个教学过程适宜地体现为教师启发引导学生主动积极去探索新知识的过程。“探索”在数学教育中的重大意义在于：①在探索过程中，学生是真正的主体，因而主动性积极性能最大限度地激发起来；②学生通过自己探索后所获得的知识，理解最深，掌握最牢；③探索过程是学生从已有知识出发，独立去分析推理，从而导出新知识或解答新问题的过程，这势必加强了逻辑推理能力的训练，并使之得到提高；④特别是探索活动中经常采用观察、试验、归纳、类比、联想、直觉、猜想等“合情推理”得到“别出心裁”的种种思维方法，其思维方向是发散的，因而极有利于培养和发展学生的创造性思维能力。

青年学生一般具有强烈的好胜心、好奇心和不满足于已得知识的心理，这正是独创性、自我信心感的心理基础。教师应当珍惜、鼓励这种心理，并有意识地把它导入正确的方向。一种有效的做法是选择教学中发现带有普遍性、典型性及思辨性的疑惑问题，预先布置给学生，让学生在各自深入钻研，充分准备的基础上引进专题化或辩论，尽量使学生各抒己见，能有充分表达自己不同见解的自由和机会，特别要鼓励学生中迸发出的一切带有某种创新因素的见解。事实上，培养创造力的最佳条件，往往就是那种能够促进独立思考并允许自由发表见解的条件。实践表明：当学生们的智慧充分调动和发挥后，常常能提出一些比教师更有见地更富于创新因素的见解。可以说这就达到了教育的最高目的和理想的效果。

这类活动对培养发展学生的创造性思维能力及多方面的能力都具有很大的促进作用，有的甚至会使学生们终生难忘。

引导学生广开思路，重视对学生发散思维的培养，精选一些典型问题，启发、鼓励、引导学生灵活采用联想、猜想、试探等种种方法，打破常规，学会把知识、方法广泛迅速地迁移，灵活变通地运用到新情景中去。例如，数学开放题以其新颖的问题内容，生动的问题形式和问题解决的发散性，给解题者发挥创造性思维提供了广阔空间。

（五）解题是发展学生思维和提高能力的有效途径

解题是一种富有特征的活动，它是知识、技能、思维和能力综合运用的过程。在数学学习中，解题能力强的学生要比能力低的学生更能把握题目的实质，更能区分哪些因素对解题来说是重要的和基本的；有能力的学生对解题类型和解题方法能迅速地、容易地作出概括，并且将掌握的方法迁移到其他题目上面去。

学生每解决一个问题，都要付出一定的脑力劳动，也得到一次思维的训练。在解题教学中，教师要善于利用问题解决的具体过程，培养与训练学生的创造性能力。

（六）寻找问题也是创造性的重要表现

数学教学中应以提出问题，解决问题为主线，以发展创造性思维能力为核心。而直觉思维、猜想思维、灵感思维、发散思维、求异思维正是创造性学习所必备的思维能力。因此，在数学教学中应注重创新教育，培养学生的创新意识、独立思考的习惯、提出问题和自主解决问题的能力。

学习知识，“疑”是提出问题的起点。能否发出疑问也是一个人数学思维能力强弱的表现。许多人往往在学习中满足于一知半解，表面看去像懂了，实则似懂非懂，提不出任何疑问，反映出思考不够，或不会在思考中寻疑。在问题解决的学习中，要尽量通过问题的选择、提法和安排来激发学生，唤起他们的好胜心与创造力。具体到数学教学活动中，应该注意以下几点。

激发创造性思维的有效途径有三条：①设置活跃创造性思维的环境条件；②坚持以创造为目标的定向学习；③实施激疑顿悟的启发教育。但是一直未有寻求到一种把三者恰到好处结合在一起的形式，现在看来，非常规数学“问题解答”

至少提供了把上述三者结合起来的一种途径。

要教会学生思维，特别是如何进行创造性思维，研究解答问题的思维过程几乎是不可少的。因此问题解答应注意解答问题的思考过程，而不只是其答案。问题解答成功的过程比正确的答案更富有教育意义，如果出现学生被问题吸引住了并且愿意去不断地进行解答，那么数学教育将会获得极大的成功。

鼓励学生猜测，鼓励学生思考，鼓励学生进行想象的创造性思维。在一个积极的课堂教学气氛中，学生可以像他们所希望的那样去自由思考问题，如果在回答问题时学生说出他们自己的某种想法，教师千万别去责怪学生是“离题”的回答。再一次记住，重要的是问题解答的过程和学生参与的热情。系统地试行尝试错误法以及审慎地选择猜想，两者都是可供使用的创造性技术。猜测或者仔细地试行尝试错误法都应该练习，并给予鼓励。做一个好的猜测者是困难的，但是要争取做一个好的猜测者，这一点很重要，这也是被传统数学教育所忽略了的。

让学生构建一个他们自己的问题解答过程的框图，随着问题解答过程不断地发展，框图也应该变得更加复杂起来。用文字、符号或图表简明地表达解答过程或结果的能力，叙述表达自己解题思路的能力，这也是问题解答所必需的。

我们总不能老是靠模仿着一种样子学会走路，几十年总是按照一种模子来进行教学。我们不仅要重视常规数学问题的解答，也应重视非常规数学问题的解答；我们不仅要重视常规思维和强思维方法的训练，也应重视非常规思维和弱思维方法的训练，但后者是在前者的基础上进行的，后者是前者的必然引申和发展。

从概念的理解中去寻疑。对于数学概念的学习，必须先理解其含义，然后再去质疑。例如极限概念的理解就十分重要，它是由初等数学进入高等数学的桥梁，微分、积分中的有关定义，都是通过极限来叙述的，深刻理解极限概念对理解高等数学中其他的概念，帮助很大。如果我们思考、分析一下函数在一点的极限定义，可以找到两种常见的等价定义，即“柯西定义”和“海涅定义”。比较这两个定义，结构都很复杂，学习中难度都比较大。相对而言，这两种定义哪一种易于理解或有利于学习呢？似乎柯西定义比海涅定义难。理由是：经过中学阶段和已学过的数列训练，已有了序列极限的基础，因此，采取序列极限形式的海涅定义来定义函数极限比较自然；又如柯西定义一开始就出现三个量词，且顺序不能颠倒，学生易错。然而，就逻辑上言，海涅定义中用到的量词虽然少一些，但出现的关于自变量的序列的量词，所引起的困难也不小。回过来，再分析一下柯西定义，按定义本身的结构而言，与序列极限的定义接近，学习起来也并不难理解。

从解题的方法中去寻疑。当在数学学习中提出疑问，发现问题之后，应经过进一步的分析、整理，从提出的一系列矛盾中找出主要矛盾，明确主要问题。把次要的问题暂搁一边，有的对于解决问题无伤大局，有的会在解决主要问题后迎刃而解。明确问题，应厘清数学矛盾或问题的症结所在，并正确地用简明的语言把问题表达出来。①探索问题的非常规解法，培养思维的创造性、培养学生的想象力和创造精神是实施创造性教育中的一个重要部分。如计算重积分时，总是化为累次积分计算，但对于三重积分，有时采用截面法会比化为三次定积分更好一些。②创设问题情境，诱发思维的发散性。在教学中，教师的诱导需精心创设问题情境，组织学生进行生动有趣的讨论、辩论、猜想等活动。例如，求平面图形的面积，若把平面区域放在不同的坐标系内，从不同的知识点去考虑，可以分别采用定积分、二重积分、曲面积分、格林公式等不同方法计算。③换位思考，探索思维的求异性。在教学中要诱发学生借助于求异思维，从不同的方位探索问题的多种思路。通常，计算旋转体体积时，我们所取的体积元素是垂直于旋转体的扁柱体，所以有时也称为“扁柱体法”。但采用这种方法，对计算某些旋转体的体积是不方便的。

（七）变式教学是“双基”教学、思维训练和能力培养的重要途径

这种教学途径有着很高的教育价值。变式不仅是一种数学途径，而且是一种重要的思想方法。采取变式方式进行教学叫作变式教学。变式有多种形式，如形式变式、方法变式，内容变式。（1）形式变式，如变换用来说明概念的直观材料或事例的呈现形式，使其中的本质属性不变，而非本质属性时有时无。例如将揭示某一概念的图形由标准位置改变为非标准位置，由标准图形改变为非标准图形，就是形式变式。我们把这种形式变式叫作图形变式。其实，由罗尔微分中值定理中的几何图形，稍微旋转就得到拉格朗日微分中值定理中的图形。（2）内容变式，如对习题进行引申或改编，将一个单一性问题变化成多种形式、多种可能的问题。一题多变就是通过变化内容使一个单一内容的问题，辐射成具有多种内容的问题。这种变式可以促使问题层层深入，思维不断深化。（3）方法变式，如一题多解，通过方法变式，使同一问题变成一个用多种方法去解决，从多种渠道去思考的问题，这样可以促使思维灵活、深刻。

第六章　高等数学教学模式创新

第一节　慕课下的高等数学教学

一、慕课生态系统概述

（一）慕课生态系统特征

慕课学习生态系统除了具有大规模、开放、在线、免费等基本特征外，还具有交互式学习、非结构化课程、学习者高度自主、学习自发性特点。慕课通过公开注册、公开课程、公开学习目标、公开学习结果，利用公开资源、公开学习指导，在分布式网络内部不断产生和丰富知识。

（二）慕课生态要素构成

在慕课生态系统中，学习者与其他学习者、教师、专家和其他成员通过互动交流构成统一体，每个人既是知识的生产者，也是知识的消费者，在学习过程中，学习者、专家、服务商都参与学习内容改进。信息技术构成生态学习环境，其中包含丰富的物质性学习环境（学习资源、工具等），也包含有效的社会文化互动，为此，很多生产商成立了专门学习服务体系，负责数字资源处理、监督等，根据不同学习目标设计不同服务体系。

（三）慕课生态学习特点

在慕课生态系统中，知识在慕课服务体系运转的同时，不断生成新知识。知识在流动过程中整合为分布结构，生产商将其重新建构，创造新知识和新学习资源。学习者在使用学习资源时，主要围绕某一领域话题讨论、组织活动，通过大量和形式多样的交流学习，学习者与其他参与者和各类资源建立联结，在学习者内部生成知识网络，在外部生成学习生态体系。

二、慕课生态系统中的分布认知

分布认知观点认为，认知分布于由学习者、人工制品、环境组成的系统中，交流是实现分布认知的必然条件，分布认知中的要素必须相互依赖才能实现。慕课作为分布认知网络，学习者和生态要素相互交流中，促进知识转换。在慕课生态系统中，主要有两种分布认知：认识性分布认知，主张用机会探寻方式学习；集体性分布认知，主张用生态文化适应方式学习，两种学习方式相互补充。

（一）认识性分布认知

在这里，“分布”指学习者学习知识、解决问题时，主要借助媒介进行认知。从生产商及课程组织者观点看，分布式认知指的是这样的假设，一个人的表现不仅局限于他个人所知多少，人不断减少个体认知功能，更多依赖外部设施和人工产品，即在知识汇聚、混合、转用、分享等过程中探寻机会，将其整合到分布认知体系中，实现人和环境资源相互作用。从学习者观点看，媒介只是临时拓展了个人学习环境，在这个环境中，学习资源可以共享。作为新出现的分布认知体系，将内部资源（记忆、注意、管理能力）、外部资源（人工制品、手边材料）整合到原生态系统中。这种分布具有显著的认识性，因为人在认识问题时理解周围世界，故称为“局部分布认知”。认识性分布认知特征与个人因素（生产商）有关，包括意图、信仰、意识等。

（二）集体性分布认知

在这里，概念“分布”不是归因或追溯于一种动因，而是多种因素集体作用的结果。集体性分布认知提倡生态文化适应学习。从传统上看，文化适应是指一个人适应给定文化的过程，即学习环境能够被文化适应。文化适应就是利用以前活动经验服务于未来需要，同时积极改进和建构环境，包括自然发生和有目的文化适应两部分。前者作为自组织体系行为的产物，与各种慕课生产者相互作用，后者与预先设置的学习环境和教学设计有关。

三、慕课生态系统中的学习行为

（一）学习作为一个机会探寻过程

在传统网络学习中，教师提供的资源和活动处于学习和互动的中心，学习者学什么和怎么学都是预先设计好的。而在慕课生态系统中，教师提供的资源成为知识探究的出发点，学习者产生的内容成为学习和互动的中心，学习者提供的资源扩展和放大了知识的界限。学习成为对信息资源的建构，通过对生态系统内不同认知的交互而形成新知识。因此，慕课参与者学习课程没有什么确定目标，而是在慕课学习阶段去发现目标。由于学习内容超出事先考虑的范围，在学习过程中需要很多创新性方法。慕课中的分布认知，需要考虑学习环境中的对象、工具、服务间相互关系，以拓展学习能力。学习者在慕课生态系统中学习时，对环境不熟悉，会遇到很多无法预料的事情。因而需要主动探索获得新知识，从而为获得新知识和新信息打开新通道。

认识性分布认知认为，学习就是机会探寻过程，即人们如何利用机会满足自己需要，对意料之外且具有积极潜能进行尝试性认识，直至创造一种学习模式。该认知活动还认为，机会是预料之外的事情，是人们无法控制的。慕课中意料之外的事情只为学习提供了可能条件，人们需要根据学习目标确定探寻目的和意义。机会可能与人的目标没有直接相关性，但为人学习提供了有用的策略，机会探寻体现在问题解决过程中。慕课参与者认为学习机会是主观的，对学习机会的认识与个人知识、态度、个性、情绪、感情等因素有关。值得一提的是，学习机会不都是新奇的意外事件，与人们理解学习目标的方式有关。

机会探寻主要针对两种情况：一是生态系统内意外事件；二是无法预料的未来事情。机会探寻按照“背离—加强相互因果过程”方式进行，即常由不重要或微不足道的“反作用”引起，后来影响力逐渐增强，背离原来的生态环境。但是这种偏离不会阻碍学习者学习，而是变成一种相互积极的反馈资源，能暴露学习者潜在不能预知的知识。人们一旦认识到学习机会，就会采取推测和试探性行动增强积极潜能。一般从边缘的、不相关学习资源开始着手，往往经历多次循环。机会在循环过程中被发现的可能性在不断增强，直到形成满意答案。增强机会是生态环境中形成学习机会的主要方式，使生态环境中的机会探寻达到最优化。例如，由慕课生产商创立的帮助探寻服务体系，发送到不同空间（Twitter、blog、forum）相同要求。各空间不断修改要求内容，直到发现可行的生态环境解决方法。机会增加意味着整个学习过程可随机补充内容。规划好的学习必须依赖之前的知识储存，人们必须合理设计，以获得最佳解决方法。机会探寻要做的就是补充遇到的机会。就补充而言，人们不可能预先确定这些知识与原体系是否相关，因而必须根据周围环境灵活矫正其学习策略。补充学习机会意味着“我们仅仅知道需要知道的那些事情”。对于缺乏计划的学习，探寻时常发现偶遇机会，这是对慕课知识的随机补充，不属于规划资源课程。在对以前资源重组及发现偶遇机会时，人们会表现出新的创造力。补充与过去知识直接相关，与未来内容无关。在慕课生态系统中，人们不断将学习资源重新整合和制作，与已有知识建立联系，学习者也像生产商一样创造知识。学习资源再利用时，已经包含补充的机会因素，而不仅是设计好的行动。就偶遇机会补充而言，从来没有最佳解决方法，一般是可行和临时的。重新利用的学习资源成为新学习起点，在后来的学习中，不断发现机会，学习内容由于不断补充而日益丰富。

（二）学习作为一个生态系统文化适应过程

生态系统文化是指规范、模式化的信念、价值、符号等，它以潜在的、间接的方式影响认知过程。集体性分布认知认为，人在生态环境因素影响下，对个体认知活动进行交流、改进、反思、协调，生态环境为认知活动提供重要认知渊源和认知基础，也对个体认知活动起着规范和约束作用。

根据集体性分布认知观点，学习模式是影响个体认知的重要方式。从文化角度看，每个模式都存在于现实生态环境中，由于学习者的活动，成为环境参与和适应生态文化的成分。学习模式包括：①分布认知体系中活动序列；②语义知识结构；③实用性成分；④行为组成成分。人们适应生态环境过程时，每个人都有自己的学习目标，模式使用会减少探寻学习机会的时间；因为生态文化适应使学习者按照既定模式学习，更加有效。需要说明的是，模式不是一种能被复制的模板，由于学习模式不固定，模式在生态环境以间接方式存在于生态文化适应过程中，并且不断演化。模式生态位作为抽象空间存在，并为适应多种个性化模式而创立，在文化生态环境中不断得到验证，故这种生态位也称为模式原型。该模式原型，受个人和文化因素影响，且不断变化。模式也被认为是机会探寻过程的一部分，在生态环境中不断进行组合与补充。由于学习是规划将来的认知形式，学习者仅知道模式原型能促进学习和解决一些问题，是一种文化适应过程。但这种文化生态位是否对学习有帮助很难保证。因此，没有学习者复制原来模式，在模式生态位中经常偏离原来模式，而且这种模式由于机会探寻快速拓展和转化，新方法随之不断补充到学习模式中。

从认知角度看，建立模式受内部定义和文化定义的多元空间制约，模式探寻与文化属性及个人认识性分布认知有关。生态环境中存在的模式，学习者会对其进行探寻、补充、改进、整合，在慕课生态环境中进行修正。为帮助学习者改进学习，有些慕课生产商将学习分析作为课程设计必要内容，建立模式使用情况反馈渠道。对成功模式的发展过程及特征进行分析，将互动主体之间相互碰撞获得的新思想、新理论反馈给整个互动过程，用于指导实践。这利于动态指导学习者做出有效决策，适应性矫正其学习。当然，慕课生态文化环境对学习的支持也有一定局限性，具体表现在形象化学习方法设计不够合理，很少有学习者利用新设计的形象化方法适应和重新适应慕课生态环境。

四、两种分布认知与两种学习行为之间的关系

认识性和集体性是分布认知的两个特征，在慕课生态系统中通过机会探寻和生态文化适应，促进两者共同发展。逐渐演化的慕课生态系统作为创造性的分布认知体系，促进了有效使用学习模式、机会探寻、生态文化适应循环。

（一）两种分布认知作用

两种类型分布认知在慕课生态系统中将转化成认知生态位形式和文化生态位形式。其中，认识性分布认知包括两个认知生态位循环形式。机会探寻创造性循环，对生态系统意料之外知识进行机会探寻，利用机会改进、机会扩大，形成作为认知生态位的个人模式，建立在文化预知基础上的模式使用适应循环，使一些生态文化模式生效和加强。集体性分布认知和文化生态位形式，作为最佳综合性选择的解决方法，受个人模式的影响。作为认知生态位个人模式被纳入文化模式和这些模式的文化生态位形式，机会探寻创造了认知生态位，可以拓展或转移到文化模式生态位，并演化成生态系统。而模式适应活动使文化模式生态位起作用，并使生态环境稳定。

（二）促进两种分布认知共同发展

在慕课生态环境中认识性分布认知和集体性分布认知共同发展。应建立联结主义慕课，以帮助学习生态系统的自我组织发展。对机会探寻者而言，增进环境的不可预知性，还要促进模式使用，增加生态文化适应的不同学习分析方法，使模式在共享的文化生态位应用中被学习者熟悉。

五、分布认知的有效措施

（一）遵循两种分布认知活动规律

慕课生态系统中的学习过程，学习者作为机会探寻者，在这个环境里进行一系列实验，根据反馈信息改进学习环境。这种机会探寻的学习方式受环境和文化的影响，依赖于环境的不可预知性，在行动课程中环境起积极作用。未来无法预知的意外事件为新知识及新信息的发展开辟了新途径，这是因为机会探寻对这些信息内容进行改进，从而扩大了学习范围，导致个人认知生态位形成。机会探寻过程在共享环境中会被其他学习者效仿，重新解释和实施探寻过程。机会探寻者自组织认知活动结果是生态文化适应，学习者认识性分布认知生态位，会聚集成共享的集体性生态位并适应生态环境，因此，依据模式形成和模式发现的生态环境是集体性认知分布形式。生态文化模式适应为学习者开辟了捷径，他们会复制或探索其他学习者的成功模式，；并将之运用到学习过程中，逐渐形成由生态文化决定的一般或个人模式。

（二）促进分布认知发展措施改进

慕课生态化学习环境，强调学习环境是一个复杂的、生态化学习系统，具有自组织、非线性、不确定等特征。在这个生态环境中，人们应坚持动态学习服务体系，坚持促进分布认知学习行为、机会探索和模式使用，有效使用自然生态系统准则。逐渐演化的慕课生态系统作为创造性的分布认知体系，为有效使用学习模式、机会探寻、生态文化适应循环提供行动空间。

（1）加大投入，加快网络基础设施升级换代步伐，构建良好的现实和虚拟生态环境。（2）构建利于知识探寻和模式文化适应的资源模式。对于慕课生态环境中海量速度递增的知识，建立基于目标决策机制决定信息的有用性。建立元数据学习模型，对于与目标相关的知识自动添加，并能相互组合和快速更新。遇到类似情境知识会释放，利于学习者集聚和挖掘知识。(3)完善学习支持服务体系，为学习者提供全程、全面、及时、便捷的学习支持服务。慕课应及时提供辅导、答疑、讨论动态信息，还要提供学习咨询服务，及时实施导航、内容浏览、查询、实时和非实时交互学习，构成完善的学习支持服务体系，为学习者提供多样性选择。（4）规范生态环境。学习者和助学者共处于一个学习共同体中，成员间相互交往，形成特定功能的生态文化。培养积极向上的学习氛围，对于激发、保护学生的主动性、进取心至关重要。学习者之间相互交流，易形成解决问题的一般模式和思维习惯。（5）积极探索现实及未来生态环境运行准则，应用于慕课生态环境设计中，以提高在分布认知形成过程中的学习质量。

六、慕课融于大学数学教学

（一）慕课融于高等数学教学改革的路径

1. 转变传统高等数学的教学模式

在慕课引入课堂教学的过程中，教师不仅需要重新审视和定位互联网技术在教学中发挥的独特作用，而且需要转变已有的教学模式、更新教学观念。仅从师生的角度来看，一般包括由个体学习模式向团队学习与个性学习相结合模式转变、由课堂教学向多种形式叠加教学转变两种模式。只有突破已有理念的束缚，应用新型模式付诸实际的课堂教学中，才能加快高数教学改革的步伐。

（1）由“个人学习”向“以个性化学习和团队学习相结合”模式的转变

传统意义上的高数教学偏向于以班级集体授课式为主的教学模式。教师受课时等因素的限制很难组织大范围的讨论式学习，并且为完成这种时间紧任务重的高数教学目标，通常是以教师讲授为主，师生很少有互动探讨交流的机会，而课下学生仍旧以个体学习方式为主，来进行消化和吸收知识。这种个体学习并不是实质上的个性化学习，只不过是一种固化的传统学习。借助慕课平台能很好地解决这一问题：学生可以通过课堂、在线等多种方式获得所需知识，并且参与知识的创新过程。这样，学生真正成为学习的主人，教师也在教学过程中实现了知识的更新，“教学相长”的过程就这样很自然地完成了。学习一旦突破了个体的个人努力这一局限，在不同专业类别、不同学科背景、不同学习团体和不同师生之间就能产生交互式学习。而这种跨区域跨类别的结合式学习不仅可以拓宽学生的视野，而且对本专业高数学习和应用的领域有更深入的见解。师生互动和生生互动的次数增多，小组探讨的合作学习初见学习成效，在一定意义上也是对传统师生角色进行重新定位，学生由被动型学习向主动型学习转变，而教师担当学习的引导者和组织者。关注学生的个性发展与培养，学生团结协作能力相统一及重新审视和定位师生观等理念的转变势必会为高数课堂教学创新教学内容和教学方法的改革注入一丝鲜活的生命力。

（2）由“单一的”课堂教学向“多种形式多种层次叠加”教学模式的转变

从慕课视角下再看传统的课堂教学则可视为一种单一的教学形式。慕课既是对传统课堂教学的一种延伸和补充，更带动了多种教学形式的发展和传播。诸如慕课促进翻转课堂、线上教学、讨论式教学等教学形式的广为流行；慕课平台推出多层次，适应不同专业和基础学生学习的高数课程；等等，则是高数课程结合慕课平台进一步深化教学改革的大势所趋。基于此，高数教师们必须充分运用慕课的各种手段和技术，拓宽高数教学的形式，并实现由单一的授受型教学模式向多种学习方式的转变。

2. 构建衔接合理的线上与线下的教学环节

慕课为教学提供便捷的同时，也需看到其局限性，由于线上平台的课程能反复观看，会让学生更加依赖于网络学习，而忽视课堂学习的重要性，降低课堂学习质量。慕课不能代替传统的高数课堂教学。传统的课堂教学不仅包括知识的传授与学习，还有对学生行为的管理、性格的培育和情感态度价值观的陶冶。这些方面的影响都是“慕课”不能取代的。同时慕课适用于大规模授课的公共数学课程，对于不同专业背景和学生数学基础层次不一条件下所开设的专业数学课程的学习还是应结合自身实际情况开展，切忌盲目跟风。提倡以传统的小班化教授专业数学等相关数学课程更为适合。因此，在引进慕课的高数教学课堂中，教师要坚持以传统的课堂教学为主，将慕课视为对课堂教学的一种拓展和补充，将两者综合运用，才能达到教学的最佳效果。

以慕课为手段，构建衔接合理的教学环节分如下三个步骤。

（1）在备课环节，慕课平台下的高数课程为教师的备课提供一个可借鉴的模式

观看名师团队如何打造优质课程；如何全面把握教学目标，游刃有余地讲解

知识点；如何处理重点和难点之间的关系；如何释义疑难的公式定理；如何恰当地利用已知条件求解；等等。以此为鉴，在高数课程大纲的指导下，吸收慕课课程的有益部分，并且结合自己所施教学生的具体情况，探索出自己的教学模式和方法，使教学内容能更好地被学生理解。

（2）在上课环节，慕课的学习大多集中在课外，可利用课程教学对学生在学习线上课程后所产生的问题进行探讨和解答

这就要求学生在慕课平台上对即将学习的课程进行前期预习，并记录下遇到的问题。教师可通过聊天软件等对学生的预习工作进行了解和指导，从而更好地督促学生学习。师生通过面对面的交流，加强教师和学生的情感交流，鼓励学生勇于面对高数学习，克服高数难学的心理障碍，建立起和谐互助的学习氛围。可以将学生优化分组，提升学习动机、学习自律和学习驻留度。

（3）在课后，学习主要以学生梳理课上知识和反思学习的方式进行

由于线上平台提供的课程可反复学习，学生就可以对不理解的知识点进行重复学习，直到掌握为止。在此期间，教师可利用讨论平台，与学生一起参与慕课平台上的课程学习和课下讨论，与学生进行及时的交流，共同探讨学习过程中遇到的问题。这对激发学生对高数课程学习的兴趣以及培养学生自主学习的能力大有裨益。

3. 创新反馈机制，倡导多元化评价方式

在课程学习后，诊断和检测手段相当重要。对于不同层次的学生所要求完成的任务及考核方式和量化结果也应做出相应的改变。教师应意识到“慕课”平台下的课程考核应该在实际课程考核中占有一定的比例，才能更好地激发学生在线上学习的动力和信心。高数课程以往主要是从平时表现和期末考试两个环节进行评价的，更多注重的是考试层面上的东西，以成绩论高数英雄，实则偏颇。但这种反馈机制和评价标准在师生心中已根深蒂固，应该及时变革和创新。而“慕课”课程的引进，“根据教学大纲，按专业、层次的不同，为学生提供不同难度、深度和广度的个性化考核内容，供不同专业、不同需求的学习者选择使用，以此检验学生对所学知识掌握的情况。”这些构成了一个综合多项的考核方式。例如，随堂作业的讲练、针对性课后习题的配备和阶段性考核等，将学生的课上表现及作业测试的考核计入其平时成绩当中，并作为学期期末综合考评的一部分，能及

时对学生的学习情况给出多层次全方位的评价，改变了以往单向度的考核指标，并借以调动学生对慕课学习的主动性和积极性。

重视评价机制多元化改革，并不意味着完全抛弃传统的考核与评价，而是将两者相结合，追求评价的全面合理性。例如，在采用慕课混合教学模式的班级中，期末考考核方式仍以试卷笔答的形式为主，但可以将慕课平台上平时的测验作业、讨论表现和考试成绩等作为期末考成绩总评的一个参照，或是“在期末考试题中可以加入慕课教学平台中所学到的内容，作为加试成绩，计入学生期末考试的总成绩中”。这也是对学生在线上平台上学习成果的一种激励和肯定，从而激发学生学习高等数学的兴趣。

4. 地方类院校积极打造“慕课”平台上的高数团队

当然，线上课程建设本来也是一个不断完善，与时俱进的过程。因此，将慕课融于高数教学改革不仅仅局限于宏观层面，而且政府在鼓励更多高校参与慕课的建设这一微观层面，也是教学改革所要关注的重要一环，同时也为我们提供了一个改革路径。“在慕课这个平台上，地方高校虽具有跨越发展的机遇，但相对于自身的办学实力，挑战要远远大于其他传统的高等院校。”为了满足很多地方类院校不断深化课程教学改革，提高综合实力的需求，进行高数慕课课程建设，不仅能促使教师数学综合素质的全面提升，而且也能满足学生个性化学习的需求。在一定程度上，打造自己品牌的慕课课程在培养应用型、创新型人才上发挥着重要作用，并相应地提升地方高校的竞争力和影响力。

在慕课平台上打造自己的高数团队应从以下三个方面入手。（1）高校应组织教师学习已有慕课平台上优秀高数课程，借鉴他人上课的思路和模式，以教学大纲为指导，寻求适合本学校学生高数学习的教学内容和方式。以团队的智慧，用微课形式来打磨，上好慕课平台上的每一次课程。（2）通过学生反馈和教学反思，教师团队及时总结教学的优势和不足，不断完善团队教师的知识结构和教学方式，注意将理论与实践相结合，从而向反思型教师转变。（3）提升自己组织协调能力，积极适应线上线下不同的教学环境，进一步推动由一个单纯知识授受者向学习引导者和组织者角色的转变。因此，鼓励高校建设自己的高数团队，建设高质量的高数师资队伍，培养创新型人才，在一定程度上提升他们的竞争力和影响力。

（二）“慕课”融入高等数学教学改革应注意的问题

1. 加大教师对学生的监管力度

首先，离开教师的指导和管理，淡化课堂这一班集体共同学习的组织，教学活动是不能顺利开展的，也不能称为完整的课堂教学活动。只有学生参与而无教师的指导和监督的慕课课堂是不全面的。慕课平台下课堂教学改革的趋势，是由无纸本化教学代替有纸本化教学，为教学创造便利的同时，也不能忽视甚至取代教师的主导地位。学生的学习还是在以传统班级为核心，教师指导作用下开展的。

其次，慕课特殊的考察方式（线上考察）对学生自主性和自控能力提出了较高的要求，缺乏自主学习能力的和自控力不强的学生，更需要教师的监督和指导。一方面，海量的课程可供选择，意味着优秀资源在一定程度上的共享，但容易造成学生选择的困难或盲目选择；另一方面，学习环境的随意性和学习时间地点的可控制性容易导致学生学习松散，缺乏知识学习的整体性和衔接性，导致学习效果不佳。因此，教师注重运用技术手段对学生进行监督和管理的同时，在课下也要增加对学生的课业指导和对学生学习态度的教育，通过以课堂教学和末考环节的双重保障，帮助学生克服懒散的学习状态，培养学生自主性学习的品质并激发学生的学习动机。

2. 提升教师的教学能力

由于慕课平台提供的高数课程资源较多，学生可以根据自己的需要和学习内容自行选择上课教师。可以想象到，如果慕课高数课堂继续沿用传统刻板的教学方式照本宣科进行教学的话，就很少会受到学生的关注和问津。而学生的选课率不高，这门课程就将面临被淘汰的风险。因此，在教学实施过程中，除了转变传统的教学模式以外，教师授课能力的进一步提升也显得相当重要。首先，教师必须精准把握所授数学知识点的准确性和严谨性，教学过程清晰有逻辑，安排有针对性的课堂讨论及有层次、有梯度的课后作业，当然，在坚持自身教学风格的前提下，适当加入通俗易懂的教学语言或幽默性的教学互动帮助学生理解教学难点也是值得提倡的。课程结束后，注重教学的反思工作，包括教学目标是否达到、学生是否掌握相应的知识点等，通过反思，反哺于课堂教学，进一步提高教师的教学能力。最后，教师需加强对现代信息技术设备的了解，基本或熟练运用现代化的教学设备，如制作基本的教学课件、在电子白板上演相关数学公式或作图等，以便更好地辅助课堂教学。

3. 学生需慎重选择在线课程

现有慕课平台上提供的大多是名校名师的教学课程，如浙江大学张帼奋等主讲的《概率论与数理统计》，同济大学殷俊锋等主讲的《高等数学》、东北大学宋叔尼等主讲的《线性代数》等。开课之前，会对学生数学的预备知识（基础知识）提出相应的要求，而且对教师的授课内容要提前做好功课，无形之中给普通院校的学生带来了学习和心理的双重压力。因此，学生在学习之前，对相应课程的选择要慎重，结合专业教师的推荐和自身数学的基础综合选择线上课程。切勿既不明确线上学习目标，也不能按时完成课程任务的盲目选课，从而失去一个良好的学习机会。

4. 加强校企对话和合作

加强学校与“慕课”平台商的对话与合作，合作创新慕课管理的模式，是线上学习有序进行的保证。高数作为一门理工科生的公共基础课，势必会有庞大的学习群体。线上学习虽然解决了相应的数量问题，但是也容易导致课程管理上的疏漏和偏差，从而降低教学效果。例如，“慕课”的出现引起大量学生在线注册，那么对于注册的学生如何与在校内传统注册的学生进行学分和课程质量的评定、评估呢？在线学习的学习内容和进程如何确定呢？本校学生学习他校课程的学分如何换算和认可呢？这些新问题反映出慕课平台的管理还有待完善。今后在加强资金和技术投入的同时，加大高校和慕课运营企业的深层对话与协作也是至关重要的。高校和企业应商讨修改和完善现有的管理方式，共同创建一批优秀的慕课管理团队，促进线上平台和线下平台同步化管理，使慕课的开展更加有序化和人性化。共同打造一个高效而有序的慕课学习平台，对提高高数慕课课堂教学质量和效率大有裨益。

慕课融入传统的高等数学教学课堂中，一方面要革新已有的教与学的理念、教学模式和教学评价等，另一方面需注重传统与现代相结合，将现代的信息技术与传统高等数学教学方法和教学模式恰当地结合起来，提高教师运用信息技术的水平，并加强教师的监管力度，加大高校与慕课企业的深度合作，视慕课为推动高等数学教学改革的创新点，充分融合线上与线下教学课堂，创建一个管理有序的教学平台，打造一支强有力的教师高数团队，以此来提高教学效率，同时促进创新应用型人才的培养。

第二节　深度学习下的高等数学教学

“结论为本的课程与教学”强调对知识相关的定义、定理、性质的记忆和表层化理解，各知识之间的联系较为松散，因而知识的迁移多在相似情境中发生，常识性理解和低水平认知较为普遍。而“观念为本的课程与教学”则将“聚合观念”作为教学和学习的目标，通过逐级分解，将聚合观念的达成转化为“基本问题”，继而通过层层深入与扩展，聚焦核心本质、挖掘潜在内涵。于教师教学而言，教学的重心不再单纯集中在“教”这一层面上，目标的达成也不再以最后的成果为教学的要义准则，反而在知识的来源方面加以挖掘。学生的学习也更多地放在深层观念的理解和知识的有效迁移上，自我完成知识建构的同时，完善知识结构网，获得积极的学习体验和深层思考的能力。近年来，指向深度学习的整体性教学设计中的整体观念也与本文提出的聚合观念有相同的内涵。由上可知，两种模式都强调以具体的、结论为本的知识和技能作为根基。两者的区别在于对教学最终目的认识不同，前者通常是以掌握具体结论性知识为宗旨，而观念为本的模式是以掌握从结论的来源中归纳出具有持久性、迁移性的聚合观念理解为其目的。

一、深度学习

深度学习是相对于浅层学习及教学单纯强调记忆而忽视知识获得提出的。深度学习应以培养高阶思维和建立具有持久迁移性的数学观念为目标，聚焦单元主题，让学习者经历知识发生发展的探索过程，建立知识之间的联结，获得认知结构深度建构的同时实现方法的有效迁移。

二、深度学习导向下观念为本的教学设计程序与方法

根据深度学习的内涵分析和观念为本的教学设计理念，设计程序和方法主要有以下四步：（1）课程单元确定后，审视课程单元内容，识别一个居于数学学科中心，具有超越课堂之外的，具有持久和广泛迁移价值的关键性概念或思想、

方法、原理等作为“聚合观念”，为深度学习树立目标；（2）把聚合观念转化成一些“基本理解”，即在事实上产生深层次、可迁移的观念，它们是对聚合观念的具体描述，通过事实基础加以例证，但又超出具体事例的局限，是期望学生从学习中逐渐形成的；（3）把基本理解用“基本问题”加以表达和呈现，通过对基本理解提出“为什么”“如何”这样的能动性问题来推动教学活动、学习评价，达成学生的基本理解；（4）进一步将基本问题拆解为一连串具有梯度化的层级问题，并由此来设计教学活动、学习活动和学习评价，问题、活动和评价构成了“教学过程的核心区域”，随着学习外延的逐渐扩大，内涵也在向纵深处蔓延。

高水平思维逐渐形成，并最终完成知识建构，形成聚合观念。

在整个过程中，教师都要反复思考这样的问题：通过这个课程单元，教师最终希望学生知道什么、理解什么和能够做什么。

三、指向深度学习的高等数学教学

高等数学的深度化学习，首先，以营造和谐的“新联结文化”为基底，以创造生生、师生、生与社会之间和谐的学习文化氛围作为实现知识互联的保障。其次，数学的三个世界理论将数学的深度学习从“具体化世界”经“符号化世界”推进到“形式化世界”。最后，问题解决策略把握了泛在学习环境下的深度学习主旨，将有意义的脉络化记忆、整体性记忆与可持续推进的观念性理解、创生性理解有机结合，促使知识有效提取与方法的自然迁移。

（一）以新联结主义为指导促进师生互动

新联结主义是神经网络实行平行分布式知识表征的总称，简称 PDP 模型，把认知过程看作由简单的、大量的单元组成的联结网络动态系统，认知的各个部分之间高度互动，信息处理通过大量的简单单元的相互作用完成。各个神经元之间存在大量的联结，这些联结的强度和权重在加工过程中不断进行调整。权值为正是兴奋性联结，权值为负是抑制性联结，因此，所谓学习就是对联结权重的适应性变化，通过联结权重的改变调节输出和输入关系，原来联结的消失而产生一种新联结关系。新联结主义教学模式从本质上可以归结为合作学习，采用创设情境—分组探究—合作交流—归纳总结的方式进行，主张学生在学习中基于以前的经验作出合乎逻辑的假设并通过师生互动来完成知识的建构。而教师仅仅作为辅导者安排课堂活动，鼓励学生通过关注本质概念建立联结，分组探索共同分享成功和接受问题的挑战。教师通过准确把握知识的联结点、思维的联结点，使学生探索不断深入；设置具有挑战性问题，让学生在解决问题中不断增强信心和能力；通过学生间的互动交流使大多数学生基础更加扎实。该模式按照输入信息、激活信息、建立联结、提取和检索信息顺序进行教学。

例如，运用新联结主义模式进行《导数》概念教学，可以作如下尝试：一是讨论变化率。用苹果落地的动画提出问题：怎样度量变化的快慢（输入信息）；由学生讨论不同时间内的不同速度的运动，找出比较变化快慢的方法，形成变化率的概念（激活概念）；把一段时间变成瞬时间，形成瞬时速度（深入激活联结）；让学生观看不同导弹视频，进一步理解瞬时速度（强化联结）。二是分析应用概念。为了反映变化率大小引入导数概念（激发联结点），与学生一起剖析定义，与极限概念做比较说明是变化量之比的极限，进一步理解导数概念，并结合图像理解几何意义（形成知识联结）；利用定义计算点的导数并进行比较（强化输入信息），再转化到求一般变量导数（进一步激活概念）；与学生一起求常见函数的导数（强化输入），验证定义正确性得出简单函数求导公式（建立知识间联结）。三是利用练习与作业加以巩固（对输入信息检索和提取）。教师在知识联结点上不断激发，使学生处于探究高度兴奋状态，从而主动建构起知识体系。

学生在分组合作共同探索问题中培养团队合作能力；在师生交流中通过学生不断运用知识、发现新知识，培养了学生的学习能力；在寻找解决具有挑战意义的问题方案时，培养了学生的动手能力、表达能力、思维能力；在共同讨论时，培养学生的竞争能力、协调能力，学生分析问题、解决问题、应用问题的能力得到了加强，从而提高学生的创新能力。

（二）以数学三个世界理论指导学生理解概念、推理和求解

具体化世界，以对世界的感知为基础，通过反思利用语言形成精致的意义，不仅包括对外部世界的认识，而且包括内部世界的感觉；符号化世界，开始于过程操作，通过符号的使用实现由解决数学问题到进行数学思考的有效转换；形式化世界，以对象性质为基础，通过高度抽象发展为形式化定义，有时需要证明发展为形式化公理。该理论说明形式化知识经形式化具体和形式化抽象向更高层次发展，明确了抽象知识之间可以相互转化，弥补了 APOS 理论不能合理解释形式

化推理的缺陷，为形式化推理证明提供了理论依据。

（三）以问题解决策略推进实验课教学

结合高等数学教学的实际，我们构思出如下实验设计：一是创设问题情境。德国教育家第斯多惠说过：“教育的艺术不在于传播的本领，而在于激励、唤醒和鼓励。”因而这一阶段的进行，主要给学生创设产生问题的情境和易于创新的知识点。二是通过再创造理解微积分知识。荷兰教育家弗莱登塔尔反复强调，学习数学唯一正确的方法就是实行“再创造”。也就是让学生本人自己发现或创造把要学的东西。对教材中的难点和新点，在实验课上让学生充分感受问题产生的背景，让学生自主探索发现相关概念及原理，暴露思维过程，达到理解与应用的目的。三是把建模作为数学实验的主要内容。英国教育家怀特海曾经说过：“数学就是对模式的研究。”数学建模主要包括如何简化实际问题后，找出主要变量及诸变量的关系（包括理解问题、简化问题、提出假设、建立模型）和如何利用数学工具处理这个模型（包括求解模型、检验模型）两个方面。数学实验课首要的是让学生会使用 Matlab 软件。对于课本内容的再创造以莱布尼兹发现导数的过程为例，通过让学生利用 Matlab 软件画图，寻找一点处切线斜率的过程，感受导数的几何意义。让学生将切线看成割线的动态变化过程，理解导数是极限变化率的本质特征。最终通过数学建模来完善知识建构和能力提升。按照“问题解决”策略，采用以下四个步骤：一是以“专题”方式学习相关建模知识；二是简单的现实问题建模设计，利用所学数学模型，通过学生自主设计与老师指点相结合的方式解决常见模型；三是历年数学建模问题训练，采用分组交流的方式设计出不同方案；四是与社会发展密切相关问题的建模设计，让学生了解社会，掌握基本的科学设计技能。

第三节 建模竞赛下的高等数学教学

一、大学生参与数学建模竞赛的意义

近年来，高校教育改革工作如火如荼地进行着，大学数学教育为适应教育改革的浪潮，在课程安排、教材创编、教育手段改革等多个领域也进行了改革和创新。随着信息化时代的到来，大量先进科技的更新换代速度不断加快，推动了很多数学软件的研发与应用，越来越多的人开始在思想认识上进行了转变，并提出数学教学不单要关注演绎、归纳、创造思维等能力的培育，还应该引导学生正确应用数学方法与先进的计算机技术解决实际问题。与此同时，国家和社会对高校创新人才的培养也变得非常迫切。所以，国家高度重视高校教育创新，也因此增加了对大学数学教育创新的期待，并开始探究有效的教改方案。在这样的背景之下，大学生数学建模竞赛模式逐步在大学中迅猛发展起来，并成为越来越多专家学者关注的焦点。

（一）数学建模的定义

为保证数学建模竞赛和数学教学可以更加系统深入地实施，加大二者的研究，下面先从数学建模的定义出发进行浅层次的探索与说明。

假如用简短的语言对数学建模进行定义说明，可以说建模就是把实际问题数学化。在对实际问题进行表述时，通常有大量的方式，出于让表述更具逻辑性、科学性、客观性等要求，我们青睐利用严谨语言进行精准描述，这里所用到的精准和严谨语言就是数学语言。所以，我们还可以用更加严谨的语言，对数学建模进行论述，整合特定规律，给出必要假设，之后科学运用数学工具得到数学结构。尽管如此，专家学者没有在数学建模定义方面获得统一。著名的数学家本德在对数学模型进行描绘时，把数学模型叫作被抽象和数学化了的结构。此外，有些专家学者认为，数学模型是现实对象数学化的一种表现。

构建数学模型的过程就是数学建模。数学建模是利用数学化的处理方法，把实际问题进行数学方面的转换，使其变成一种简练严谨的数学表达式，在完成模型构建之后，运用数学方法或者计算机技术对模型进行求解。所以，数学建模实际上就是用数学语言描述实际现象的过程。这里提到的实际现象，包括的内容有很多，如自然现象、抽象数学现象等。此处所说的描述包含外在形态、内在机制、预测、试验等诸多内容的描述。

在整个现实世界范围内，大量的自然与社会科学中的很多问题并不都是用数学形式展现在大众面前的，于是就需要运用数学建模方法，以便利用数学思想方法解决这样的实际问题，降低问题的解答难度，让实际问题的突破不再是难题。我们可以形象地把数学模型叫作桥梁，桥的两边分别是数学和实际问题，在有了这个纽带之后，人们就能运用数学方法解决实际问题。正是凭借这样的优势，让数学建模应用范围逐步扩大，除了用于解决数学问题之外，还用于解决自然和社会科学中的问题。由于数学建模可以推动技术转化，因而其在科技进步中发挥着不可替代的价值，而这样的价值也越来越得到数学界与工程界的关注，如今已成为现代科技人员一定要具备的一项能力。多个科学领域和数学进行有机整合，让各个学科的成就也变得更加突出。例如，力学的万有引力定律、生物学的孟德尔遗传定律等，都属于数学建模在典型学科中应用的代表。

（二）大学生参与数学建模竞赛对培养创新能力的意义

1. 对大学生综合运用知识能力的培养

数学建模竞赛中给定的题目来自不同领域，是对社会各领域实际问题进行简化后为学生提出来的，不会要求学生一定要掌握特定领域的专业知识，主要考查的是学生的数学建模能力。另外，题目安排的灵活度高，与数学应用题不同，拥有数学交叉和理工结合的显著特点。所以，数学建模题目的解答不单需要学生对课堂上的知识和建模技术手段进行有效把握与应用，还要求学生掌握以及获取问题的背景知识，站在整体角度探究问题，给出解决问题要使用的工具和方法，考查学生的综合应用素质。

2. 对大学生创新能力的培养

数学建模没有标准化的格式，也就是说我们可以在解决实际问题的时候，运用不同的建模思路，哪怕这个问题是同一个问题，也能选取不同的解决方法。数学建模竞赛题来自自然与科学领域中被简化的问题，灵活性和开放性强，能让参赛学生的创造力得到有效的展示与发挥。在这样的建模竞赛活动中，学生开阔了视野，同时还进行了创新能力的锻炼，是培养学生创造性思维的有效策略。

3. 对大学生抽象思维能力的培养

数学建模来自我们熟知的社会领域，而且这些问题经历了初步简化，因此没有恰到好处的条件，可能会缺少一定的条件或数据，也有可能会有多余的条件。这就需要学生结合对象特征与建模目的，深层次地确定问题，对给定的条件和数据进行研究，并用数学化的方法处理实际问题，发现参数和变量，把数学语言作为表述性语言。深层次明确问题的依据是对问题内在规律的认知，或对数据现象的深层次分析，或二者的交叉。所以，想要做好这方面的工作，学生一定要发挥自身的洞察力和想象力，辨别区分问题主次，找到主要因素。在深层次确定问题的前提条件下，利用数学语言对参数与变量实施表述，就是构建变量间关系，探究怎样让变量间关系的语言表述和表达式一致。所以，这一工作要考查的是如何完成现实问题到数学问题的具体转化。这一步骤的完成需要学生有很强的认知力与抽象思维力，可以将感性认知上升到理性层次。

4. 对大学生使用计算机（包括选择合适的数学软件）能力的培养

求解不同的数学模型，通常用到的是各不相同的学科或知识，与此同时，很多建模求简的过程以及运用到的运算方法是非常复杂的，有些还需要在求解的同时了解运行趋势。为了解决求解中的很多难题，现代科技的发展，尤其是计算机技术与数学软件的出现，如 Mathematica、SAS、Mathcai 等为数值计算以及模型求解提供了良好条件。

5. 对大学生自学能力的培养

数学建模教学通常选用的是启发式的教育模式，最终设置的课程大多是数理统计、数学软件的应用等时间短的课程，甚至是直接用知识讲座的方法进行简要教学，强调要依靠学生自主学习；数学建模竞赛培训环节，指导教师为学生提供的方法指导，也通常局限在一种方法、一个实例方面，学生要通过自学的方式从点到面，自行拓展与延伸。在这样一个数学建模的学习过程中，可以充分激发学生的主动性，同时还挖掘了学生的内在潜能，对学生的自主学习能力和自学意识进行了培养。

（三）大学生参与数学建模竞赛对高校数学教育改革的意义

1. 推动高校数学教学体系的改革

站在数学思想的层面上看，培育大学生数学素质能力需要包括以下两个方面：第一，利用分析运算或逻辑推理等方法，可以准确迅速求解已建立完整的数学模型。第二，利用数学符号语言和思想方法，抽象化地总结研究对象的规律，建立和数学对象相应的模型。几乎所有的传统数学教育都会将侧重点放在第一个方面，而在引入数学建模之后，给后者的训练提供了重要路径，同时这样的操作也是对原有教学模式的改革实验。

2. 推动高校数学教学与数学课程的融合

数学教学和课程融合发展是一种最佳的数学教育形态，也是保障学生长足进步的有利条件。结合现代教育论的认识，教学过程是师生共建课程的过程。所以，建模教学必须让师生作用得到充分的发挥，发挥教师的主导作用以及学生的主体作用，保证师生互动和生生互动的开展，让交互性的学习活动在教学中占据主体，利用合作探究与交流沟通的方式解决实际问题。在这样的教学模式下，学生可以选择自主学习、实验学习、合作学习等不同的学习方式，让学生的兴趣得到培养，同时也能让学生的问题发现与解决能力得到锻炼，彻底改变过去教学和学习相脱离的局面。所以，数学建模活动的实施促进了数学课程和教学融合。

3. 推动现代教学理论与实践的结合

目前，我国教育领域中的主流教学具有理论和实践脱节的情况。在引入数学建模教育活动后，能够让脱节问题得到显著缓解。首先，数学建模学习活动是促进教育理论转化成为实践的最佳方式。在实际数学教学中，在有了明确目标后，运用科学化教育方法，对学生施加积极影响，可以有效推动学生为目标的达成不懈奋斗，进而到达成功彼岸。伴随着国家教育事业的发展，我国在教育理论的研究方面也获得了长足进步，其中一个重要的研究结果就是明确教学，最终目的是促进学生全面发展。在此处，发展的内涵是学生的主体性发展。但是，在教学理论中，如何有效确立学生主体地位还没有一个合理有效的模式作为指导。数学建模可以有效弥补这一不足，让数学教学朝着现代化的方向改革，也为学生主观能动性的发挥打造了平台。其次，数学建模教学是一种新形式活动，能够给教师提供学习应用现代教育理论的机遇，让教师能在正确理论的指引下优化教学实践活动。从整体上看，数学建模是有助于教学理论和实践整合的。

4. 推动高校数学教学方法和手段的改革

数学建模竞赛和建模教学在高校教育中正在不断地普及，在这一过程中显现出来的优势作用也在凸显，促使越来越多的教师打破传统模式束缚，有效引入数学建模，对学生开展数学综合素养的培训。数学建模训练过程中的课堂讨论式教学，对于促进大学人才培养模式的创新变革有着很大的促进力量。

二、大学生数学建模教学策略的分析构建

要想建立大学生数学建模教学策略，应该把着力点和起始点放在选题上，关注学生建模思维与能力的培育，建立科学高效的建模教育模式。

（一）大学生数学建模教学选题的原则

数学建模教学效果和题目选择是否合理恰当有着非常紧密的关系。可以应用的数学建模材料有很多，专门针对数学建模教育的教材非常丰富，但是无论选择了什么样的材料与教材，都一定要结合实际情况适当取舍。建模教学选题应该严格遵照以下几项原则。

1. 价值性原则

选择的题目必须有研究价值，要么是解释了实际问题或数学现象，让人们能在认知方面获得收获，要么可以使学生的思维和能力得到锻炼。比如，开放性问题、实际应用题等。具备研究价值的选题还要有开放性，同时在角度定位、目标确定、切入点确定、过程安排、方法选择应用等多个方面都必须机动灵活，且能够展示学生、教师的特长，并让师生拥有才干发挥的充分空间。假如数学问题和现实有很大距离的话，会给人一种乏味单调以及难以理解的感受，因此建模选题要有生活气息，来自学生熟悉的生活，来自他们的亲身经历。选题尽量要有时效性特征，要选择可以直接形成对科技进步、经济建设或生产生活学习有价值的题目，让建模题目能在思想方面彰显时代精神。

2. 以问题为中心原则

正所谓学贵有疑，思维产生的起点就是问题。而研究性学习是围绕问题开展的一系列学习活动。那么建模题目在内容选择方面，必须把问题作为中心。设计

的选题可以是从教材中延伸而来的，可以是从课外的一些数学材料中获得的，可以来自单学科或跨学科，可以是偏向生活实践的，也可以偏向学术。问题的提出，为学生开展研究性学习提供了根本载体。在给学生展示建模课题之后，会为其营造问题情境，这个情形就需要让学生运用自身已有知识经验探寻深层次的解题特点。利用建模方法解决实际问题的过程和思考问题息息相关，因此选题要拓展学生的思维空间，让学生有足够的发挥机会。在建模问题中，涉及的条件内容应该是隐藏其中的，给出的其他资料要是原始资料，如电视杂志中的直接新闻信息，可以是政府工作报告，也可以是统计资料等。

（二）大学生数学建模思维意识的培养

数学的功能主要有两点，分别是培育逻辑思维和提高学生利用所学知识解决问题的能力。一个是思维培养功能，一个是知识应用功能。传统数学教育的侧重点是培育数学思维，丰富理论知识，而非后者，这样造成的一个后果就是学生积累了大量的数学知识，不过只是局限在纯粹化的数学理论上。所以，在大学数学教育中，教师应该主动凸显建模思想，结合传统数学课程内容，在教学环节渗透和培育建模思想，从不同的角度和细节出发，适当穿插和渗透与建模有关的知识，实现对学生建模素质全方位和多角度的培育，加强对学生的思维熏陶，让学生的综合建模素质得到提升。

1. 重视传统数学课中重要方法的应用

在传统的数学教育中，教师在教学中渗透的重要方法，能帮助学生解决实际问题，因而加大方法讲解力度可以让学生在模型学习中受益。

2. 改编例题或习题成为简单的数学建模问题

当前数学教材中的例题在条件、结论和解法方面，都拥有明显的定向性特征，但我们仍然可以将其进行改编，使其变成符合学生认知规律，并且能够激励学生产生学习主动性的建模问题。例如，同济大学高数微分方程鸭子过河问题，假如去除鸭子游速和河水流速，那么这个问题就成了一个不确定性的问题。要探讨鸭子到达目的地需要怎样的条件？要花费多久的时间？如果去掉游动方向朝向目的地的条件，变成任意方向，要让鸭子到达目的地，必须加入怎样的一般条件？以到达目的地为前提，鸭子用时最短的路线可以怎样设计？这些问题都可以让学生探究学习，让学生在这些改编习题的指引下学会建模思维。

（三）大学生数学建模能力的培养

数学建模具有创造性和实践性，是用数学化方法解决实际问题的重要路径。关注学生建模能力培养是大学数学教育中非常关键的内容。

1. 数学建模能力培养的内容分析

想要增强学生的建模综合素质，在日常的教学中，要把握好以下几项能力，并以此为突破口。

（1）双向翻译能力

实际应用题通常借助普通语言或图表语言进行表述，但数学建模通常是借由数学符号表达的，所以学生要有双向翻译能力。不过，在传统教学中通常会忽视学生这方面能力的培养。在培养学生双向翻译能力时，必须做好以下工作：

①重视探讨知识产生与发展的问题背景

语言是表述问题的载体和评价，运用的语言不同，最终得到的表述形式也会有很大的差异，而它们彼此之间的互相翻译是否熟练和精准，会决定建模能力的高低。大量的数学知识产生发展都有着特定问题背景，这就给传统教学中锻炼学生语言互译能力提供了有利条件，如 Stokes 公式等。同时，实际教学中应该适量增加数学知识的应用性内容，让学生可以切实认识到知识与实践整合的特征，让学生把握理论和实践之间的内在关联，让学生在掌握学以致用的方法方面获得优势。

②从挖掘思维方法的角度上进行教学，选择和剖析高质量的数学建模竞赛题，分析优秀参赛作品

思维方法是个体开展思维活动必须依照的规则、手段、工具，是认识主客体的结合部，更是联系主客体的桥梁。科学思维法是人获得科学认识的手段，是让思维朝着真理方向前进的纽带，因此数学教学一定要关注科学思维法的引导。在建模活动中，选取思维方法明显的竞赛题目，对学生以往完成的作品进行阅读分析，可以在很大程度上培养学生的翻译能力，让学生的思维方法更加丰富完善。

（2）解模能力

利用教授建模具体思想方法的教学活动能够发展建模能力。数学具体思维方法是认识对象特殊属性决定的一种特殊性方法，包含线性规划、统计方法等内容。

2. 数学建模能力培养的过程性分析

数学建模的一般过程通常可划分成三个阶段，分别是现实问题数学化、模型解答与现实问题解答验证。三个阶段经历了从现实问题到模型，又从模型回到现实的循环过程，是一个持续发展和不断完善的过程。结合数学建模的过程，要培养学生建模能力的话，也要把握好以下三个方面。

（1）培养实际问题数学化的能力

所谓数学化能力，最为简单的理解就是利用数学思想方法研究实际问题，借助科学抽象与严谨的数学语言，将实际问题简化抽象成数学问题。这实际上就是构建数学模型的过程。所以我们可以看到，数学化是数学知识与语言应用能力的一个发展过程，这在传统教育中是非常薄弱的，于是成了数学建模教育的困难点。由于实际问题来自社会生产生活以及自然科学中的很多领域，也会涉及这些领域中的一些知识，所以学生整合其他学科的能力会在一定程度上影响到学生数学化能力。

（2）强化学生数学模型求解和算法能力

利用数学知识技能研究数学模型，并运用计算论证的方法求解模型，就是数学建模能力，更是数学解题能力培养的有效方法。不过实际问题是，数学模型解题过程复杂度和综合度很高，通常要运用到计算机，而且有些时候答案并不唯一，一些模型解答要开展建模计算编程。在这样的情况下，在解决模型的过程中，加强计算机的利用开始受到人们的普遍关注。

（3）数学结论实践化的能力

也就是把数学问题求解获得的结论进行归纳整理，并将其应用到实际解题中的能力，是数学建模最高层次的目标。由此观之，加强对学生这一能力的培养，最为关键的目的是要让学生用建模思想认识我们生活中的实际问题，获得具有应用价值的结果。

三、数学建模基础

人类从蛮荒时代的结绳计数，到如今电子计算机指挥宇宙飞船航行，任何时候都受到数学的恩惠和影响，高耸入云的建筑物、海洋石油钻井平台、人造地球卫星等，都是人类数学智慧的结晶。随着计算机科学的迅速发展，数学兼有了科学与技术的双重身份，现代科学技术越来越表现为一种数学技术。现代科学技术的突出特点是定量化，而定量化的标志就是运用数学思想和方法，精确定量思维是对现代科技人员的共同要求，所谓定量思维指人们从实际中提炼数学问题，抽象为数学模型，用数学计算求出此模型的解或近似解，然后回到现实中进行检验，必要时修改模型以使之更切合实际，最后编制解题的计算软件，以便得到更广泛和更方便的应用，高技术、高精度、高速度、高自动高质量、高效率等特点，无一不是通过数学模型和数学方法并借助计算机的控制来实现的。

（一）模型

《辞海》对“模型”一词有 3 项释义：第一，与“原型”相对。研究对象的替代物、原型，即客观存在的对象客体；模型，则是具有原型相似特征的替代物，是系统或过程的简化、抽象或类比表示。第二是根据实物、设计图或设想，按比例、形态或其他特征制成的同实物相似的物体，供展览、观赏、绘画、摄影、试验或观测等用。常用木材、石膏混凝土、塑料、金属等材料制成。第三，如果一个数学结构使得形式理论（形式系统中的一组公理或公式）中的每个公式在这个结构内部都解释为真，那么这个数学结构就被称作为这个理论的一个模型。

其中第二项释义是指客观存在的实物构成的模型，与数学模型差异较大；第三项可以说是数学模型，但属于数学的一个分支学科——数学逻辑或者数学基础的专业内容。所以，以下我们所说的数学建模所指的模型都是第一项释义意义下的模型，因而可以定位为：模型是对要研究的对象客体，例如系统和过程经过简化、抽象或类比表示得到的具有与原型的、我们要研究的特征具有相似性质的替代物。

（二）数学模型

按《辞海》第一项释义的后文，模型“根据代表原型的不同方式，分为实体模型和理想模型；根据模型与原型的关系，可分为物理模型和数学模型”。

实体模型指的是运用拥有体积及重量的物理形态的实际存在的物体做成的模型，第二项释义定义的就是一类实体模型，叫作外形相似模型；材质和功能与原型一样只是大小不同的模型，例如用于风洞试验的飞机模型，叫作实质相似模型；还有不同质材，但功能相似的模拟模型。理想模型是一种理论模型，由于理论的需要或者理论的推演而成的模型，例如原子结构研究的“太阳系模型”、经济学的“理性经济人模型”、生物学的“双螺旋模型”、物理学的“刚体模型”等；数学模型也是一种理想模型。

物理模型指的是运用具有客观存在的物质建构的模型，除了实体模型外，所有涉及具体物质的模型都是物理模型，前面举出的各学科理论模型包括用电流电场甚至电子流电磁场建构的仿真模型都涉及物质客体，所以都是物理模型。只有运用不涉及物质客体的空间形式和数量关系建构的模型才不是物理模型，那就是数学模型。

数学模型是针对或参照某种事物系统的特征或数量依存关系，采取数学语言，概括地或近似地表达出的一种数学结构。数学模型是利用数学解决问题的主要方式之一。利用数学模型解决问题的方法叫作数学模型法，利用数学模型法解决问题的过程就叫作数学建模。这时，常把数学模型狭义地理解为联系一个系统中各变量间内在关系的数学表述体系。或者更为简洁的、运用数学系统建立起来的模型，或者说描述研究对象（原型）的数学特征的一种模型。

例如开普勒的行星运动三大定律。行星的运行轨道是一个椭圆，太阳位于椭圆的一个焦点上；太阳—行星连线所扫过的椭圆扇形面积随时间成比例增加（在相等的时间内扫过相同的面积）；行星绕日公转周期的平方，与它们的椭圆轨道长半轴的立方成正比。开普勒行星运动三大定律就是一个太阳系的数学模型（可以用图形和解析式表示出来）。

（三）数学模型的来源

数学建模词义指的是建立数学模型，就是利用数学模型法解决问题，首先来源于数学的实际应用。

利用数学模型解决实际问题的思想可追溯到中国古代，《九章算术》（公元1世纪）就为当时社会生活各个领域利用数学提供了系统的数学模型，其中“盈不足”“勾股”“方程”等章提供了用“盈不足术”、直角三角形、线性方程组作为数学模型解决各种实际问题的方法，这就是为解决实际问题采用数学建模的开端。古希腊学者托勒密（公元2世纪）提出“地心说”采用了几何模型研究天文学，也是数学建模的早期活动之一。16世纪初，哥白尼认为托勒密的模型不能很好地解释行星运动的物理实质，他建构了新的几何模型并且定量地考察了它，从而得出著名的“日心说”，数学建模在此学说的建立过程中有着决定性的意义。

科学中运用数学方法则是数学建模的第二个来源。伽利略是在实际的科学研究中开创实验方法与数学方法相结合的第一人。他将比率和三角形相似理论作为落体运动的数学模型，以之推导出著名的自由落体运动的规律，从而开创了数学建模在近代科学中应用的先河（值得注意的是，他的这个自由落体运动规律，即自由落体运动公式又直接构成自由落体运动的数学模型）。自由落体运动的数学模型是$h=\frac{1}{2}gt^2$。

笛卡儿的“万能方法”所揭示的方法论原则也就是采用数学模型法解决“任何问题”的方法论原则。从此，在解决各种科学理论和实际问题时，数学建模成为首选方法之一。笛卡儿在数学研究中也采用了数学建模，他为几何学建立了代数模型，并通过模型推导解决原型（几何）的问题，从而创立了解析几何学。

数学建模的第三个来源则是数学基础研究中的数学应用。例如，为证明非欧几里得几何学的无矛盾性，采用了解释的方法；1899年，希尔伯特的《几何基础》使用了一个著名的解释：用实数来解释欧氏几何，同时他还用解释法来证明公理系统的独立性和完全性。一般关于数学理论自身的整体性质无法证明（证明只在系统内有效），多采用解释的方法。一个解释也叫作一个模型。在数学基础研究中，形式系统的意义要靠模型来说明，形式系统的元数学性质也要依赖模型才能证明。这就是前面指出的《辞海》的第三项释义，也是数学建模的一个来源。

现代数学建模在三个方面都有很大的发展，在其他科学及实际问题中采用数学模型法所涉及的模型的构建、求解、说明等一系列问题的研究已构成了独立的学科，就叫作数学建模。不仅如此，数学在任何领域中的应用都涉及数学建模——应用的就是数学模型，现在数学在各个领域中的应用是这样的广泛，可以说没有什么科学技术领域不用数学，数学建模成为许多科学技术领域自身的内容，这叫作科学的数学化。数学基础中模型的构造及模型和作为原型的形式语言的关系也构成独立的学科——模型论。

（四）数学建模的应用

数学建模在国民经济和社会活动的诸多方面，都有着非常具体的应用：分析与设计。例如，描述药物浓度在人体内的变化规律以分析药物的疗效，建立跨音速空气流和激波的数学模型，用数值模拟设计新的飞机翼型，预报与决策生产过程中产品质量指标的预报、气象预报、人口预报、经济增长预报等，都要有预报模型。使经济效益最大的价格策略、使费用最少的设备维修方案，是决策模型的例子。控制与优化电力、化工生产过程的最优控制零件设计中的参数优化，都要以数学模型为前提。建立大系统控制与优化的数学模型，是迫切需要和十分棘手的课题。规划与管理生产计划、资源配置、运输网络规划、水库优化调度、排队策略、物资管理等，都可以用运筹学模型解决。

（五）数学建模的原则

由数学建模原理，数学建模是一个认识过程、经验选择过程和数学过程。针对不同的过程可以得到数学建模的原则，由原则保证数学建模的顺利实施。

1. 反映性原则

数学建模是一个认识过程，数学模型实际上是人对世界的一种反映形式，因而数学模型和原型就应有一定的“相似性”。当然，并不是采用的载体的“物”的相似性，而是所表达的“形式和关系”的相似性。按照这一原则，并不是随便什么数学工具（数学理论或者数学表达式）都能成为某一背景中的问题，即某一原型的数学模型的，只有那些与原型问题有相似性的数学工具（数学理论或数学表达式）才能成为该原型问题的数学模型。这就带来了两个问题：一是，如果数学中有不止一个与原型问题相似的数学工具（数学理论或表达式）怎么办？二是，如果数学中没有与原型问题相似的数学工具（数学理论或者表达式）怎么办？前一个问题是一个经验选择的问题，后一个问题是一个数学创新的问题，正好就是数学建模原理的后两个过程，我们有下面两个建模原则来保证。

2. 简化原则

现实背景中的原型都是具体的，即具有多因素、多变量、多层次的比较复杂的系统，对原型进行数学抽象，就要舍弃其中的除了空间形式和数量关系之外的一切因素，所以数学模型一定是比原型简化的，一般不可能采用比原型更加复杂的模型。除了模型比原型简化外，数学模型自身也应简化，在数学中有多个与原型相似的理论或者表达式的时候，应该在能解决问题的前提下选择最简单的模型，比如选择变量较少、较低阶的、线性的模型，也就是在建构数学模型时，在能解决原型问题的前提下选择尽可能简单的数学工具。

这就要求在进行数学建模解决某一原型领域时，对于原型领域、对于数学工具以及已有的数学模型具有一定的知识储备量，因此，数学建模能促进原型领域及能解决该领域的数学模型的有关知识的发展，这两者结合起来构成了原型领域的新的知识，这个新知识既是原型领域的知识，又是数学领域的知识。现在从原型领域的角度看，叫作科学的数学化；从数学的角度看，叫作数学科学的发展。这两者都是现代科学发展的趋势。

3. 可演原则

这是针对数学建模中的创新来说的，如前所述，如果对于某个原型没有现成的数学模型可以利用怎么办？那就要建立新的前所未有的数学模型，就是创造一个新的模型，形式上可以是一个新的数学符号构成的式子或者一个新的算法程序，这样的式子或程序能不能构成新的数学知识，就看能不能由其推演出一些确定的结果，如果建立的数学模型在数学上是不可推演的，得不到确定的可以应用于原型的结果，这个数学模型就是无意义的。如果能推演出确定性的结果，并且这些结果可以解释为原型的语言解决了原型的问题，那么这个数学模型不仅是有意义的，而且可以作为数学以及原型领域的创新性成果成为新的数学知识和原型领域的知识，促进了理论的发展，也为其后的应用准备了新的数学模型，这也是数学发展的一个途径。

（六）数学模型的分类

数学模型的种类很多，而且有多种不同的分类方法。例如：按研究方法和对象的数学特征分：初等模型、几何模型、优化模型、微分方程模型、图论模型、逻辑模型、稳定性模型、扩散模型等。按研究对象的实际领域（或所属学科）分：人口模型、交通模型、环境模型，生态模型、生理模型、城镇规划模型、水资源模型、污染模型、经济模型、社会模型等。按是否考虑随机因素分：确定性模型、随机性模型。按是否考虑模型的变化分：静态模型、动态模型。按应用离散方法或连续方法分：离散模型、连续模型。按人们对事物发展过程的了解程度分：白箱模型、灰箱模型、黑箱模型。

白箱模型指那些内部规律比较清楚的模型。如力学、热学、电学以及相关的工程技术问题。

灰箱模型指那些内部规律尚不十分清楚，在建立和改善模型方面都还不同程度地有许多工作要做的问题。如气象学、生态学、经济学等领域的模型。

黑箱模型指一些其内部规律还很少为人们所知的现象。如生命科学、社会科学等方面的问题。但由于因素众多、关系复杂，也可简化为灰箱模型来研究。

（七）数学建模的意义

数学建模对于各个门类的科学技术以至于人的实践都有巨大的促进作用，对于数学来说也有促进发展开拓领域的巨大作用。当然所以能产生这样的作用的一个方面是因为数学模型比较其他科学方法具有易于操作、成本较低、求解迅速快捷等特点。不过更重要的则是数学建模，或者应用数学模型方法还有着这样一些不同寻常的意义。

1. 数学建模是科学中运用计算方法的基础

对现代科学来说，计算方法已经成为与实验方法、理论方法并列的第三种一般性的科学方法，计算方法在现代科学研究（无论是自然科学、技术科学，还是经济科学、思维科学，甚至人文学科的研究）中得到广泛的应用，甚至可以说现代科学的发展也就是计算方法的发展，现代高技术就是与计算密切相关的数学技术。而任何一门科学中之所以能够运用计算方法就是因为该门科学中建构了相应的数学模型。要运用计算方法，首先要把该门科学的问题转化为数学问题。

2. 数学建模是数学成为人类文化的重要组成部分的关键

数学课程标准指出，数学是人类文化的重要组成部分。其关键因素在于“数学与人类发展和社会进步息息相关，随着现代信息技术的飞速发展，数学更加广泛应用于社会生产和日常生活的各个方面。数学作为对于客观现象抽象概括而逐渐形成的科学语言与工具，不仅是自然科学和技术科学的基础，而且在人文科学与社会科学中发挥着越来越大的作用。特别是 20 世纪中叶以来，数学与计算技术的结合在许多方面直接为社会创造价值，推动着社会生产力的发展”。无论在哪门科学、在哪个学科中的应用的关键都是数学建模，与计算技术的结合主要就是运用前面说的计算方法，当然数学建模也是关键。数学语言和数学工具的基础作用就在于是任何领域中数学建模的基础，在一些不同的文化领域中数学建模都起着关键的作用。

3. 促进了数学科学的发展和各门科学的综合

由于数学自身特别是数学在其他科学技术中的应用的发展，现在的数学已经发展到了数学科学的层次。数学科学主要包括核心数学（或纯粹数学）和应用数学、统计学和运筹学、延伸到理论计算机科学等其他领域的数学范围。其他许多领域，如生物学、生态学、工程学、经济学的理论分支与数学科学无缝地结合。数学科学与其他许多科学工程、医学以及越来越多的商业领域，如金融和市场营销，存在交叉和融汇。一句话，由于数学应用的领域日益广泛，把所有运用数学的学科的数学内容与核心数学、应用数学综合起来，就是数学科学。数学科学的强大核心包括基本概念、结果以及持续进行的、能够以不同方式被应用的探索，这是联系所有数学家的共同基础，对整个数学科学事业也是必不可少的。

这个持续进行的能够应用的就是数学建模，正是数学建模构成了数学科学的基础。数学建模的发展自然推动着数学科学的发展。数学建模这个基础以及在所有的数学应用中都有数学知识的交叉和融汇，在各门科学中广泛采用的数学模型的交叉和融会自然提供了这些学科综合的新的可能性，这又直接促进了各门科学的综合，而综合是现代科学发展的趋势之一。

四、培养学生的数学建模创新能力

（一）数学建模活动可以改变学生对数学学习的认识，提高学习数学的兴趣

数学课程的教学是围绕数学概念、数学方法和数学理论进行的。这在传统的长期的教学中已经形成了固有的经典模式。许多定理、公式和方法的讲授都是严谨的、教条的、死板的。有部分学生在传统的应试教育下比较适应这种学习方式，这也能使学生学到很多数学知识。但是，这样获得的知识大多数都是用来应付考试的，对大多数学生来说，除此之外似乎毫无用处，以至于很多学生认为学习数学对以后的工作没有用，于是对学习数学失去兴趣。数学建模为数学方法与实际问题之间的联系开辟了道路。在建模活动中，我们要求学生在实际问题中简化、抽象、组织及分拣数据，并用数学结构表示。在解题完成后，有了结论，学生还需要检验他们的结论，如果与实际不相符，还需要进行纠错或改进。学生在数学建模中体会数学在解决实际问题中的价值和作用，体验数学与生活和其他学科之间的关系，体验运用数学知识、方法及计算机、数学软件工具解决实际问题的过程。我们应该提高我们的应用意识，认识到数学在我们身边，这将激发学生学习数学的兴趣。

（二）通过数学建模活动提高学生自学能力和综合应用知识能力

在数学建模的过程中，需要用到广泛的知识。这些知识除了与要解决的问题相关的专业知识以外，还需要掌握很多数学方法及计算机编程或软件的应用。例如计算方法、微分方程、运筹学、计算机语言、数学编程等。让某一个学生掌握好以上这些技能方法显然是非常困难的。在数学建模的培训中，教师也只会讲解一些较为经典的方法及例题，不可能涉及解决问题需要的所有知识。因此，在正式比赛中，学生首先要在两道题中进行选择，选择适合本团队，即对于本团队成员来说较为容易解决的问题来做。之后需要广泛地查阅相关信息及资料，包括从教材、相关论著及网络上寻找可以使用的方法及已有的解决类似问题的方法。并从中提取他们在解决本问题中可以用到的方法。在正式的数学建模竞赛中，一个团队的 3 名学生按照比赛纪律要求，是不能与任何其他人进行交流的，包括指导教师和其他参赛团队。遇到难以解决的问题时，他们也只能够通过团队内部讨论和不停地学习来寻找解决问题的方法。通过这样的比赛，极大地锻炼了参赛学生的自学能力及查阅资料信息的能力。这种能力的具备，对学生应对未来具有挑战性的工作是非常有帮助。

（三）数学建模可以培养学生利用计算机处理数据的能力

数据作为目前最火热的 IT 行业的词汇，随之而来的数据仓库、数据安全、数据分析、数据挖掘等等围绕数据的商业价值的利用逐渐成为行业人士争相追捧的利润焦点。随着数据时代的来临，数据分析也应运而生。运用计算机，使用相应的处理软件可以用来处理复杂的计算问题和烦琐的数据统计、分析等。这些数据的处理或计算若通过人工计算其复杂程度是难以想象的。同时，利用计算机还可以将数据进行更直观的表示。由此可见，通过数学建模，可以提高学生使用计算机处理数据的能力，而这种能力正是时下最热门和亟须的。

（四）通过数学建模活动，可以增强大学生的适应能力和团队协作精神

当今社会科技发展迅速，如不能适应社会的快速发展，最终就会逐渐被社会潮流抛弃。数学建模竞赛的问题都是当下热门的社会、经济及工业问题。通过参

加比赛，可以使学生了解当下的科技热点，学习最新的理念，新的解决问题的方法。这样就可以锻炼参与者的综合素质。以后不管他们从事哪一个行业，他们都能很快地适应工作并且发挥得更好，能更容易找到创新的方法。完成一项大型的系统工程，一个人的能力再强也是精力有限的，这就需要团队合作，优势互补。

在数学建模竞赛中，由于问题的复杂性需要用到多方面的知识，在比赛的三天中，要查资料，要解决使用什么数学方法的问题，要建立数学模型，要利用计算机运算统计、画图，最后还要组织语言，写一篇流畅、语义表述清晰的论文。不同的学生在不同领域有优势，为了最终拿出漂亮的成果，必须团队协作。在比赛中，大家学会了倾听和尊重他人的意见，学会了信任也学会适当的妥协，学会了怎样与人合作。这样就很好地锻炼了学生的团队协作精神，这在今后的工作中也是极其重要的。

五、简单数学模型和数学建模的基本步骤

因为数学模型法的应用特别广泛，具体的建构方法和应用方法可以说是千变万化、层出不穷，所以至今没有得出一套公认的比较完善的规律和程序。这正是数学建模学科研究的内容，因此这里只能指出一般的方法论意义下的建模方法和步骤。

（一）主要的数学建模方法

主要的数学建模方法有两大类：机理分析法和数据分析法。

1. 机理分析法

所谓机理分析，指对基本结构比较清晰的对象，根据对要建模的原型领域的事物特征的认识，找出反映其内部机理的空间形式和数量关系的规律，也就是通过事物涉及的基本定律和系统的结构来寻找与之相似的数学工具作为数学模型。这样建立的模型一般都有明确的物理或者实际意义。例如，离散性的问题可以运用代数方法模型，社会学、经济学领域的问题、涉及决策对策的问题一般用逻辑方法模型，涉及变量之间的关系的问题用微分方程模型。

2. 数据分析法

所谓数据分析，指对内部机理不很清晰的对象，可以把要建模的原型领域的事物看作一个系统，通过对系统输入输出数据的测量和统计分析，按照一定的准

则找出与数据拟合得最好的数学工具作为数学模型。例如，可以用回归分析法建立模型，叫作数理统计模型；也可以用时序分析法建立模型，叫作过程统计模型。数据分析法还可以利用计算机仿真以至于利用人工智能系统建立数学模型团。

（二）数学建模的步骤

1. 模型准备

了解问题的实际背景，明确建模目的，搜集必需的各种信息，尽量弄清对象的特征。就是提出要解决的问题并用清晰明确的语言加以表述，为进行机理分析或者数据分析奠定基础。

2. 模型假设

根据对象的特征和建模目的，对原型问题进行适当的抽象和假设，决定采用何种方法建构模型——是机理分析还是数据分析。然后依据采用的基本方法，分析各种因素，做出理论假设。

3. 模型构成

根据所做的假设分析对象的因果关系，并进一步抽象出表述对象特征的形和量，利用对象的内在规律，确定各个形和量的数学结构，也就是用数学的语言，或者利用现成的数学工具，或者创造新的数学工具描述对象的内在规律。这就具体地构成了数学模型。这里应该遵循反映性原则，数学模型应该与原型的空间形式和数量关系相似，也应该遵循简化原则，使所采用的现成的数学工具具有最简性，遵循可推演原则，使所创建的新的数学工具是有数学意义的有效的数学模型。

4. 模型求解

模型求解就是解数学模型表达的数学问题，可以采用解方程、画图形、证明定理、逻辑运算、数值计算等各种传统的和近代的数学方法，特别是计算机技术得到模型问题的结果。也可以采用数据分析的方法，对统计模型进行数据分析，并进行统计推断得出相应的模型问题结果。两者都需要得到有意义的数学结果，这也是可推演原则的要求。无论是机理方法还是数据分析方法得到的模型，求解一般都需要大量的计算，许多时候还需要采用计算机模拟，因此可推演原则中自然也就包括了计算机编程和数学应用软件利用在内。

5. 模型分析

对模型解答进行数学上的分析。例如数学推演结果的逻辑分析、误差分析以及数据分析结果的灵敏度分析。若符合要求，可以将数学模型进行一般化和体系化，按此解决问题；若不符合要求，则进一步探讨，需要返回模型求解的步骤重新求解，直到数学上符合要求为止。

6. 模型检验

把数学模型的解概括到原型的领域，也就是把模型分析的结果翻译回到原型问题，并用原型问题的实际的现象、实际发生的数据与之比较，检验模型的合理性和适用性。如果经过检验，模型的推演结果和原型的真实结果一致，那么这个数学模型就构成这个原型领域的一个成果，不仅解决了建模开始时提出的原型的问题，而且作为经过验证的数学模型可以在以后运用——如果是创新的数学模型，还同时是数学的成果。如果经过检验模型推演的结果与原型的真实结果不一致，则需要返回到模型假设那一步，重新进行假设，并以新的假设，重复以上各个步骤，直到得到需要的结果。

7. 模型应用

原来现成的模型的应用就是用数学模型达到建模的目的——解决原来提出的原型的问题；此次新创建的数学模型则可以作为新的数学工具得到存储和编目，以备以后的建模运用。同时无论对哪种模型，还需要在应用中不断优化，即对假设和数学模型不断加以修改，得到几个不同的模型，对它们要进行比较，直到找到最优模型。

六、大学生数模竞赛的规范格式与写作技巧

（一）竞赛规则

每个参赛队由 3 名大学生组成，每队任选一题进行解答并完成论文，必须在规定时间内完成，并在规定的时间内送交指定地点。论文第 1 页为承诺书，论文第 2 页为编号专用页，用于评委团评阅前后对论文进行编号，论文第 3 页为论文题目、摘要（300 字左右）和关键字。论文 1—3 页按组委会统一要求编排，从第 4 页开始是论文正文，论文从正文开始编写页码，页码必须位于每页页脚中部，用阿拉伯数字从“1”开始连续编号，论文各页上均不得出现参赛系和个人的名字，否则论文作废。

论文用中文书写，论文一律要求从上面装订，论文不能有页眉，论文题目用

3 号黑体字、一级标题用 4 号黑体字，并居中，论文中其他汉字一律采用小 4 号黑色宋体字，文字要求简练，凡不清楚的地方评阅时做不存在处理。

队员可以用各种图书资料，引用别人的成果或其他公开的资料（包括网上查到的资料），但必须按照规定的参考文献的表述方式在正文引用处和参考文献中明确列出，可使用计算机和各种软件，但不得与本组以外的任何人讨论。论文要求打印稿一份，电子稿一份。

（二）论文说明

论文原则上包括以下部分：摘要；关键字；问题重述（按你的理解对题目做出更清楚的表述）；模型假设（有些假设可做必要的解释）；符号说明（对出现的数学符号必须有明确的定义）；模型建立（具体模型建立过程）；模型求解（对模型的求解）；模型评价（包括模型的优点及改进的方向）；参考文献；附录（用到的计算机程序等）。评阅时按论文的合理性、创造性和表述的清晰程度，对每道题评分。

（三）摘要的要求、分析

摘要二字一般要求用 4 号黑体字，正文首行缩进两个字符，小 4 号宋体字，一般不超过 300 字，主要写出论文要解决的问题，使用的数学工具及数学模型，要写出论文的创新之处，一篇论文的摘要是整个论文内容的灵魂，论文的评价和观赏者通过看论文的摘要就能体会到作者的用意，了解到该篇论文的可读性。摘要一定要简练，重点突出，吸引读者，从而得到较高的评价。

根据题目要求，在摘要中首先应提出要解决的问题，解决问题的重要意义，之后提出自己求解的方式，建立的模型，采用的方法及结论等。在摘要后要附上该文中的关键词，即一些术语、重要词语。

（四）问题重述的分析

问题重述指根据个人的理解对问题进行重新表述，在表述过程中要清楚、明白，有理有据，突出工作的重点。重述指明问题的影响、发展趋势、延伸、可能的变化规律及各种影响因素，在理解的基础上综合各种解决方法对问题进行重新表述。

（五）模型假设的分析

模型的假设是从现实角度出发，考虑到多种可能影响到结论的因素，排除一些因素，在合理的数据基础上进行假设，它可以简化模型，反映模型的本质问题。根据假设建立的模型在现实生活中是有着重要参考价值的，所以在模型的假设中要指出模型建立的环境、数据的可靠性、公式的可靠性等。

（六）符号说明的分析

符号说明指对论文中出现的数学符号、模型中引用的符号进行相应的文字说明，如一些数量，在论文中不能用文字表示，而要用相应的符号，符号说明就起到了将文字定义为符号的作用。

（七）模型建立的分析

模型的建立是指根据问题建立所需要的数学模型，可以根据线性代数、微分方程、积分方程、概率、统计等数学知识建立所需的符号方程模型。如在丁克与人口增长问题中可根据丁克现象的影响建立指数曲线预测模型，也可根据历年的变化数值建立线性方程，也可根据部分已知数据和部分未知数据建立灰色预测模型，也可以根据变化数值或标准差建立模型。为了预测未来 50 年人口增长，可以根据偏微分方程建立模型，也可参考已有的莱斯利人口增长模型，也可通过对数据的分析建立矩阵模型等。

模型的建立将直接影响到问题的解决程度，好的模型能够考虑各种因素，全面细致地突出问题的实质，能够从不同角度分析建立模型。

（八）模型求解的分析

模型的求解可以采用解方程、画图形、证明定理、逻辑运算、数值运算等各种传统的和近代的数学方法，目前多数采用计算机软件进行求解。通过计算机可以进行纷繁复杂的计算，还可将计算结果模拟出来，达到事半功倍的效果，目前，MAT-LAB 是首选的数学建模软件，还有 Maple、Lingo 等。模型的求解方式的好坏会对结论产生重大的影响，这首先需要收集的数据是准确的，模型的建立是优良的，求解程序在时间复杂度上是节省的，并能够采用最优算法进行求解，这样的结果才能够使大家信服。

（九）模型评价的分析

模型评价是指对建立的数学模型优点及缺点的评价分析，考虑到各种因素对模型的影响及采用的建模手段、建模方法的限制，数学模型只是在特定条件下起到参考的作用，所以要正确、直观地进行评价分析。模型的评价通常从优点及不足两个方面进行评价，在评价优点时通常与之前的相关模型、算法等进行比较，找出该模型的优点，在评价不足时主要提出可能在某些因素上考虑不足，提出应改进的方法同时提出该模型可以推广使用的范围。

第四节　高等数学教学模式创新策略

一、“活动—参与”教学模式

在很长一段时间内，我国数学教学都偏重系统的数学知识教学，对数学活动的组织很不完善，重视不够，甚至认为其可有可无。在此影响下，学生一旦毕业就意味着其脱离了数学学习。在学生看来，数学就是一种反复操练的知识，他们难以体会到数学可以作为一种活动而存在。事实上，学生可以从参与数学教学中获得活动的原动力，只有不断获得新动力，满足人的高度自主、主体的需要的活动，才是最有效、最有价值的活动。活动的这些属性体现了活动的教育功能和发展功能。强调活动的实践性和能动性，让学生积极参与到教学活动中去，实现“实践—认识—再实践—再认识”的能动过程，有利于学生潜力的开发。因此，“活动—参与”教学模式受到了越来越多的关注。

（一）构建“活动—参与”教学模式的意义

1. 能够有效促进活动课程校本化的开发

对于数学活动课程的认识使人们常常只停留在数学兴趣小组、数学竞赛上，真正意义上的数学活动课程理论目前在我国还处在一个发展阶段，对于如何开展数学活动更是缺乏系统的研究，这一教学模式的构建可以有效地促进活动课程校本化的开发。

2. 能够促进教师专业素养的提升

“活动—参与”教学理论和现代教学与教学理论的教学方法将活动简单地延伸到教师身上。教学方法强调理论自我建设，鼓励教师将特定的实践经验转化为理论，促使活动课的理论知识变得充实。从这一角度而言，“活动—参与”教学模式能够促进教师专业素养的提升。

3. 能够促进数学活动课教学的顺利开展

不可否认，当前很多教师仍然没有对活动教学引起足够重视，也不知该如何实施活动教学。教学模式是教学理论、数学思想的具体化，“活动—参与”教学模式的研究可以为实施活动教学提供可供教师直接参照、借用的模型，有一定的操作程序，具有较强的实践指导意义，能有效地帮助教师正确把握活动课教学特征，有效地防止活动课形式化走过场。

4. 能够促进数学活动课教学目标的实现

教学模式是教学理论与实践相统一的具体表现形式，并不限制师生创造性，因而不能与机械的“模式化”混为一谈。此外，“活动—参与”教学模式的程序实质上是教学不同环节的目标及教学方式、方法，教师、学生可以在教学模式每一个操作程序中发挥自己的优势，表现自己富有个性特征的教学风格，并较好地体现活动目标教学特征。从这一角度来看，“活动—参与”教学模式能够促进数学活动课教学目标的实现。

（二）“活动—参与”教学模式的运用

教师在大学数学教学中运用“活动—参与”教学模式时，要想取得理想的效果，应特别注意以下四个方面。

第一，教师在运用“活动—参与”教学模式时，必须明白，我们不是在充当专家或参考，而是要与学生建立民主平等的关系，不能将个人意志强加于学生，以促进知识的智力发展。教师在主动课堂教学中的作用，主要是创造一个让学生自由学习的环境，帮助学生客观地认识自己和事物，理解和创造良好的人际关系，形成自我和真实的个性，促进学生的自我认识和潜能的实现。

第二，教师在运用“活动—参与”教学模式时，必须积极引导学生参与到活动之中。为了促进学生人格个性的全面发展，活动课应该让每个学生的心理过程与他或她的性格、情绪、能力等心理特征相互作用，即让学生发展自己的良好人格。显示、识别活动并反映他们的质量要求，展示他们的才华和能力，并给予他们丰富、多方面和良好的情感体验。学生只有积极参与各种实践活动，充分发挥主动性，不断实现自身价值，增强自我意识，才能促进人格的全面发展。因此，教师应积极引导学生独立参与数学实践活动,将数学与学生的现实生活联系起来。例如，教师可以让学生通过练习尽可能多地学习数学，让学生阅读、讨论、制图、建模、进行实验、研究和其他活动。

第三，教师在运用“活动—参与”教学模式时，要切实该模式包含的数学调查、数学实验、测量活动、模型制作、数学游戏、问题解决等。

第四，教师在运用“活动—参与”教学模式时，切不可把活动课程与学科课程对立起来，走向极端。因为否认对系统知识的需要，让系统的科学知识难以学习，只会导致生活的肤浅和碎片化的体验，影响后续的发展。因此，活动课程与学科课程应有机联系，相互促进。

二、任务驱动教学模式

（一）任务驱动教学模式的含义

任务驱动教学模式以建设性学习理论为基础，主要强调自主学习和学生的参与式学习。探索某一特定问题，学生必须积极利用学习资源，进行自主研究，进行互动协作学习，以解决问题，达到掌握知识的目的。教师的作用是引导学生。在这个解决问题的教学过程中，学生积极学习，每个学生都可以根据对问题的理解，利用已有的知识和经验提出解决方案。在这个过程中，学生不断产生一种成就感，这种成就感可以激发他们的求知欲，并逐渐形成心理活动知觉的良性循环，从而培养了勇于进取的独立研究和自学能力。

（二）任务驱动教学模式的教学程序

1. 提出并设计任务

在任务驱动教学模式开展过程中，授课教师首先要根据当前的教学内容和教学目标，依据学生已掌握的知识和具备的思维能力，提出一系列任务，并对任务进行合理设计。

任务建议与设计是任务型教学模式中最重要的部分，它直接决定着课堂的质量，学生能否自主学习，能否完成课堂学习目标。教师在界定作业时，应界定能根据学生目前的知识水平激发学生学习兴趣的合理要求。

高等数学是一门基础通识课，要求教师在定义任务时考虑不同方向的特点，结合方向的数学层次，呈现从简单到复杂的不同层次的小任务。技能在于必须完成的任务，通过逐步完成作业，理解和掌握最新的数学知识和技能，以培养学生积极实践和探索的能力。例如，在教授高等数学“导数概念”时，教师能否以实际刹车为例，建议如何计算刹车时特定时间的车速？它非常接近现实生活，学生很容易接受并乐于这样做。如何求瞬时速度？教师指导学生考虑平均速度与瞬时速度之间的差异，学生自然能计算出某一时刻的瞬时速度，并很好地掌握导数公式，从而达到教育目的。

也就是说，任务和作业要结合学生的真实情况和兴趣，将教育内容融入教育环境，增强学生的开放思维和知识发现探索能力。

2. 分析并完成任务

完成布置的任务后，教师应给予学生自由讨论和独立收集教材的机会，讨论作业中出现的问题及如何解决。能够运用没有学过的知识点来完成任务，这是完成任务必须解决的问题。

在学生讨论问题的过程中，教师可以提供解决问题的线索，如要收集的信息如何与先验知识相关。需要注意的是，教师在分析问题时不应直接提出解决问题的方法，而应教会学生利用已有的知识，使用所需的信息，尽量以学生为主体，并对学生进行适当的指导，以便加深每个学生对问题的理解和对知识的掌握。这里以高等数学中的“导数概念”教学为例，当某个时刻需要立即速度时，老师首先提出一个任务速度公式，并指导学生思考这个公式是否可以用来求瞬时速度，如果不行，则建议下一个任务。用平均速度代替瞬时速度，如果可以，需要什么条件？一旦学生能够解决上述问题，继续进行更困难的任务，即如何将平均速度与即时速度联系起来？让学生学会利用已有的边界知识，成功理解导数的概念，使学生能够主动独立思考、独立研究，独立总结知识点，极大地培养学生分析和解决问题的能力。在这个过程中，学生学会表达自己的意见，倾听别人的意见，能吸引别人的长处，能与别人团结合作。同时，教师要时刻关注学生讨论的深度和进度，监控课堂教学的进度，并采取适当的行动，让每个学生都能参与讨论活动。

一般情况下，学生的作业分为两种方式。一种是按部就班地做作业，根据教师的知识和基本指导，这种形式比较适合学生掌握教学的整体内容。另一种是除了完成教师要求的任务外，学生还可以自由上传一些他们的建设性意见。这种形式更适合学生拓展对教育内容的理解。

3. 评价教学效果

学生完成任务后，教师应及时评估结果。这里的评价包括两个方面：一方面，对学生完成任务后的结论的评价，通过评价学生是否完成了对现有知识的应用，理解、掌握和应用现有知识、新知识，达到本课目标要求和培训目的；另一方面，教师需要对学生在完成任务时思考分散性和创造的能力、与其他学生合作的能力、表达意见的能力等进行适当的评估，从而进一步激发学生的兴趣，去努力学习并保持良好的学习动力。

同样在这个环节中，教师可以引导学生进行自我评估，通过总结作业过程中没有考虑到的问题和细节，让学生发扬自己的长处，改正错误，从而形成一个良性循环。

（三）任务驱动教学模式的运用

1. 任务驱动教学模式在大学数学教学中的具体运用

（1）创设情境

情境陶冶模式的理论基础是人类有意识和无意识的心理活动、意识中的智力和情感活动的统一。教师创造情境，让学生学习的数学知识可以与现实一致或相似。学生要带着布置好的“任务”进入学习状态，数学模型创造出抽象的数学知识，让学生可以想象新的数学知识。同时，直观清晰的教学模式可以激发学生的联想，激发与学生认知结构相关的知识、经验和表征，使学生能够利用相关的知识和经验来认识和联想新的知识，获取新知识并发展他们的能力。因此，必须重视教学情境的创设。

（2）确定任务

确定任务，实际上就是确定课堂教学目标。每种教学方法都有一个教育目标，目标处于中心地位，在构成教学模式的诸多因素中起着限制作用，决定了教学模式的实施和师生在教育活动中的融合，这也是衡量教学评价和量表的指标。因此，布置作业是教学的核心，是教师引导作用的重要体现。

教师提出问题（任务）时，要确保与学生的“认知”和学生的心理特点相吻合。此外，教师提问要简洁易懂。问题需要学生理解，可以进入学生课堂，强调学生的心理状态。

（3）自主、协作学习

教师提问后，应让学生观察情况，积极思考问题。要真正从情境中得到启发，让学生在课堂上独立完成，就像前两个任务一样；相关信息的获取等重点培养学生的“自学”能力，而不是给出答案，就像第三个任务一样。第四项任务需要学生之间的讨论、交流与合作，教师补充、回顾和扩展学生对当前问题的解决方案，这就是在这个课堂上建立新知识。

（4）教学效果评价

如上所述，在评估教学效果时需要考虑两个方面。一方面，对学生当前任务的评估，即对所学知识的意义进行评估。在计算边界思想“直曲转化，无限逼近”，也就是计算圆周率的无限“割圆术”时，无限逼近是借助多媒体来完成的。另一方面，对学生自主学习能力和参与性学习能力的评估。例如，下一个学习阶段的算术与内容边界的关系，是学生应该考查的。受到学生或老师的好评，教师和学生可以一起改进和研究得出结论。

2. 任务驱动教学模式在大学数学教学中的注意事项

教师在大学数学教学中应用任务驱动教学模式时，要想取得预想的效果，应特别注意以下三个方面。

（1）要循序渐进地提出任务

任务的提出与设计是任务型教学法成败的关键。教师在呈现任务时，应考虑任务的难易程度，纠正任务，通过执行小任务来实现总体教学目标。作业设计不应因不同学科学生的个性差异而单调，要设计适合学生身心发展的层次化作业。

（2）所设计的任务要具有研究性

任务需要辅以学生自学和建设性学习，因而每个阶段的作业设计不应直接从学习编号中复制，而应在实际条件下表现出知识与研究之间的联系。知识的重要性通过完成作业，学生可以体验到知识的联系，并了解他们所学的知识在前后知识联结方面发挥作用。

（3）要注意对学生人文素养的培养

高等数学作为一门基础通识性课程，不仅具有丰富的科学性，还蕴含着深厚的人文知识。因此，在具体的应用过程中，教学形式需要语境和人文文化。换言之，作业设计过程不仅要求学生掌握具体的科学文化知识，还必须对学生的思维方式、道德情操、人格形成、学生价值取向等产生积极影响。

三、互动教学模式

互动教学模式是一种民主、自由、平等、开放的教学模式，运用效果从根本上取决于教师学员的主动性、积极性、创造性及教师教学观念的转变。

（一）互动教学模式的含义

互动教学法是指在教师的指导下使用合适的教材，同时在教学过程中充分发挥师生的心理能动性，创造教师之间的对话、讨论、交流和相互促进。教师和学生之间是一种提高学生学习欲望、拓展学生思维、培养学生发现和解决问题能力的教学方法。

与传统教学方式相比，互动教学方式与传统教学方式最大的不同就是“动”字。传统教学是教师主动，心主动、口主动、手主动，学生被动，心静、口静、身静，为灌输式和一言堂。互动教学方式从根本上改变了这种局面，真正做到了“互动”初任教师和初生，相互交替，双向输入，多说多做。

（二）互动教学模式的优点

互动教学模式的优点，具体来说有以下四个。

第一，互动教学模式有助于发挥双主动作用。过去，教师讲课仅限于不说话，认真听课的学生。教师和学生现在是双向的关系，或者学生在挑战老师、激活学生、解疑或分辨善恶。

第二，互动教学模式充分体现了双主导效应。互动学习模式充分体现了主导的双重效应。传统的教学是由教师主持的，接收学生是被动的。互动教学模式充分调动了学生的积极性、主动性和创造性。教师的思考能力、解决现实问题的能力及教学的深度、广度和高度都受到挑战。“领头羊”往往被学生的“超前认知”打破，课堂上的主导地位不时发生变化。

第三，互动教学模式能够提高双创新能力。传统教学仅限于熟悉书本理论知识的学生，虽然是教师的工作，但其教育影响有限。互动教学模式提高了学生思考和解决问题的创造力，鼓励教师在课堂教学中不断改进和创新。

第四，互动教学模式能够促进双影响水平。传统教学只谈教师对学生的影响，而忽视学生的作用。互动式教学法是教学双方之间民主、平等、协调的讨论。教师很为学生着想，还会尊重学生的心理需求，倾听学生对问题的看法，发现他们的亮点并分享，共同参与、共同思考、共同解决。这种情况确实会产生心理共鸣。

（三）互动教学模式的运用

教师在数学教学中运用互动教学模式时，最为关键的是实现师生之间的良性互动，充分发挥师生互动的作用。为此，需要做好以下三个方面工作。

1. 确立平等的师生关系和理念

教师是整个课堂的组织者、引导者、合作者，而学生是学习的主体，二者之间是平等的关系。教育是人类最重要的社会活动之一，其本质是人与人之间的交流。教学过程中的师生互动，不仅体现了人际公关，更是在教育的语境中“生产”了教育，促进了教育。根据传播理论，传播是主体之间的对话，主体之间的对话以自主为基础，自主的前提是平等参与。因为只有平等参与，双方才能相互敞开心扉，相互接纳，自由交流和互动。因此，要实现真正的师生互动，首先让师生充分、平等地参与教育活动。

实现真正的师生间平等并非易事，需要教师不断学习、理解和努力实践。如果教师在传统教学中继续扮演吃力的角色，而学生还处于知识的状态，那么师生之间的平等要求可能千百次都满足不了。很难想象一个高水平、受到尊重的教师，会与学生平等地参与教育活动。众所周知，历史上的师尊和道家的荣誉并非空穴来风，而是保存传统教育的客观需要。这里需要注意的是，平等的地位只能来自平等的角色，只有改变教师的角色，才能实现教师和学生平等参与教学过程。教师应是一个明智的辅导员，在不同的时间、情况下，扮演不同的角色：一是模特儿，既要演示正确的、规范的、典型的过程，又要演示错误的、不严密的途径，更要演示学生中优秀的或错误的问题，从而引导学生正确地分析和解决问题；二是评论员，既对学生的数学活动进行及时的评估，对主要的解释、重点和材料难点进行讲解，提供准确、深入的观点，同时用特殊的理论说服学生，并指出学生在制作过程中的利弊，提出让学生思考的问题，留给他们需要做的事情。

2. 建立师生间相互理解的观念

实现师生之间的有效互动，需要两者在沟通的基础上相互理解。有人将理解称为沟通的“生态条件”，这并不无道理，因为人与人之间的沟通是建立在相互理解的基础上的。研究表明，在学习活动中，智力和情感因素同时发生并相互作用。它们共同创造了学生学习心理的两个不同方面，从不同的角度对学习活动产生了重大影响。没有情感因素的参与，学习活动既不能发生，也不能继续。情绪因素在学习活动中的作用在很多情况下超过智力因素的作用。教学实践表明，教育活动中最活跃的因素是师生关系。师生、同学之间的友谊是建立在相互学习、相互帮助的基础上的。在数学教学中，数学教师必须有意识地针对学生感兴趣并有一定深度的问题，组织学生进行讨论，在师生之间相互学习、共同研究，加强师生情谊，加强学生与同学之间的交流。

我们看到很多优秀的教师，在积极情绪保持方面的成功，很大程度上归功于与学生的高度协调沟通、相互理解、相互信任、情感交流和默契合作。在教育活动中，通过师生、学生、个人和团体的互动，协作学习，亲密沟通。学生理解老师的一言一行，一个眼神，一个微笑，而学生的一举一动，哪怕是一丝一毫的表情变化，教师都能如镜般清晰。这里的一致性是教师在长期的教学活动中与学生形成的相互理解。

3. 彻底改变师生在课堂中的角色

课堂教学应该是师生合作的过程，是学生自主学习的首要前沿之地，是师生互动的直接体现。互动式教学法要求教师摆脱他们习以为常的传统地图，并从传统教学中学习知识的指导者成为学生学习活动的参与者、组织者和指导者。学生是知识研究者和学习型教师。教室属于学生，教具和教材属于学生。教师只帮助学生发现新知识，尊重学生的主体地位，为师生营造民主、平等的环境，赋予学生学习活动中的主体地位，实现学生观的变革，在互动中营造一种相互平等、包容和融洽的课堂学习气氛。

现代建构主义学习理论认为，知识不能简单地由教师或他人传授给学生，而只能由任何学生根据自己的知识和经验主动建构。同时，学生有更多机会畅所欲言，与学生充分交流，学会倾听他人的意见和适当的评价，有助于培养学生的自我意识和自我反省。因此，教师在数学教学中的作用不应被视为“知识的授予者”，应是促进者、启发者、质疑者和示范者，向学生展示学习活动，充分发挥“教育者”的作用，真正体现“学生是主体，教师是主导”的教育思想。因此，课堂教学过程中师生的协作，很大程度上体现在教师如何“导学”和学生如何“自学”。要彻底改变教师和学生在课堂上的角色，就要变“教”为“引导”，“接受”为“自学”。

总之，教师参与学生学习活动，平等参与学生的学习活动，必然导致师生之间产生一种新的平等关系。

第七章　高等数学的教学改革策略

第一节　高等数学的教学主体改革策略

一、高等数学教学的主导——教师

（一）高等数学教学中发挥教师主导作用的探索

高等数学是大学课程中一门普及而重要的基础课，而不少学生认为高等数学课枯燥乏味，心生厌倦。对于这门集严谨性、抽象性于一身的高等数学课而言，老师上课只注重“教”、轻学生“学”；重知识结论、轻思想方法渗透；重知识训练、轻情感激励；重个体独立钻研、轻群体合作探究；教师苦教，学生苦学，结果是付出多、回报少，学生学来的只是应试的数学，并不能真正体会数学的精髓，学生的素质得不到全面发展要改变以上状况，必须通过教育者观念的转变，教学方式的革新来实现。

1. 端正学生的学习态度

学习态度直接影响学生的学习效果，学习态度对学习效果的影响作用，已被许多实验研究所证实如果其他条件基本相同，学习态度好的学生，其学习效果总是远胜于学习态度差的学生。

而良好的学习环境和学习氛围，能使学生互相影响，形成良好的学习态度。一个人的态度总会受到社会上他人的态度的影响。所以，多关心学生的学习进展情况，对学生的学习态度和学习行为不断给予指导、检查和奖惩；同时，注意师生关系的和谐、融洽，学生喜欢任课教师，就会喜欢他所教的那门课，从而促进学生积极学习态度的形成和学习成绩的提高。相反，对学生的学习不闻不问、任其自由发展，或师生关系紧张，学生就会对该教师产生反感、惧怕或抵触情绪，并进而发展到厌烦该教师所教的那门功课，对该门功课采取消极的态度。在这种情况下，容易构成学生与学习之间的障碍，很少有积极的学习态度和获得优秀的学习成绩。

再者，提高学生的自我效能感，让学生体验成功，逐渐消除学习中的消极情绪。自我效能感指人对自己是否能够成功地进行某一成就行为的主观判断。成功的经验会提高人的自我效能感，失败的经验则会降低人的自我效能感，不断的成功会使人建立起稳定的自我效能感。要提高这些学生的自我效能感，教师就要正确地对待他们，当他们学习上受挫、考试成绩不佳时，切忌进行谴责和奚落，以防其消极情绪体验的产生。要帮助他们找出学习失败的原因，指导他们改变学习方法，增强信心。更重要的是，教师要在教学过程中创造各种情境，使他们在学习上不断获得成功，以产生积极的情绪体验，从而转变其消极的学习态度。

2. 转变传统的教学理念，注重教学方法的灵活运用

教学中应采用多种方法，如：问题式、启发式、对比式、讨论式等教学方法。同时，组织班级成立课外学习小组，引导学生用所学的知识点建立相应的数学模型来解决实际问题。通过让学生参与教学活动，解决生活中的实际问题等措施，引导学生对问题深入思考和探究，开发了学生的潜能。通过学生之间的相互学习，分工合作，促进了学生对所学知识的深刻领悟，体会其精髓。并且，根据数学课程教学的特点，充分利用技术手段，引进和自制课件，强调以教师的讲课思路和特色为主，通过精心设计教学内容，恰当地使用多媒体教学，可以很大程度地提高学生的学习兴趣和教学效果。

3. 重视数学思想方法的渗透

数学思想方法是形成良好认知结构的纽带，是知识转化为能力的桥梁，也是培养学生数学素养、形成优良思维品质的关键。

（1）在概念教学中渗透数学思想方法

如定积分的定义由曲边梯形的面积引出。实际上分为四大步：分解、近似、求和、取极限，就把复杂的问题转化为简单已知的问题求解。这种思想方法也同样适用于二重积分、三重积分、线积分、面积分的定义，定义时和定积分定义的思想方法加以比较，使学生看到这几个定义的实质。在知识点对比过程中提炼升华数学思想方法。

（2）在知识总结中概括数学思想方法

数学知识不是孤立、离散的片段，而是充满联系的整体，在知识的推导、扩

展、应用中存在着数学思想方法，需要学生在知识总结与整理中去提炼升华数学思想方法，加深对知识点的理解。例如：在微分中值定理学习之后，对罗尔中值定理、拉格朗日中值定理、柯西中值定理之间的关系以及包含的数学思想方法进行总结，使学生从定理的证明与联系中体会到化归思想、构造思想与转化思想等，这样学生学到的是终身受用的灵活的解决问题的能力。

总之，要提高教学质量，教师不仅要有渊博扎实的专业知识，还要改变教育教学观念，有过硬的教学基本功，这就要求我们注重专业知识和教育理论的学习，真正使自己更上一层楼。

（二）高等数学教师教学研究能力的认识与实践

高等数学教师主要指在高等学校从事非数学专业所开设的数学课程教学的教师。高等数学课程包括微积分、微分方程、线性代数、概率统计等。这些课程都是高等学校十分重要的基础课程，它承载着双重重任：既要为各个专业的学生学习后继课程提供数学基础知识、基本方法，同时还要培养学生的科学素质，以便他们可在各自的专业领域内进行科学研究和科技创新。具体地说就是在数学中所得到精神、思想和方法在其他领域里的迁移。所以，高等数学教师的素质应是很高的，他们不同于专业数学教师，后者的教学对象是数学系的学生，而前者的教学对象是各个专业的学生，这就要求高等数学教师必须是通才、全才，他们不仅要有扎实的数学功底，还要熟知相应专业的基本知识，否则就难以胜任。

1. 高等数学教师应具备的素质

高等数学教师的素质应包括三个方面。一是基本素质，主要指教师所应具备的基本的科学知识和人文知识、外语知识以及现代教育技术知识。二是数学素质，主要指能胜任高等数学课所需要的数学学科知识，包括教师对数学的精神、思想和方法的领悟，对数学史的了解，对数学的科学价值、人文价值、应用价值的认识，还包括相当的数学解题能力和数学探究能力。这是高等数学教师专业内在结构的重要组成部分。三是教学素质，通常也叫条件性知识，是指高等数学教师所应具备的综合的教学实践能力，主要包括教学设计能力、教学操作能力、教学监控能力和教学研究能力。其中，教学研究能力是较高层次的能力，它是在前者基础上逐渐形成的，又反过来指导和服务于前者。

教学研究是指在教学实践中，通过教学实践，为了教学实践的研究，是为解决教师在教学实践中所遇到或面临的问题而展开的研究，是源于教师解惑的需要且为了改变教师所面对的教育教学情境而进行的研究。它有两种基本形式：集体教学研究和个人教学研究。个人教学研究也可称为自我教学研究。无论哪种形式，其目的都是为了提高教学质量，促进教师的专业成长。特别的，后者还在于通过研究使教师获得一种自我反思和自我批判的可持续发展的学习能力，养成一种反思、追问与探究的生活方式。从这个意义上说，它属于继续教育的范畴。

2. 提高高校教师研究能力的措施

在目前这种状态下，提高教师的教学研究能力既不能靠高校的继续教育制度，也不能靠高校的教学研究制度。主要靠教师自身，教师要想得到专业发展，就要提升自身的素质，特别是青年教师，要完成从新手到胜任，再到专家型的教师的转换，就要加强自身的学习，把提高自身的教学研究能力作为一个突破口，使其从起步开始，就将学生者、实践者、研究者集于一身，这样可大大缩短适应工作的时间，提前进入胜任阶段，并向专家型教师发展。在自我教研中，教师就是研究者，简单地说，就是在教学中开展自己的研究，发表自己的看法，解决自己的问题，改进自己的教学工作。为此，要做到以下三点。

（1）补上先天不足的营养

这首先要求提高认识，在我们所了解到的人中，还有相当一部分人对此问题缺乏正确的认识，他们对教学法不屑一顾，更谈不上教学研究了，认为讲好数学只要懂数学就行了，只要提高数学学历即可；并认为只要教导时间长了，都会成为好教师的。这显然对教师职业缺乏专业认识，同时混淆了理论指导与教学实践经验的相互作用的关系。所以，每个高等数学教师，尤其是非师范专业毕业的青年教师都要学习教育理论知识，掌握教学基本技能，研究教学法，补上教师专业上的先天营养不足。而教学研究则是提升自身教育素质的最好途径。尤其是自我教研，它最能体现行动研究的特色，教育行动研究就是围绕教师的教育行动展开的，是基于研究问题的解决过程，它的问题都是来源于教师自身的教学遇到的实际问题，在实施过程中教师兼具研究与行动两大侧面，具有研究者和行动者的双重角色。在教学研究中，也即解决问题的行动中，教师不断增长教育实践智慧，专业发展日臻成熟。

（2）主动寻求同伴互助

自我教研并非闭门造车，它应有三种基本途径：专家引领、同伴互助、自我反思。这一点与中小学的校本教研相类似。因高校无专门的教研员，所以，专家引领的机会很少，高校本身不坐班，教师之间的接触和交流很少，要想向同事学习，与同事交流，就要主动。这样，可加强教师之间的专业切磋、协调与合作、共同分享经验，互相学习，彼此支持，共同成长。同伴互助的实质是教师之间的交往、互动与合作，它的基本形式是对话与协作。

值得一提的是，在自我探索的过程中，还要参阅大量的第二手材料，学习国内外先进的高等数学教学经验。

（3）不能忽视综合教研

高等数学不同于其他课程，它与其他专业的联系非常紧密，它能为专业课程提供强大的服务功能，然而，现行的高等数学教材是历经几百年千锤百炼而成的经典，它突出了它的基础性，因而也就忽略了专业性，我们几乎见不到专门为哪个专业而编的高等数学教材。但我们的教学对象却是具体的某个专业的学生，特别是职业技术类院校，专业纷繁复杂，层次要求各不一样，所以，要想教学有针对性，从理论上讲，高等数学教研室应与各个专业的教师在一起进行集体综合教研，但从实践上看，由于众多原因，很难实现。因而，这一重任还是应由高等数学授课教师本人承担。一方面，要加强学习，对所教的专业的基本知识和要点要熟知，这样，在高等数学教学中，就可以针对某一专业，选讲一些专业的背景材料，提供专业的数学模型，课堂的效果就会好一些；另一方面，教师要积极与所教专业的专业课教师联系，共同探讨教学问题，如哪些知识在本专业中用得较多，哪些数学方法对解决本专业的问题十分有效，哪些地方是学生的薄弱环节，如此的综合教研可共同制定出符合本专业特点的、切实可行的教学改进方案，在实践中定会取得令人满意的效果。我们近些年的经验也验证了这一点。

（三）高等数学教师能力素质的培养与提升

高等数学是高等院校一门十分重要的基础课，高等数学教师的自身素质直接影响到高等数学的教学质量。高等数学教师除具有良好的思想素质与心理素质以外，切实加强高等数学教师能力素质的培养是充分发挥教师在教学中的主导作用和提高高等数学教学质量的基本保证。

以下仅就专业教学能力、科学研究能力、课堂教学能力以及语言表达能力的培养和提高，谈点粗浅的认识。

1. 奠定专业基础，强化专业教学能力

专业教学能力是指教师准确、熟练地传授专业知识与专业技术的能力。作为一个合格的高等数学教师，除培养学生良好的思想品质以外，其主要任务就是按照教学大纲的要求，准确熟练地把必要的数学知识与技能传授给学生。在课堂教学中，数学科学的严密性容不得教师有丝毫的差错，教学任务的紧迫性不允许教师有半点迟疑。如果教师在数学理论的阐述中吞吞吐吐，在数学公式的推导中漏洞百出，且不要说对学生学习上贻误匪浅，就是对教师本人来说，也是一件极为尴尬的事。所以教育家马卡连柯断言，学生可以原谅老师的严厉、刻板甚至吹毛求疵，但不能原谅他的不学无术。由此可见，良好的专业教学能力是高等数学教师最基本的能力素质。

知识是能力的基础。能力是知识的延伸。良好的专业教学能力首先来自于教师精深的专业基础。全面系统地掌握数学专业的学科结构、基本理论与基本方法，并在不断的专业学习与教学实践中培养严谨缜密的逻辑思维能力、高度抽象的空间想象能力和快速准确的运算能力，是对高等数学教师专业素质的基本要求，况且，高等数学教师不像数学专业教师那样专一，教数学分析的专讲数学分析，教微分方程的专讲微分方程，甚至分工更细。而高等数学是高等院校各专业的公共基础课，按照不同专业的要求，几乎要涉及数学学科的各个不同分支。这就要求高等数学教师必须是通才、全才，即不仅能教微积分，也要能教微分方程、线性代数、数理统计等多种内容。而且哪怕是教某种内容的其中某些简单应用，也应对该分支有全面深刻的了解，决不能满足于一知半解，甚至于边教边学，现买现卖。高等数学教师只有具备了这样良好的专业素质，才能在教学中居高临下，驾轻就熟，收到良好的教学效果。

新世纪高新技术的飞速发展，促使知识更新的速度越来越快，高等数学的教学内容与教学手段的改革在所难免。尤其是电脑技术应用于教学，使传统的数学教学面目一新，使原来专业中无法处理的数学问题的解决成为可能，使原来专业中看似与数学无关的问题得以用数学方法进行处理。面对新科学新技术的挑战，高等数学教师早已用得发黄的老教案不再是值得骄傲的经典之作，黑板加粉笔的传统教学模式不再是值得缅怀的传家之宝。专业上崭新的数学问题摆在了面前，多媒体魔术式的过程演示进入了课堂，迫使数学教师必须及时吸收新知识，研究新问题，掌握新技术，探索新方法。

2. 结合教学实践，培养科学研究能力

高等数学教师的科学研究能力是指其在进行数学教学的同时，从事与数学教学教育相关的各类大小课题的实验、研究及发明创造的能力。这种能力具有十分积极的意义。

首先，高等数学教师积极参加科学研究，才能更好地体现教育为四个现代化服务的指导思想。当今世界各国的高等院校既是教育基地，又是科研中心。我国所有重点院校也都无一例外地承担了大量的科研任务，其科研成果直接服务于四化建设。

其次，教师具有科学研究能力，才能提高教学水平，使教学、科研能力得到同步提高。以教学促进科研，以科研带动教学，才能使教学水平上升到一个新的水准。

再次，教师具有良好的科学研究能力，有利于培养创造性人才。美国未来学家在《大趋势》一书中称“21 世纪的竞争是人才的竞争”。这种有竞争能力的创造性人才的培养只能依靠具有良好科研能力的教师加以指导和培养。事实上，具有科研能力的教师思维敏捷，动手能力强，实践经验丰富。具有开拓精神，是培养创造性人才不可缺少的基本素质。离开了这些科研能力，教师只能培养出因循守旧、毫无创造精神的庸才。高等数学教师的科学研究能力主要体现在两个方面。一是数学教学理论的研究能力。高等教育的迅猛发展为数学教师在改革传统教育思想和传统教育方法等领域提供了大量的科研课题。数学教师不再是传统的“教书匠”，而应成为新教育思想、教育理论和新教育方法的实验者和研究者。二是数学应用的研究能力，也是高等数学教师最主要的研究能力。高等数学是高等院校各专业一门十分重要的基础课，其本身就肩负着既为学生学习后续课程提供数学基础，又为学生分析和解决专业中的实际问题提供数学手段的重要使命。新世纪电脑技术的迅速发展，各门学科的数量化趋势更促进了数学与其他学科之间的紧密结合，为数学在专业上的应用研究开辟了广阔的前景。高等数学教师应该广泛涉猎各专业的主要专业课程，尤其对其中与数学密切相关的内容要有较深刻的了解。必要时，数学教师可与专业教师紧密配合，对专业上提出来的数学问题共同进行研究与探讨，通过对其中某些数量关系的分析，建立教学模式，为解决专业难题提供数学依据。这样不仅培养了高等数学教师的科学研究能力，又可用以丰富教学内容，使教学能力得到相应的提高。

3. 学习教育理论，增强课堂教学能力

在教育科学的众多分支中，教育学是教育理论的主要内容，因而也是高等数学教师的必修课。教育学研究教育现象，揭示教育规律，为数学教师探求数学教学规律，确定教学目标与教育方法等提供理论依据。加里宁说，一个教师“具有知识还不能说就够了，这只是说掌握了材料，不待说，材料是很好的。但是还要求有极大的技巧来合理地利用这些材料，以便把知识传授给别人”。这些技巧不只是简单的教学程序和方法，而是包含着严肃而丰富的教育理论与教育规律的运用。通过教育学的学习，教师可以比较系统地了解教育的目的、教育的原则、教学的过程、教学的方法等一系列重要教育理论与教育实践问题，从而能够自觉地运用教育规律，根据教学内容、学生实际，选择切实而有效的教学途径和手段，以达到教学的最佳效果。

教育心理学尤其是高等教育心理学，同样是教育科学的重要组成部分，因而也是高等数学教师的必备知识。高等教育心理学主要研究大学生掌握知识和技能、发展智力和能力、形成道德品质、培养自我意识、协调人际关系的心理规律，揭示学生的学习活动和心理发展与教育条件和教育情境的依存关系，从而使数学教学建立在心理学的基础之上。事实上，高等数学教师要组织好数学课堂教学，离不开对学生心理活动的了解，懂得学生的个性差异及其特点。只有这样，才能减少教学工作中的盲目性。例如，由于大学生随着生理与心理的成熟，已基本具备从事复杂、抽象的高级思维活动，对于新的数学概念的引入，教师不必从实例入手，除少数概念外。一般概念只要讲清其内涵与外延，学生大都可以接受。如果所有新概念的引入都从实例出发，势必影响教学进度，甚至引起学生的厌烦情绪，扼杀学生抽象思维的主动性与积极性。

教育理论的内容十分丰富，除教育学与教育心理学外，还有教育社会学、教育经济学、教育统计学、教育人才学、教育哲学、教师心理学、学习心理学、学习学等门类繁多的各种不同分支。广泛涉猎其中有关知识，对高等数学教师探索教学规律，优化课堂教学能力具有十分重要的意义。此外，学习和研究名人名家有关教育思想、教育规律的精辟论述，前人积累的教学经验，还有高等教学法、数学哲学及脑科学等都是高等数学教师掌握认识规律、丰富课堂教学经验、提高课堂教学能力的重要措施。

4. 把握语言规律，提高语言表达能力

语言表达能力是高等数学教师重要的能力素质之一，是影响课堂教学效果的直接因素，必须引起足够的重视。数学课堂教学语言是一门学问，研究和掌握数学课堂教学语言的内在规律，苦练语言基本功，是高等数学教师提高语言表达能力的有效途径。

数学语言的内在规律，首先在于其严谨性。高等数学本身就是一门极为严谨的学科。教师讲课的口头语言与板书的文字语言都必须以科学原理为依据，绝不可信口开河，以致产生知识性的错误。如说“函数在其连续区间上必有最大值与最小值”就忽略了必须是闭区间的重要条件。其次是逻辑性与条理性，推理依据不足，讲述颠三倒四，都不符合严谨性的要求。再次要注意语言的准确性与完整性。对概念、定理、法则的阐述及对数学专门用语的表述一定要求准确规范，不可随意用意义含混的日常用语来代替数学语言，甚至发生语法上的错误。这样必然引起学生思维上的混乱。

数学语言的简洁性是数学教师语言表达能力的重要标志。说话啰嗦含混，板书冗长潦草是数学课堂语言之大忌。数学语言并不需要浮华艳丽的辞藻，更不需要漫无边际的旁征博引。它以科学、准确而简洁的特征给人以美感。以明晰的思路、铿锵的语调吸引学生。这就要求教师课前必须认真备课，钻研教材教法，区分难点重点。理顺讲述思路。有了充分的准备，加上平时良好的语言素养，才能使课堂讲授干净利落，有条不紊。

语言也是一门艺术，而且是一门综合性的艺术。在众多的语言艺术中，数学课堂教学语言尤其具有其独特的艺术性。这种独特的艺术性，在于数学科学本身就是一门至善至美的科学，数学的简洁美、和谐美、奇异美给人以强烈的艺术享受。所以高等数学的课堂语言应该生动形象，风趣幽默，切忌平铺直叙，单调刻板。教师对概念的表达，方法的描述，公式的推导，必须注意形象性、直观性与惊奇性，运用恰当的比喻、丰富的联想、新奇的质疑，辅以自然的表情、手势及优美的板书，便可对学生产生强烈的吸引力，收到良好的教学效果。这种语言的艺术性，来源于教师良好的专业素质及文学造诣、演讲口才乃至书法、绘画、音乐等多方面的修养。数学语言的艺术性还在于其丰富的情感色彩。一些人认为，数学语言只不过是一连串符号与公式的堆砌，单调而枯燥，其实这是一种偏见。数学的形成与发展，本身就是一部壮丽的史诗，数学的内容与人类的生产生活实践密切相关，数学的概念和公式定理具有一种特殊的美。教师在讲述到有关内容时，情至深处，必然会慷慨激昂，扣人心弦！

高等数学教师各方面的能力素质并不是孤立的，它们既互相区别又互相联系，互相促进。教师必须同时加强多方面的修养，从严治学，从严治教，苦练基本功，才能使之得到同步发展。实际上，任何一位教师在教学中都会既有成功，也有失败。只要认真分析原因，经常对自己的教学进行总结与反思，不断改进自己的教学，充分发挥教师在教学中的主导作用，就一定能使自己的能力素质得以提高。

（四）通识教育背景下高等数学教师在教学中的角色转换

通识教育的目的是培养健全的人以及自由社会中有健全人格的公民的一种现代大学教育理念，是指现代大学教育中非职业性和非专业性的教育，也就是作为大学生进行本专业学习前的“公共课程”。它具有感悟性、实践性、探讨性等特点，并且都围绕着让学生在这类“公共课程”中获得独立的学术思考能力以及对世界、人生的精神感悟等目标进行教育。数学是一种训练人思维的工具，是将自然、社会、运动现象法则化、简约化的工具，人们运用它来建立数学模型，用来解决实际问题。通过数学的学习，可以使人的思维更具有逻辑性和抽象概括性，更精练简洁，更能创造性地解决问题。

正确理解通识教育的含义与价值目标，有助于通识教育改革在科学思想的指导下顺利开展。通识教育是为更高级的专业教育服务的，通识教育不是“通才教育”，也不必然排斥专业教育，且通识教育最终必然走向专业教育。高等数学作为高校通识教育的核心课程，其目的是使学生学会数学知识并能灵活运用。教学的开放首先需要思想的开放，不同的教学思路和教学方法会产生不同的教学结果。为了更好地培养学生适应社会的能力，更有效地培养他们的创造性，我们需要更开放的数学教育。所以，高等数学教学在通识教育中绝不能开成普及性的知识讲座，而应当充分具备体验性与实践性。

1. 展示良好的个人素质，注重榜样教育的力量，冲破“光说不练”的俗套

21 世纪是高科技时代，科技的腾飞、社会的发展、知识的传播是离不开高素质人才的，而高校要培养高素质的人才必然要求有高素质的教师。目前，虽然在教学过程中使用了许多先进的教学手段，教学内容也更符合通识教育的要求，但教师在教育中的核心地位依然不可动摇。因此，高等数学教师在具备教师基本

素质的前提下，应着重加强以下几方面素质的培养，以便更好地培养学生。

（1）加强师德修养，教学中及时调整心态，展示良好的心理素质

教师在面对不同的教学对象时要因材施教，鼓励、尊重、热爱学生，在教学中要主动与学生交流，做学生的良师益友，让学生感受到教师对他的关爱，与学生的关系要做到有张有弛，让学生对教师产生敬畏感；教师要时时做到以身作则，教书育人，要用自己的人格魅力感染学生，让学生在轻松愉快的氛围中学习到数学的严谨、缜密，在潜移默化中教会学生做人的道理。

（2）善于学习，兼收并蓄，展示教师广博的专业理论知识

教师是学生全面发展的航标灯、引路人，教师专业理论素质的高低直接决定着学生素质的高低。目前，很多学生的数学基础普遍较差（尤其是文科、艺术、体育类专业的学生），但这并不意味着就降低了对高等数学教师学识水平的要求，相反，这对其学识水平和教学能力提出了更高的要求。他们应该具备宽厚、广博的知识，认真钻研教材，透彻理解教材，认真分析并准确把握学生的心理特征和知识水平，而且还需要采取恰当的方式、方法，正确引导学生学习，用最通俗简单的语言让学生听懂所学内容。除此之外，还必须熟悉本专业以外的知识，全面地掌握本专业以外的技能，了解相关学科（如音乐、体育、美术等艺体学科以及文学、历史、地理等学科）的一些知识。正所谓“只有资之深，才能取之左右而逢其源”，只有这样才能真正树立起“学高为师，德高为范，敬业自强”的教师形象。

（3）善于理论联系实际，展示符合时代要求的创新教育素质

长期以来，学生习惯于教师安排好了的一切学习或科研活动，很少思考自己可以干点什么，这是我国传统数学教学的一大弱点。因此，必须创新数学教学模式，加强理论与实际的联系。如教师可以在教学过程中，结合现实中存在的数学现象，让学生在自己挑选、构建的数学环境中进行摸索、探究，以培养他们的创新意识。同时，让他们体验到从事创造性学习的快乐与艰辛，使他们认识到知行合一的治学哲理，努力实现数学学科教育的功能。培养学生创新精神和实践能力是全面素质教育的重点，大力实施推进创新素质教育，培养学生的创新能力，是时代赋予教师的庄严使命，也是摆在每位教师面前的严峻课题。教师是学生效仿的榜样，教师的创新教育素质和能力高低会对学生创新能力的培养产生重要的影响。

2. 加强数学文化通识教育，注重人文精神的渗透，冲出“教书匠”的樊篱

高等数学在培养大学生的人文精神，提高大学生的思维素质、学习能力和应用能力等方面，都有着十分重要的、不可替代的作用。在强调素质教育的今天，教师应该把数学教学从单纯的计算技能训练中解放出来，更多地阐释数学的文化内涵，推行“数学文化”的教学。这不但能促使学生更好地学习数学，而且有利于拓宽学生的知识面，强化数学的综合教育功能。

高等数学不仅是传播传统数学知识、培养学生严密的逻辑思维能力和丰富的空间想象能力的基础课程，也是加强通识观念、传播数学文化和民族文化的素质教育平台。目前，通识教育课程的内容基本上来源于其他自然科学乃至人文科学的科普知识。另外，由于当前我国社会的经济主导型意识，我国很多高校的高等数学教学已经呈现出某种技术化和工具化的不良倾向，狭隘的实用主义、形式主义、工具主义已成为提高高等数学教学效用与通识教育质量的严重阻碍，诸如文科高等数学、财经类高等数学基础、高等数学（A，B，C，D）等教材孕育而生。这种实用的、工具性的功利化教育倾向，偏执地强调某一特定学科对高等数学知识的片面要求，根本没有意识到高等数学与其他各种文化结构的相互关系，当然也就完全忽视了高等数学作为高校的公共基础课程，其教学目的是培养学生对数学知识的综合应用能力和进行文化渗透传播。

在通识教育背景下，教师在传授传统数学知识的同时，必须重视数学文化的传播，有意识地培养学生的人文精神。数学文化是指在数学的起源、发展和应用过程中体现出来的对于人类社会具有重大影响的方面。它既包括数学的思想、精神、思维方式、方法、语言，也包括数学史、数学与各种文化的关系，以及人类认识和发展数学的过程中体现出来的探索精神、进取精神和创新精神等。数学家华罗庚曾经说过：“宇宙之大，粒子之微，火箭之速，化工之巧，地球之变，日用之繁，无处不用数学。”因此，数学文化必须要在数学课堂教学中得到体现，不断传递数学文化的思想、观念，使学生在学习数学过程中受到文化熏陶，并产生文化共鸣，体会数学的文化品位，进而体察社会文化与数学文化间的不同。

3. 强化培养目标研究，注重研讨性课程建设，倡导研究性学习，远离“教死书”的怪圈

当前，国内外很多高校都在提倡由“教师中心”向“学生中心”转变的研究性学习，即在教学过程中，以学生为中心，以能力培养为本位，以培养学生的自

主学习精神为导向。这种学习也是在课程教学过程中，由教师创设一种类似科学研究的情境和途径，教师指导学生通过类似科学研究的方式主动获取知识、应用知识并解决问题，从而完成相关的课程学习。在提倡通识教育的今天，在高等数学教学中，如果教师依然采用传统意义上的“灌输式教学”“接受式教学”，显然已经不能适应当前社会的发展，这些教学方式也在逐渐被淘汰。因此，高等数学的教学必须创新教学方式，倡导研究性学习。研究性学习不是强迫性学习，它自始至终离不开学生的自我建构。研究性学习的运行与它对学生的影响是一个渐进的过程。这就要求我们高等数学教师必须以培养学生的研究性学习能力为主旨，首先既要面向全体学生，又要关注个体差异；其次，要强调学生之间的合作关系，不但要培养学生独立研究的素养，而且还要培养学生合作、交流的能力，以激发学生的学习兴趣、促进思维发展、拓展知识面为教学目的，以启发、阅读与交流为主要教学方式。在此过程中，把学习的主动权交给学生，让学生自主学习，主动、积极地获取知识，使他们在轻松、愉快的环境中有所收获、有所成就，得到全面、和谐的发展。在高等数学教学中，教师要积极鼓励学生学会用数学进行交流，大力倡导合作、交流的课堂气氛，帮助学生认识数学中蕴藏的思想，领会数学思考的理性精神，学会数学的逻辑推理，提高解决数学问题的能力。利用创新学习，激发学生的学习潜能，大胆鼓励学生创新与实践，积极开发、利用各种教学资源，为学生提供丰富多彩的学习素材。同时，还要强调学习的过程。我们应该把学习作为一种研讨、探究的活动，而不是为了得出某种预先设计好的标准答案，在高等数学教学中，鼓励学生一题多解，即用不同的思路、不同的处理方法解决问题，就是培养学生创新能力的具体体现。

要提高教学质量，把千差万别的学生培养成国家需要的各种人才，需要教师有较强的创新能力。要想提高学生综合素质中必不可少的数学素养，高等数学的教师必须要有创新能力。如果没有包括高等数学教师在内的高校教师队伍整体素质的提高做保障，富民强国的愿望将成为无源之水、无本之木。

在科学技术飞速发展的21世纪，社会的发展归根结底是人的总体发展。在通识教育大背景下，在高等数学的教学中，教师应该注重培养学生的科学素养与人文精神，充分发挥学生在教学中的主体意识和教师的主导作用，为高校培养更多的、适应社会经济发展要求的各级各类人才做出应有的贡献。

二、高等数学教学的主体——学生

（一）高等数学教学如何发挥学生的主体性

1. 注重学生的主体地位，激发学生的学习兴趣

从以往的教学经验来看，在高等数学的教学过程中，很多学生对高等数学学习缺乏浓厚的兴趣。通过找学生沟通了解，大多数学生认为自己已经具备了一定的数学基础，但由于受应试教育等客观或主观因素的影响，学生自我学习的能力不够强、没有树立自我主动学习的良好观念和意识，所以在进入大学后对数学学习缺乏明确的目标，往往导致学习兴趣与学习热情也相对较低。如何提高学生对数学学习的兴趣呢？这也就要求我们的数学教师要做好数学教学课堂上的引导、规划，以及课前的准备、设计工作。结合情境化、生活化的教学，这样有助于学生更好地理解知识点和学习素材，也有助于培养学生在高等数学学习上的兴趣和精神。例如，在高等数学关于“曲面的面积”的教学环节中，生活中的曲面可以说是非常之多，所以数学教师可以打破教材的限制，将知识点和生活情境相结合，多选择一些趣味化的生活教学情境，让学生针对生活中具体情况与“曲面面积”相关的数学问题进行共同的讨论和计算，这样就能够拉近学生与数学知识之间的心理距离，在激发学生学习兴趣的同时，开阔学生的数学学习视野，让学生更加直观地体验数学学习的价值和乐趣，这对学生数学学习兴趣和探究精神的培养大有裨益。

2. 注重学生的思维培养、优化组合教学

数学是一门具有高度概括性、抽象性和严密的逻辑性的学科。所以数学教师必须采用“授之以渔，非授之以鱼”的教学方法，让学生掌握数学解题、思考的方法。只有掌握了数学的思维方法才能对症下药。

3. 优化教学方法，注重学生的主体参与

在提高教学效率的同时，我们要注重发挥学生的主观能动性，受到学生喜欢的教学方法一定是好方法，单一的教学方法是枯燥的、乏味的，很难提高学生学习高数的兴趣，现在的高数往往是在大一开设，而大一时学生对教师的依赖程度相对较高。为了摆脱这种困境，教师可以采取以下方法。

（1）讲授法和启示法、讨论法相结合

这三种方法的结合主要是提高学生的课堂参与度，发挥学生的主体作用，为学生的积极参与提供条件和平台，设立情境教学的模式，鼓励学生去思考、去探索、去发现、去解决问题。也是营造活泼的课堂气氛的一种需要。

（2）采用多媒体教学

多媒体课件可以利用与画图、演示几何图形的构成，使教学课题更加生动、直观，便于理解，从而加深学生的理解。便于知识的掌握和运用，另一方面加强在课堂上的参与。但是不可过分依赖多媒体课件教学，这样容易引起视觉疲劳，不利于教师和学生，学生和学生之间的互动。

（3）尊重学生的差异，做到因材施教

在大学教学的环境中，我们的学生来自五湖四海，学生的数学基础千差万别，所以要求我们的教师在教学的过程中注意要有针对性，做到“因材施教”，提高整体的高数水平。在高校数学课堂教学中，数学教师要充分顾及学生在数学学习中的差异，要立足于学生的数学基础和学习能力，充分满足不同学生的学习需求，让每个学生在数学课堂上都能够学有所获。

总而言之，提升学生高数课堂中的主体地位，我们应该让我们的学生对高数学习有兴趣，提升他的信心才是根本的解决之道。

（二）高等数学教学中怎样培养学生的学习兴趣

1. 结合教学实践培养学生高等数学学习兴趣

学生在高等数学教学参与中的表现是多种多样的，聊天、玩游戏、看小说等等，可以说很多学生在高数课堂上都是“度时如年”。在教学中与其约束学生不如想办法提高他们的学习兴趣，使其主动地投入到学习当中。例如，利用丰富有趣的导入提高学生的学习兴趣，如“全微分”学习中，对于全微分的认识初学者的理解是五花八门的，在全微分概念学习中，通过一些不太准确的认知进行教学导入，让学生发现破绽，解决问题，然后用数学的语言组织自己对全微分的认识，从而得出全微分的概念。这样的学习过程有趣、深刻，能够激发学生的学习兴趣，提高学生学习效果。又如，通过数学家的故事激励学生探索数学的奥秘，引导其对高等数学知识产生兴趣。例如，高斯是个数学天才，他的故事很多，结合教学内容引入高斯的故事，以榜样的力量引导学生自觉地学习数学。再如，由简单问题入手，让学生先克服对高等数学学习的恐惧，从而对新知识产生兴趣。例如，“空间直线及其方程”教学中，先利用在一个平面中方程的书写引出线与面的夹角，让学生思考直线与面的夹角问题，进而引申知识，让学生对空间直线有新的认识，能够不断地拓展思维，形成空间的数形结合意识，提高学生的学习效率。

2. 科学应用多媒体培养学生高等数学学习兴趣

多媒体的应用在高校教学中非常普遍，高等数学教学中科学应用多媒体是指要正确的认识多媒体在教学中的“工具地位”，不过分依赖，也不能盲目排斥，应用多媒体做好课堂内外的教学工作，同时应用多媒体搭建师生交流的平台，通过信息互交提高学生对数学学习的兴趣。例如，“多元函数的微分学”教学中，应用多媒体制作教学课件，通过网络发送到学生的邮箱或其他师生交流平台，学生在课堂教学前对于要预习的知识、要整理的资料等有清晰的、明确的认知，这样学生就会主动地去完成一些教学任务，学生在课堂上的表现才能更出色。又如，“空间直线及其方程”的教学中，利用多媒体展示直线在空间的存在，这样更直观，学生通过直观的三维显示能够迅速地构建意识中的线与面的立体影像，从而更容易接受和理解知识。再如，课后利用多媒体进行讨论，学生可在交流平台上发表自己对某节课的感想，也可提意见、也可将自己不太明白的地方与其他的学生教师分享，这样教师能够更全面地掌握学生的学习状态，及时地为学生答疑解惑，使学生对于数学的学习突破了时间、空间的约束，学生的数学学习兴趣更容易产生和积累。可见，多媒体在培养学生数学学习兴趣方面确实有着重要的地位，高等数学教学中应充分地认识多媒体教学的优势，有效地利用多媒体这一新兴的教学工具激发学生学习兴趣。

3. 活跃课堂气氛激发学生高等数学学习兴趣

数学教学向来严谨、中规中矩，因此，大多数时候数学课堂都是死气沉沉的，特别是一些刚加入数学教师队伍的教师，他们习惯了对数学知识的钻研和学习，因此，在教学中，也将自己的那一种钻研学习的精神带到了课堂上，在课堂上自我沉醉于知识的海洋，然而学生听不懂。例如，“多元函数的微分学”教学中，一些教师拓展教学内容，甚至讲到了微分几何等内容，教师越讲兴趣越高，学生越听越不明白。因此，在课堂上要时刻地观察学生的接受能力，让学生做教学的“主角”，让他们体会到数学学习的乐趣才是关键。在这章节的教学中，教师可以改变教学方法，通过分组讨论，针对“多元函数的微分学”的教学重点设置几个小标题，每一组围绕自己小组的标题进行讨论，然后小组评讲，再将这些知识联系起来，融会贯通，这样知识才能完全地被学生吸收，转变成为学生自己的知识。而且这种教学方法能够活跃课堂气氛，激发了学生探索、求知的欲望，学生能更好地参与教学，而不是跟着教师的思路“乱跑”，学到最后一塌糊涂。又如，通过数学学习小组的一些活动活跃课堂气氛，激发学生数学学习的欲望和能力，使其对高等数学学习有更浓厚的兴趣。

高等数学学习兴趣的培养不是一朝一夕的，而是一个长期激发、积累的过程，在任何时候，教师要对学生有信心，要不断地引导、鼓励学生学习数学，通过自信心、学习能力等方面的培养，使学生对高等数学产生兴趣，同时通过先进的教学手段、多元化的教学方法、丰富的教学形式、活跃的课堂气氛等，使学生的学习兴趣更浓厚，这样才能为学生的自主学习打好基础，高等数学教学才能在轻松愉悦的教学活动中获得更大的成绩。

（三）高等数学教学中学生资源的开发和利用

1. 在开拓教学设计的各个环节中充分利用学生既有的经验和知识

在课堂教学过程中。学生多方面的知识和能力处于潜藏或休眠状态，恰当的课堂导入会激活这些资源宝藏，出现意想不到的课堂氛围和教学契机。这就是“创设情景激活学生资源”，即教师可以通过在课堂中设计某种情境，促进学生积极参与。学生潜在的知识和能力得到教师机智的反馈，师生间其乐融融。教师可在课前设计一些已学过的知识点问题。为新知识的呈现做铺垫。然后循序渐进地导入新知识。

2. 充分利用学生智慧，注意观察发现学生资源

（1）充分利用学生智慧

多元智能理论让我们认识到学生的智力结构存在着个体差异，但并非智力高低不同。它提醒教师要在课堂教学过程中，尽力发掘学生个体的不同智能资源，并创造机会使其得到彰显。激励学生参与到课堂中，让学生主宰课堂，形成良好的学习气氛。

（2）重点观察发现学生资源

教学过程中，教师可以走下讲台，加入学生中间，较易发现大学生的学习情绪性或问题类资源及某些学生不显著的错误学习资源。当学生进行即时练习时，

教师作为“观察者”，走下讲台了解学生的学习情况。当遇到某一数学问题频繁出现。则反映这一资源的典型性。应根据实际情况确定由教师解决、学生互帮互助或分组讨论解决，当堂还是下节课解决。当发现精神倦怠的学生时，轻敲其桌面或轻碰其胳膊，让他重新投入学习中。这些“情绪性资源”是将教学过程引向深入的触发点。若发现遇到难题的学生，在其身旁作适当点拨，或在问题关键处指点一下。在观察的过程中应重点发现学生频繁出现的错误和问题。然后分析确定此类资源的利用时间、方法和价值等。

（3）关注学生生命发展，构建和谐师生关系，发掘学生的情感资源

充分发挥学生情感资源作用的前提是要构建师生之间和谐的关系。教师应将生命教育的理念与数学教学知识有机地结合起来。生命教育理念是以充分尊重学生作为一个生命体的存在为基础的。虽然不同学生的知识水平和能力有差异，他们来自不同的家庭，但他们应得到老师和其他人同等的尊重和信任。在大学这一阶段，教师必须借助理性认识揭示事物的本质，增强知识的逻辑性、说服力，由此使学生产生并发展情感。这对于丰富情感、升华情感尤为重要。因此，对大学阶段学生情感资源的开发，应该偏重与之共享智慧和思考的成果。

（4）搭建生生交流的多层平台，促进学生间资源交流和共享

学生之间知识和能力的交流是有形的。但学生间无形的资源交流更需要教师拥有一颗爱心去发现并加以利用。教师可以抓住许多契机。促进学生之间的积极认同，提高学生间交流的效果，提升合作精神。学生学习策略的形成，其实很大程度上正是学生间进行资源共享的结果。教师应开通多种交流渠道，搭建学生间相互交流和借鉴的桥梁。教师可以在学生中间进行数学学习策略及方法的调查。并进行交流。请毕业的校友交流是一种方法，请学习得法的同学介绍学习方法能鼓励学生共同进步。同时，可以将每个班级的学生分成若干个数学学习小组，每周安排一次课外活动课。通过适当地组织学生开展数学交流活动来营造良好的学习氛围和开发他们的资源。

目前，高等数学教学应着重开发利用学生资源与整个高等数学教学有机地结合起来。要想充分地挖掘学生资源，教师须在全面了解学生的基础上，如：知识基础、个性特征、技能特长等，与实际课堂教学设计相结合；领会教材的教育意义。即教材中所教授的内容对数学学科及其对大学生学习发展的促进作用。此外，教师还应做到心中有学生，眼中有资源，有足够的知识储备，这样才能在课堂上

运用自如，对学生的各类资源游刃有余地加以开发利用。

（四）高等数学教学中培养学生数学素质的探索

1. 还原数学知识产生的过程，注重数学思想方法的渗透

在我们现行的数学教材当中，教材的知识体系已经相当的成熟，甚至趋于“完美”。但是这类教材过于注重对数学结论的表达，却忽视了数学思维的培养。在实际的教学中，课程的主体内容往往是没有完善地引导、分析，就将结论直接地抛出。对于和生活比较接近的知识，学生还容易理解并进行相关的应用。而对于那些十分抽象的数学分析和数学结论，没有进行引导就直接给出结论，学生就会变得困惑。同时，学生在此教学模式的影响下总是不求甚解，丧失掉了数学研究的乐趣，甚至放弃数学学习。针对以上的问题，在实际的教学环节设计当中，应该积极地引导学生对问题进行探究，让大家明白数学知识的形成过程。让大家在探讨的过程中能够慢慢地发现问题中所蕴含的数学思想和对问题的具体解决办法。对于大家都有困惑的问题，教师可以着重进行仔细讲解。让大家在引导下发现解决问题的思路，而不是引用现成的数学原理。只有这样才可以激发大家对数学学习的热爱，为数学素质的培养奠定坚实的兴趣基础。最简单说，在讲授导数这一课时，我们就可以从物理的速度、加速度引入导数在实际问题中的具体应用，从而使抽象的函数定义变得简单明了，让大家知其然，知其所以然。而不是简简单单地告诉学生怎样求导，直接忽视了数学思维的培养。通过这样的课程设计改革将会使学生的数学素质得以提高，为学生今后的发展奠基。

2. 创设问题情境，注重发现问题能力和解决问题能力的培养

由于教学任务时间紧任务重，在各个高校的数学课当中往往采用老师讲授的方式进行教学。学生在平时的课堂学习当中一直处于被动接受的状态，容易丧失学习的兴趣。并且有些学生一旦一个问题没有得到解决学生就会将注意力集中起来解决眼前的问题，而忽视掉了后续内容的理解。这样的过程不断重复就会使问题积累，最终使学习者丧失信心。为了使上述的问题得到解决，在课程设计的环节中就应该深入地对教材进行探索，针对具体的问题设计讨论的环节，让老师和学生互动起来，在活跃的气氛当中解决问题。在这样的学习氛围之下，老师会更加容易了解学生学习过程中存在的问题。而学生的发现问题，分析解决问题的能力也会不断加强。在学习的过程中，问题就是新想法的出现，或者是知识储备缺

陷。老师在这样的学习模式下在发现问题之后应积极鼓励学生进行猜想，对学生的分析问题和解决问题的能力进行加强。最终达到促进学生数学素质提高的目的。

3. 开设数学实验公选课程，注重数学应用能力的培养

随着时代的进步，数学的学习也变得更加多元。在此形势之下，数学与计算机平台的结合产生了一门新的实验课程，即数学实验课程。它利用计算机平台计算速度快、计算能力强的优势将数学知识与实际的问题结合了起来，通过对实际问题的模型化，在计算机上将问题解决。让学生体会到了数学学习的意义及作用，激发了学习的积极性。

在我学习的大学中，学院开设了数学建模这样的选修课，为那些对数学有浓厚兴趣的同学提供了更加宽广的学习及展示平台。在这类实验课中，首先要学习的就是对数学软件 Matlab 熟练运用。这个数学软件具有强大的计算功能和图形函数处理能力，具体地来说就是它可以解决矩阵、微分、积分等问题并可以对复杂函数进行图形显示。因此，软件的学习就作为了实验课的基础内容之一。在能够熟练地使用软件进行编程的时候，我们就将课本中可以利用软件进行处理的知识录入到电脑当中进行简单的操作练习，最终通过不断地练习使大家能够运用数学软件解决实际问题或者是学术问题。这种将实际的问题的模型化处理，并用计算机软件得以解决的实验性课程将学生在课堂当中学到的知识进行了应用，不仅加深了学生对数学知识的了解和掌握，还在很大程度上促进了学生数学素养的提高和综合素质的发展。

4. 借助课程网络辅助教学平台，扩展数学素质培养和提高的空间

在目前的高等数学教学中仍然存在许多的问题，例如教学观念陈旧、教学理念落后以及与先进技术衔接不紧密等等的问题。这些都与社会的发展格格不入，所以我们必须将传统的教学理念和模式更新，充分利用网络技术和先进的教学手段进行大胆的改革和创新。借此来不断地加强学生数学素质的培养和教学质量的稳步提升。

在改革的过程中，我们要重视引入网络辅助教学，将大学的高等数学课堂进行完善。在课下，学校应在自己的校园网内建设网络论坛和网络课程，在课后也能为大家营造一个浓郁的数学学习环境。再者，还可以采用虚拟投票和网络问卷的形式征求大家对高数课堂改革的看法和建议，通过对基层看法的总结对自己工

作的不足进行弥补。最终，通过利用网络平台来实现学生数学素质的提高和综合能力的发展。

三、教师主导和学生主体作用的发挥

教学过程中教师和学生这两个主体之间的关系是各种关系中最基本的一种关系。教师的教是为了学生的学，学生的学又影响着教师的教，两者相互依存，缺一不可，他们之间既相矛盾又相统一，任何一方的活动都以对方为条件。在活动中教师是教育的主体，只有通过教师的组织，调节和指导学生才能迅速地把知识学到手，并使自身获得发展。学生则是学习的主体，教师对学生的指导和调节只有当学生本身积极参与学习活动时，才能起到应有的作用。教学过程中，教师对整个教学活动的领导和组织作用，被称为教师的主导作用。高等数学对于大学生来说是一门基础课程，同时由于教学任务重和教学时间相对较紧等问题，使得高等数学成为学生学习中较困难的一门课程，而在高等数学的教学过程中，教师多使用讲授法，学生的积极性和主动性没有得到充分地发挥，即是没有处理好教师的主导作用与学生的主动性之间的关系，使得教学效果和学生的学习效果不是很明显。在高等数学的教学过程中，要处理好二者之间的关系，才能达到好的教学效果和学习效果。

（一）教学过程中一定要坚持教师的主导作用

高等数学的教学过程中一定要坚持教师的主导作用，这主要是因为：首先，高等数学教学过程中，教师要根据教学计划和教学大纲，有目的有计划地向学生传授基础知识。教学任务的确定、教学内容的安排、教学方法和教学组织形式的选择以及学生学习主体作用发挥的程度都要由教师来决定。在教学过程中师生双方虽都必须发挥主观能动性，但两者所处的地位是不同的。因此决定了在教学中必须起主导作用。其次，教师课前准备充分，讲课重点突出，深入浅出，方法多样，语言形象，学生就易于学习，不断增长知识；教师注意启发和诱导，灵活运用教学方法，学生的智能，就易于发展；教师严格要求自己，重视教书育人，学生的思想感情，就会受到陶冶和感染，学生的意志与性格，就会得到有效的锻炼，因此，教师在教学中起主导作用是由学生的学习质量决定的。

（二）教学过程中要发挥学生的主体性

教师的教是为了学生的学，在教学过程中，必须充分调动学生的学习主动性、积极性。学生是有能动性的人，他们不只是教学的对象，而且是教学的主体。一般来说，学生的学习主动性、积极性愈大，求知欲、自信心、刻苦性、探索性和创造性愈大，学习效果愈好。学生的学习主动性的发挥得怎样，直接影响并最终决定着他个人的学习效果。调动学生的学习主动性是教师有效地进行教学的一个主要因素。所以，学生的学习主动性也是教学中不可忽视的重要方面。

（三）科学处理教与学的互动作用

1. 良好开端，教师精于准备

作为高等数学教师，上好一堂课需要良好的课堂驾驭能力。因此，教师要把教材内容吃透吸收、合理调整、转化为自己的东西，对于各知识点的易错点和解题技巧有全面了解，及时指出。例如，在讲解等价无穷小求极限时，对常用的等价无穷小进行归纳和总结，便于学生理解和记忆；在讲解中值定理时着重介绍辅助函数的构造，使学生学会构造的方法和技巧；在讲解洛必达法则时，着重介绍学生常见的错误，以引起学生的注意，在应用时避免出现同样的错误。

2. 精讲多练，讲练结合

高等数学是动手性极强的学科，教师必须采用讲练结合、精讲多练的方法。“精讲”即教师要在熟练教材的基础上，抓住教材重点，由浅入深，由表及里地在有限时间内，把课程内容讲清楚。在讲课过程中，对于每个新的知识点只用7 ~ 8分钟的时间进行讲解，然后用20分钟左右的时间对学生进行训练，通过要求学生到黑板演示，学生做题时进行巡视，发现和指出学生发生错误的地方，加以纠正，加深学生对该知识点的理解，使学生能够真正掌握该知识点，在函数求极限、导数和不定积分的教学中，采取这种教学方式时，学生的学习效果是非常明显的。

3. 培养学生学习兴趣，激发学生学习动力

兴趣是学习的源泉和原动力，学生一旦对某一学科产生兴趣，就会对这门学科的学习产生巨大的热情。高等数学作为学生的基础课是学生一入大学就要学习的课程，而对于打算取得更高学历的大学生来说，有很多人是准备考硕士研究生的，高等数学是研究生入学必考的一门课程，所以作为数学教师应该抓住学生的

这种心理，在讲课过程中穿插一些历年的考研真题，激励学生的兴趣，发挥学生的主体作用。在每次课结束前，给学生抄一些与本次课相关的考研真题，布置给学生，让学生自己去独立思考，单独完成。在下次课开始的时候，由学生自己对这些题进行讲解或介绍该题的解题思路，然后由教师进行归纳和总结，正确的地方加以肯定，同时指出不足之处，使学生真正感觉到学有所得。

4. 使学生归纳总结，学有所得

在每节课即将结束的时候，启发学生讲出本节课应该掌握什么知识点。这样使学生积极参与到教学活动中，学生体会到自己的主体地位。但这并不是说可以忽视教师的主导作用，学生漏讲或讲得不清楚的知识点，老师要进行补充，重点知识还要精讲，最后进行归纳总结，让教师充分承担着“传道、授业、解惑”的重任，在教的过程中发挥主导作用，进而激发学生在学的过程中的主体作用。在讲解求函数不定积分的分部积分法时，最后引导学生总结出“反对幂指三”的规则，能够加深学生的印象，使学生学有所得，学有所获。

总之，要搞好高等数学的教学，既要发挥教师的主导作用，这是学生简洁掌握知识的必要条件，也要发挥学生学习的主动性，使学生掌握知识主要靠学生个人的主动性和积极性。教师要以课堂教学为主渠道，以课外作为有利补充手段，同时运用科学方法，讲练结合，灵活多样地传授知识和技能，将知识内化到学生的心理结构中去，转化为学生个体的精神财富，真正做到重能力培养，使学生早日成为建设祖国的栋梁之材。

第二节　高等数学的教学目标改革策略

一、传授数学知识

传授给不同专业学生必需的数学知识是高校高等数学教学的基本目标和基本任务。教学中，要根据高校人才培养计划、学生学习状况和专业需要来确定教学内容，要根据行业、企业发展需要和完成职业岗位实际工作任务所需要的知识、能力要求选取教学内容，并为学生可持续发展奠定基础，要按照“必需、够用”

的原则把握好教学内容的广度、深度。

广度就是指与专业联系紧密的必要的数学知识范围。在选取教学内容时，要把学好专业必须具备的数学知识支撑点作为教学重点。深度就是指这些数学知识点的深浅程度足以满足专业课学习。确定教学内容时，要根据专业需求明确数学概念、定理和数学方法应掌握的程度。

（一）高等数学知识与中学数学知识的有效衔接

近年来，随着中学课程改革的不断加深，中学数学教材的内容不断调整，把有些原来在大学讲授的高等数学内容放到中学讲授，使得中学数学教材内容增加，而对某些学习高等数学所必需的基础知识点做了删减与调节。同时，由于高考的改革，各省的考试大纲不统一，以及文理科的区别，造成大学新生入学时数学基础知识和能力水平不统一。

而另外一方面，现行使用的高等数学教材虽然也在不停地改版，但都是在20世纪90年代初的教材基础上进行修改的，他们都比较注重于对某些重点、难点知识点及其应用的补充和调节，而普遍没有重视对一些重点、难点基础知识的补充。这两个方面造成了中学、大学教材改革各自为政的混乱局面，致使高等数学中有些知识前后断层，而有些教学内容又重复较多，这些给来自不同地域的大学新生学习高等数学带来了不同程度上的困难和不便，也让很多高等数学老师难以适从，阻碍了高等学校学科的发展。更有甚者，由于现阶段众多高校都在考虑转型发展，这就越发需要各高校重视理工科专业的发展，而高等数学是众多理工科专业的必修课程，高等数学学习的好坏，将直接影响到理工科学生的后续学业和理工类专业的长远发展。

关于高等数学与中学数学知识断层、重叠的问题，已有一些文献做了部分调查研究，在这些文献中，一些研究者从中学数学高考大纲、高等数学教法、高等数学教师自我发展、高等数学教材编写、高校与中学数学教法差异以及高校与中学的学生学习方法差异等角度做了探讨。针对这些断层、重叠现象，众多学者也先后以发表研究论文的形式提出了一些相应的解决措施，在政策上，提倡改革教学评价制度，在教学方法上，主张高等数学教师注意查漏补缺、分层次教学、多方面引导、多角度考核，在培养学生学习上，引导学生养成正确的学习方法和良好的心理素质，在增强学习自立性、自主性、探索性的过程中提高学生的自学能力。

基于上述背景，结合现有的中学数学教材，对若干高等数学的教材和部分刚入校的大一新生进行系统的调查，并且提出一些建议，以促进高等数学教学的效果。

我们可以从如下几个方面给出建议，以提高高等数学教学的效果，激发学生学习高等数学的积极性。（1）对于高校教学管理部门，应加强对于以上各种问题的认识，及时地了解中学数学教材和教学改革的情况，并与一些最新版的高等数学教材做对比，以便了解两类教材之间的知识衔接情况，同时，多开展对高等数学教学活动的指导和对教学效果的调查，督促高等数学教师及时调整教学大纲，把握知识讲解重点。（2）作为整个教与学的主导者，高等数学教师应该发挥其主要的作用，指导学生学习好高等数学。①在正式介绍高等数学的知识之前，可以考虑进行短期的学前知识培训，对上述各知识点进行查漏补缺；②及时地了解中学数学教材的内容，调查大一新生的数学方面各个知识点的掌握情况，结合不同专业学生的专业课程需求，制定教学方案，因材施教，因人施教；③介绍合适的参考资料，引导学生自主学习；④在施教的过程中，多帮助学生进行知识点梳理、归纳、总结，这一点对于刚刚脱离中学教学手段的学生来说，会更好地促进其学习效果。（3）对于学生管理工作者，应多加强学生引导与管理，促使其养成良好的学习习惯。（4）作为学习的主体，学生应该主动把握好自己的学习状况，制定合理的学习计划。①要树立正确的学习观念，不要因为一时的学习困难就产生气馁、厌学，甚至恐惧的情绪。②主动寻求多方面的教学资源。可以借助于图书馆、网络等资源，从多个角度学习高等数学。③加强高等数学各个知识点的练习。④寻找与自己专业课程的结合点，以从中发现高等数学的用途，发现高等数学的实际用途，找到学习高等数学的动力。

通过比较中学数学教材和若干高等数学教材，以及对一些大学新生的调查，我们比较系统地列出了上述两种教材之间的知识点的重叠和断层现象，并且从多个角度，有针对性地提出了一些建议，以促进高等学校中高等数学的教学效果，为理工科类学生更好地学习高等数学提供了一些指导意见。关于如何改进高等数学教学效果，将是我们进一步研究的目标。

（二）构建高等数学知识群的实践与思考

所谓高等数学知识群的构建，我们将其定义为：人们通过类比、对比或其他方式的联想，而将一系列数学知识、数学方法聚合在一起，并集中学习的做法。由此可见，高等数学知识群的构建是人们的心理活动对数学知识和数学方法内在的关联性的一个自然反应，是人们心理活动的结果。因此，高等数学知识群可能因人而异，它是开放的、发展的、不断完善的。在教学中可以依学情等因素由教师自主组合。

二、掌握数学技术

数学技术分为软技术和硬技术，软技术是指数学原理、数学思想、数学方法和数学模型，软技术提供的是论证方法和计算方法，它有助于人们分析信息，寻找方法，建立模型，进而解决问题，为社会创造价值；硬技术是指各种数表、计算器和数学软件，如图形计算器、几何画板等，硬技术提供的是数学应用工具，它有助于人们更好、更快、更便利地解决问题。

在高等数学教学中，要根据专业需要让学生掌握一定的数学技术。

一是注重数学思想和方法的教学，要根据教学内容及时总结提炼数学思想和方法的精髓，让学生明白这些思想和方法的作用，为学生今后从事专业工作储备必要的方法技术。

二是重视数学建模的教学，在每章节学习结束后，教师可选择一些与专业有关的问题进行建模示范，激发学生学习数学的热情，为学生以后解决专业问题建立数学模型奠定良好的基础。

三是注重使用数表、计算器和数学软件，把学生从繁杂的计算中解脱出来，让学生把更多时间用在猜想、实验、推理、建模、应用上。

四是注重数学实验教学，让学生借助计算机体会数学原理，发现数学规律，体验解决问题的过程。

三、培养数学能力

数学能力是保证数学活动顺利进行的个性心理特征。数学能力包括数学运算能力、逻辑思维能力和空间想象能力，合称为“数学三大能力”，这些能力是职业能力的重要组成部分。

数学运算能力是指根据一定的数学概念、法则和定理，由一些已知量得出确定结果的能力，运算能力是职业能力的核心能力之一。逻辑思维能力是指正确、合理思考的能力，即对事物进行观察、比较、分析、综合、抽象、概括、判断、推理的能力，这不仅是学好数学必须具备的能力，也是学好其他学科、处理日常生活问题所必需的能力。空间想象能力是指大脑通过观察得到的一种能思考物体形状、位置的能力，是对事物空间关系的感知能力，它是一种既有严密的逻辑性，又能高度概括和洞察事物的能力。

在高等数学教学中，要注重培养学生的数学能力。要对解题方法和解题技巧进行科学系统的训练，培养学生的数学运算能力。要通过观察与实验、分析与综合、一般与特殊等数学思维方法，培养学生的逻辑思维能力。要通过数学模型观察、几何图形变换、数学问题直观化等手段培养学生的空间想象能力。

四、强化数学素养

数学素养是指人们通过数学教育所获得的数学品质，它也是一种文化素养。南开大学顾沛教授说：“很多年的数学学习后，那些数学公式、定理、解题方法也许都会被忘记，但是形成的数学素养却终身受用。”数学素养就是把所学的数学知识都排出或忘掉后剩下的东西，即数学素养是一种数学习惯，是一种积久养成的具有数学悟性、数学意识和数学思维的处理问题方式。

一个具有良好数学素养的人在解决问题时，比他人具有更强的优势和能力。他们善于把问题概念化、抽象化、模式化，在讨论问题、观察问题、认识问题和解决问题过程中，善于抓住本质，理清关系，找出办法并推广应用。所以，在高等数学教学中，应注重强化学生的数学素养，这对提高学生职业能力和解决专业实际问题的能力大有益处。在教学中，一是注重数学文化的熏陶，结合数学史、数学家故事、数学美等内容，激发学生学习数学的兴趣，感悟数学文化的魅力。二是通过严格的训练，逐步领会数学的精神实质和思想方法，在潜移默化中积累优良的数学修养。三是结合专业知识开展多样化的数学活动，提高解决实际问题的能力，培养自己的数学意识和数学悟性。

第三节　高等数学的教学评价改革策略

一、总结性评价的运用

（一）总结性评价的特点

总结性评价的首要目的是给学生评定成绩，其次为学生作证明或对某个教学方案是否有效提供证据。

总结性评价有以下三个基本特点。

总结性评价的目的，是对学生在某个教程或某个重要教学部分取得的较大成果进行全面的确定，以便对学生成绩予以评定或为安置学生提供依据。

总结性评价着眼于学生对某门课程整个内容的掌握，注重于测量学生达到该课程教学目标的程度。因此，总结性评价进行的次数或频率不多，一般是一学期或一学年两到三次。期中、期末考查或考试以及毕业会考等均属此类。

总结性评价的概括性水平一般较高，考试或测验内容包括范围较广，每个题目都包括许多构成该课题的基本知识、技能和能力。

（二）总结性评价的用途

总结性评价可以发挥多种用途，某次总结性考试的结果也可用不同方式加以利用。如果教师在设计评价时已确定了一个或几个预期目的，那么，总结性考试结果的利用就可能会更令人满意。

总结性评价结果最常提到的用途有以下几个。

1. 评定学生的学习成绩

在学校工作中，总结性评价最常见的用途是评价学生的学习成绩。教师通过日常观察和几次总结性考试，对学生的进步幅度和达到教学目标的程度予以确定并打出分数、评出等级或写出评语。

总结性评价的等级成绩一般是几次总结性考试（考查）或作业得分的综合。在进行这类评价时，教师常常将几次得分综合起来并加权，从而得出学生在这段教程中的总成绩或平均成绩。

2. 预言学生在后继教程中成功的可能性

总结性评价的结果也常被用来预言学生在随后一门课程或一段教程的学习中是否可能取得成功。一般说来，在某门学科的总结性测评中成绩好的学生，大多数在其他学科或该学科的其他部分的学习中也会获得好的成绩。但学生的学习能力和学习结果不是恒定的，学生在各个学习阶段上的进步也不可能是匀速的。因此，教师在利用总结性考试结果预测学生的学习潜能时，务必要谨慎小心。

3. 确定学生在后继教程中的学习起点

在这一点上，总结性评价的用途与形成性评价和诊断性评价基本相同。某个阶段结束时的总结性评价结果，既可作为确定学生在下一个阶段的学习中从何起步的依据，也可以反映学生对下一阶段学习在认知、情感和技能方面的准备程度。

不过，要使总结性评价的结果成为确定学生在后继教程中的学习起点，有一点是至关重要的，这就是，总结性评价不能只用分数或单一的综合分表示，而应伴随比较详细、具体的评语，最好是编制一份关于该学生学习成绩的“明细规格表”，用内容、行为这两个维度来表明学生已经掌握了哪些知识和技能、具备了哪些能力或哪些进一步学习的先决条件。否则，单一的分数不可能给后继教程的教师提供有助于确定学生学习起点的有用信息。

4. 证明学生掌握知识、技能的程度和能力水平

总结性评价的结果也可用来证明学生是否已掌握了（至少在当时）某些必备的知识和技能并具备了某些特殊的能力。由于这类考试把重点集中在某些特定内容的行为表现及其特点上，因此，测试题必须认真挑选，评定也必须具体。此外，在这类评价中，人们往往假设了一个“最低分数线”来表示“最低能力水平”，如同司机驾驶执照考试一样，达到或超过这个水平，学生就能胜任进一步的学习任务。

总结性评价的结果用于证明必须非常谨慎。如果评价结果的效度和信度不高，就会使依据这种结果做出的决策有误，这对学生前途的消极影响是深远的，甚至是难以估量的——一位在某方面有发展前途的学生可能从此被埋没。因此，在把总结性评价用于证明时，教师需要掌握较高级的测试和评价技术，并且应在评价

专家的指导下进行。而且，即使有评价专家的指导，有时也未必能完全客观、准确。

5. 对学生的学习提供反馈

总结性评价大多数在阶段教学任务完成时或在期末进行。如果总结性考试（考查）测试的是学生在某一阶段的学习结果，或者是反映学生对各个单元学习任务的掌握程度，那么它可为学生提供其前一段学习情况的有关信息，起到的是反馈作用，使学生要么从中受到鼓励，要么从中纠正前段学习中的错误或改进自己的学习方法。即使是期末进行的总结性考试，如果考试编排巧妙、评分得当，学生仍然可以从评价结果中获得有用的信息，了解自己对这门课程的掌握程度、存在的问题和难点，并总结自己的成功之处。这些信息将有助于学生明确下一阶段或下一学期自己的努力方向并确立自己的学习目标。

要使总结性评价对学生的学习起积极的推动作用，关键的一点，是在综合评分中必须包括各个试题的分项得分，必要时还要给出评语和指导语。

（三）总结性评价在高等数学教学中的具体运用

1. 单元测试以及期中测试等形成性评价

若高等数学课程学期课时较长，则会安排期中闭卷考试，属于停课集中测试类型，而每个章节结束，由教师进行系统复习后，学生会要求完成单元测试 A，往往采用随堂测试的方式，对学有余力的学生会提供更有难度的 B 组测试题供课后复习回顾。该类测试不带有鉴定性色彩，采取较随机的方式，以不加重学生的学业负担为原则。这两类考试成绩占总分的 20%，阶段性的评价对平时学习散漫的学生无疑至关重要，能让他们对前一阶段的学习成果自查，并敲响警钟；对全体学生来说，高等数学的期中考试是踏入大学的第一次闭卷性正规测试，以便能让他们端正学习态度，适应大学学习生活，了解自身对基础知识、基本概念、解决问题的能力的掌握情况，查找出自身的问题和不足，及时弥补，趋利避害，即是形成性评价，又可称为“前瞻性”的评价。

2. 期末闭卷考试

对学生高数学习成果和教师教学效果的鉴定最传统的方式即为期末闭卷考试，一般占学期评定成绩的 40% 左右。我们对同一专业的学生，采取统一试题（分 A、B 卷），统一评卷，其目的是通过统一考核，分析各班的教学和学习情况。试卷一般是从比较完善的题库中抽取，今后将要完成题库计算机管理、组配试卷和部分客观题机器阅卷等方式，包括记忆、理解、简单运用、综合运用、逻辑演绎等方面，使总结性评价的时效性、客观性、科学性得到体现，也将尽可能减轻任课教师的工作负担。

对于不同教学模式的考核，试卷编制也不尽相同，尤其是分层教学模式和翻转教学模式此类新型模式的引入，使原本考查学生对高数基础知识的掌握、基本方法的运用，得到扩充。层次较低的目标一般用客观性试题进行测试，如选择填空题、是非题、计算题、问答题等，较高层次的目标一般在前面这些题的基础上会增加应用类型问题、分析题、证明题。翻转教学模式更适用于检测学生的自主学习能力，可添加一题多解类型，并加入些简单的 Matlab 数学软件知识题，以巩固学生对上机内容的了解。同时获得学生关于本课程的总结性评价。

二、形成性评价的运用

（一）形成性评价的特点

形成性评价是在教学进行过程之中，为引导该项教学前进或使教学更为完善而进行的对学生学习结果的确定。

总结性评价考试次数少、概括水平高，只给学生的学习结果以单一的综合评分且只对已完成的学习做出总结性确定，这样极易在学生中引起情感上的焦虑和抵触，因此，有人提出，在教学中，应当使用另一类评价，这类评价注重对学习过程的测试以及测试结果对学生和教师的反馈，并注重经常进行的检查。其目的主要是利用各种反馈改进学生的学习和教师的教学，使教学在不断的测评、反馈、修正或改进过程中趋于完善，从而达到教学的终极目标。这类评价就是“形成性评价”。

心理学的研究成果和教育实践经验表明，经常向教师和学生提供有关教学进程的信息，可以使他们了解在学习中易犯的错误和遇到的困难。如果学生和教师能有效地利用这些信息，按照需要采取适当的修正措施，就可以提高教学效率，就可以使教学成为一个“自我纠正系统”。

与总结性评价不同，形成性评价的主要目的不是给学生评定等级成绩或作证明，而是改进学生完成学习任务所必备的主客观条件。

与总结性评价不同，形成性评价的测试次数比较频繁，主要在一个单元、课题或新的概念和原理、新的技能的初步教学完成后进行。正是这一点才使形成性评价能及时为师生提供必要的反馈。

与总结性评价不同，形成性评价的概括水平不如前者那样高，每次测试的内容范围较小，主要是单元掌握情况和学习进步程度测试。这类评价旨在确定每一个学生在一个单元学习中已经掌握的内容以及为了顺利进行下一步学习还需掌握的内容，并帮助每一个学生再次学习那些尚未掌握的要点。

简言之，总结性评价侧重于确定已完成的教学效果，是“回顾式”的；形成性评价侧重于教学的改进和不断完善，是“前瞻式”的。

就形成性评价的设计与实施来看，最重要的是，“反馈一定得伴随各项改正程序”，以便使学生“为今后的学习任务做好充分准备”，这些改正程序包括：给学生提供内容相同但编写形式不同的教材和教学参考书；由几个学生互相讨论和复习有关的教材内容；教师对学生进行个别辅导以及由家长对子女进行辅导等等。

（二）形成性评价的用途

1. 改进学生的学习

形成性测试的结果可以表明学生在掌握教材中存在的缺陷和在学习过程中碰到的难点。当教师将批改过的试卷发给学生并由学生对照正确答案自我检查时，学生就能了解这些缺陷和难点，并根据教师的批语进行改正。有时，当教师发现某个或某些题目被全班大多数或一部分学生答错时，可以立即组织班级复习，重新讲解构成这些测试题基础的基本概念和原理；如有可能，教师应该用不同于先前的教学方式进行复习。当有些错误只存在于个别学生身上时，教师可提供符合其特点的纠正途径，或者制定自修教科书的相应内容，或者进行个别辅导，或者由两三名学生组成小组讨论。

2. 为学生的学习定步

用评价结果为学生的学习定步是形成性评价的另一个有效用途。某门学科的教学总是可以划分为若干个循序渐进、相互联系的学习单元，学生对前一个单元的掌握往往是学习下一个单元的基础。形成性评价可以用来确定学生对前面单元的掌握程度，并据此确定该生下一单元的学习任务与速度。如果形成性测试能有计划地进行，就可以使学生一步步地(一个单元接一个单元)掌握预定的教学内容。

3. 强化学生的学习

形成性评价的结果可以对已经完成或接近完成某一单元学习任务的学习起积极的强化作用。正面的肯定，一方面通过学生的情感反应加强了学生进一步学习的动机和积极性，另一方面也通过学生的认知反应加深了学生对正确答案（概念、法则、原理等）的认识，并在与错误答案的比较中澄清含糊的理解和不清晰的记忆。

要使形成性评价发挥这种强化作用，重要的一点是，形成性测试不要简单地打等第分数，而应通过适当的形式让学生较容易地知道他是否已掌握了该单元的学习内容。如已掌握或接近掌握，应明确指出；如没有掌握，应尽可能地使用肯定性和鼓励性的评语，并提出改进建议。在使用形成性测试时，切忌简单打分，因掌握程度较低的学生反复获得低成绩会使他们失去学习的兴趣。反复获得失败的体验，将使学生对自己学习某门课程的能力产生怀疑，甚至丧失干其他事情的自信心，无法以饱满的情绪投入学习。

4. 给教师提供反馈

形成性评价可以给教师提供有关其教学效果的必要反馈。通过对形成性测试结果的分析，教师可以了解：自己对教学目标的叙述是否明确？教材的组织和呈现是否有结构性？讲授是否清晰并引导了学生的思路？关键的概念、原理是否已经讲清、讲透？使用的教学手段是否恰当？等等。这些信息的获得将有助于教师重新设计和改进自己的教学内容、方法和形式。

要把形成性评价用于改进教学，教师首先应把测试引向提供信息，而不要把它作为简单的鼓励学生学习或终结性评价收集资料的手段。其次，教师应把形成性评价测试和对学生的日常观察结合起来，把从学生的课堂行为中获得经常性反馈与通过形成性测试获得的反馈结合起来，从而清楚地了解自己的教学。再次，教师应仔细地分析测试的结果，逐项鉴别学生对每道试题的回答情况。如果班上大多数或相当一部分学生对某个试题的回答有误，那就说明，很可能自己的教学在这个方面有问题，应及时予以调整。

（三）形成性评价在高等数学教学中的具体应用

1. 完善评价体系

学校应不断改进和完善教学评价体系，对学生的学习状况及学习成果做出合理的评价是十分重要的。例如，部分学校为促进学生积极参与课堂教学活动，学生的课程总成绩（100%）等于终结性评价（60%）加上形成性评价（30%）的方式。其中形成性评价中有课堂纪律、课后作业、课堂参与情况等，终结性评价则为学生期末的试卷考试成绩。

2. 提高对行为评价的重视度

高校学生出现上课迟到或早退、看手机、不听课、旷课等情况十分普遍，为了激励学生积极参与到课堂学习中，对学生在课堂上的行为以及学习习惯等进行评价，以一周一小结的方式，将学生的行为评价得分反映出来，在每个月的月初对上个月学生的总体行为评价或开学起至评价日的总体评价成绩在班级上公布。如此，将会对学生参与课堂学习起到激励作用。

3. 作业完成情况的评价

由于部分学生不爱完成课内外作业，或者在逼迫无赖之下，抄袭别人的作业，因此，采取对学生的作业完成情况进行评价。对课堂作业的评价包括学生的笔记情况，完成教师课堂布置的题目情况；课外作业的评价则包括对学生必须完成与选择完成的作业进行评价，促进学生积极完成作业巩固所学知识。在每次的课内与课外作业做出评价后，然后将评价结果及时反馈给学生，促进学生及时完成作业，并积极认真完成作业，从而提高学生的数学成绩。

4. 提高单元测试对学生的学习促进作用

高校的高等数学教学中，应积极提高单元测试的作用，在每完成一个单元的教学内容后，及时对学生的学习状况做出测试和评价，并了解学生知识掌握的不足，利用课后自习的时间指导学生补充知识，提高前后知识之间的连贯性。另外，应将单元测试成绩按一定的比例纳入学生的期末总成绩评价中，调动学生的学习积极性。

在大量的实践研究中均表明，形成性评价对高校高等数学的学习具有很大的促进作用，能有效调动学生的学习积极性，从而促进学生高等数学知识的学习。虽然高校的学生数学知识整体较差，学生也不太愿意学习数学知识，课堂上经常出现违纪情况，如果利用形成性评价对学生的课堂参与情况、单元知识完成情况、课堂作业完成情况、学习态度与行为等进行综合评价，将有利于促进学生学习积极性的提高，从而提高学生的高等数学学习成绩。

三、诊断性评价的运用

（一）诊断性评价的特点

医生要祛除患者的疾病，对症下药，就必须对患者进行仔细的诊断。教学工作也一样。教师要想制定适合每个学生的特点和需要的有效教学策略，必须了解学生，了解他们对所要学习内容的态度和水平，了解导致学生学习成功或失败的原因等。了解学生的手段之一，就是对学生进行诊断性测试。不过，教育中的“诊断”含义较广，它不限于查明、辨别和确认学生的不足和“病症”，它也包括对学生的优点和特殊才能的识别。教育诊断的目的，不是给学生贴标签，证明其在学业上“能”与“不能”，而是根据诊断结果设计一些依赖和发挥学生的长处，并补救或克服其短处的活动方式，即在了解学生的基础上“长善救失”，帮助学生在原有的基础上和困难的范围内获得最大进步。

对学生的诊断不仅可以单独设计和进行，而且可以利用总结性评价和形成性评价的结果来设计和进行。

（二）诊断性评价的用途

学年或教程开始之前的诊断性评价，主要用来确定学生的入学准备程度并对学生进行安置；教学进程中的诊断性评价，则主要用来确定妨碍学生学习的原因。

1. 确定学生的入学准备程度

学校和教师如果打算使每个学生都喜欢学校学习并积极参与教学活动，就必须通过诊断性测试和其他方式了解学生的入学准备程度。如果教师能辨别出学生在情感、认知风格、语言及技能方面的缺陷和特点，就可据此确定每个学生的教学起点并采取某些补救性措施，或给学生以情感方面的关心和支持。

入学准备程度的诊断一般包括对下列因素的确定：家庭背景、前一阶段教育中知识的储备和质量、注意的稳定性和广度、语言发展水平、认知风格、对本学科的态度、对学校学习生活的态度以及身体状况等。教师可以通过研究学生履历，分析学业成绩表，以及实施各种诊断性测试，就上述各个方面或几个方面进行诊断。心理学家和教育研究机构已为这方面的测试编制了许多类型不一的标准化测验，教师可以根据需要选用。

诊断出学生在入学准备程度中的缺陷或特点后，教师应当作详细记录并加以分类，以便选择帮助学生顺利学习并考虑到个别差异的教学策略。入学准备程度的诊断结果不应用来推迟对某些学生的教学，更不应简单地用来预定某些学生的发展可能性。

2. 决定对学生的适当安置

同一年级的学生肯定在知识储备、能力和能力倾向、学习风格、志向抱负及性格等方面互有差别。学生的这种多样性必然也要求教学条件和环境具有多样性；因此，了解学生在上述方面的差别和差别程度，为学生提供适合其特点的学习环境，或者说，根据学生的个别差异对学生划分层次，是教师组织教学活动的前提，也是使每个学生获得充分发展的必要条件。

适应学生的多样性并为学生提供多样化学习条件的准备程序之一，就是运用各种诊断性评价结果对学生进行合理的安置。传统的安置方法以年龄为标准，结果是教学不能很好地适合每个学生在能力、兴趣等方面的差异；按成绩分组似乎考虑到了学生之间的差异，但实际上，单一的总结性考试成绩往往掩盖了学生在知识、技能、能力及兴趣等方面的差别。因此，有许多人提出，不论是按年龄和成绩分组，还是按能力和兴趣分组，一个重要的前提条件，就是对学生进行诊断性测试并参考学生的学籍档案。

需要指出的是，根据诊断结果对学生进行安置并不能完全解决个别差异和因材施教问题，它只是使教学适应个别差异的一个基本前提，它只能把学生安置在水平大致相当的学生群体中。解决个别差异问题，促使每个学生都取得最佳学习进步的进一步措施，将是组织形式多样的教学活动，提供使学生可以根据自身特点加以选择的多样化的学习方式。

3. 辨识造成学生学习困难的原因

有些学生虽然已被作了适当安置，但在学习过程中往往效果很差，进步很慢，不能达到教师为其预定的学习目标。在这种情况下，教师必须借助各种手段（其中包括诊断性测验）设法查明学生不能从教学中获益的原因。如果教师估计学生的学习困难产生于教学，那就应通过各种考试（考查）予以确定，然后改进自己的教学。如果教师估计学生的学习困难不是产生于教学，那就应同其他教师一起，进行“教育会诊”，分析造成学生学习困难的原因。如果估计学生的学习困难是由非教育方面的原因造成，那就应由学校出面，请教有关教育方面的专家（如心理学家、医生等）进行进一步的诊治。

非教育方面的原因可能是学生的身体状况，也可能是学生的情绪状况，还有可能是学生所处的环境。身体方面的问题，如营养不良和疾病，可以造成学生学习能力的欠缺或低下；情绪方面的问题，如情绪不稳定、自信心降低、伴随青春期而来的紧张等，也可以使学生无法进行正常的学习活动；环境因素，如家庭经济条件差、父母婚姻关系不好、父母文化程度低、父母对子女的教育期望过高或过低，以及社区环境的消极影响等，都可直接或间接地影响学生的学习效率。

学校和教师如能通过诊断性评价辨识出造成学生学习困难的原因，就有可能设计“治疗”方案，采取有效措施，排除干扰学生学习的因素或尽可能降低其消极影响。

（三）诊断性评价在高等数学教学中的具体应用

以人才培养工作状态数据为基础进行教学诊断和改进工作的进行，为了能够切实提高数据收集分析的科学性和有效性，应强化周期性的、具有常态化的教学诊断和改进工作制度的建立，通过定期的、定时的周期数据的收集对数据进行汇总分析，根据数据分析所得的结果整体反馈到教学诊断和改进的工作中，通过即时性强的、数据有效的工作制度为基础，促进教学诊断和改进工作创新有效进行。

1. 实训报告评价

平时成绩的另一部分就是实训报告，一般占学期评定成绩的 10% 左右。在精品课程网站可以下载各阶段实训题，考查学生运用数学知识和软件解决实际问题的能力。同时也响应教育厅提出的“大班教学，小班讨论”相结合的教育改革新方式，通过选用与学生专业较为密切的应用性课题，要求学生以团队形式组织学习，与教师可在互动平台交流，完成后上传报告，评定成绩。这部分内容是高等数学项目制教学开展的重点尝试，同时也是学校明确提出的将职业核心能力（职业沟通、团队合作、解决问题、信息处理等）融入日常课堂教学的有益尝试。此种模式的教学旨在提高学生沟通交流、合作意识，端正其学习态度、全面的职业素养，激发其学习动机及主动探索与求实精神，学会收集信息、处理数据、分析数据等能力，从而达到学数学和用数学解决问题，是诊断性评价的主要内容之一。

2. 数学实验环节评价

由于高等数学课程采取理实结合的教学模式，故在日常教学中添加数学实验环节，一般每学期有 6 学时，一学年共 12 学时。重点在于教授 Matlab 软件在高等数学中的应用，进而研究在现实生活中、专业研究中的应用，该教学模式自试点运行到如今大面积铺开这五年时间，取得了一系列成果，在学业评价方面也占学期评定成绩的 10% 左右。高等数学教学中会有许多比较烦琐的计算（包括极限、导数、积分、极值、微分方程等部分运算），一些基本概念和理论的理解存在一定程度的难度,而这些通过数学软件的演示和计算能给学生直观印象并获得解答,使学生既了解了 Matlab 软件这个数学工具的用处，又培养了学生运用现代技术解决实际问题、数学问题的能力。这部分成绩的评定利用数学实验室的作业上交系统传给教师，每次练习完即能获得平时表现分，同时结合观察学生的当场学习效果和课堂学生演示情况诊断出发展性的即时性评价和表现性评价。通过该部分评价，保持了学生传统学习方式，会用纸笔推理演算的同时，也利用现代技术获得质的提升，用二维三维图形演示函数，获得感官认识，通过符号运算，获得一些函数极限、导数、积分等运算的解析解，利用程序语言能将实际问题、专业问题，通过建立的模型并借助软件获得较优的解决，达到了数学学习“学为所用”的最终目的。

四、多元性评价的运用

（一）多元化评价体系建立的意义

发展性教学评价思想是 80 年代来发展起来的一种以促进学生全面发展为主要宗旨的教学评价，它针对以分等奖惩为目的的终结性评价的弊端而提出来，主张面向未来，面向评价对象的发展。近年来我国教育也越来越重视过程性评价，建立多元化的评价体系是素质教育的必然要求，是因材施教发展和学生个性的需要。多元化评价体系在高等数学课程中的运用对提高教学质量具有重要意义。

（二）单一性评价体系的弊端

（1）传统评价体系经常是以考卷的形式，以终结性评价作为对学习效果的最后评价，从统计学的角度来说，一次考试的成绩作为最后的评价标准是不准确的，因为成绩会受到很多因素的影响，比如说题目的难度，题型分配，学生的心理和身体因素等。（2）传统评价体系缺少形成性评价，而忽视了学生在数学学习过程中表现出的情感态度，和一些无法用成绩进行量化的改变。（3）过程性评价重视学生在学习过程中的表现，但是片面侧重过程性评价又会受到很多主观因素的影响，特别是高等数学这样的理科课程，可能无法做到准确地评价学生的学习成果。

（三）多元化评价体系的优势

（1）多元化评价关注学生学习的结果，更关注他们学习的过程；关注学生数学学习的水平更关注他们在数学活动中所表现出来的情感与态度，帮助学生认识自我，建立信心。（2）课堂不但注重对学习结果的评价，还通过建立学生的学习档案，注重对学习过程的评价，真正做到定量评价和定性评价、形成性评价和总结性评价、对个人的评价和对小组的评价、自我评价和他人评价之间的良好结合。（3）评价的内容涉及问题的选择、独立学习过程中的表现、在小组学习中的表现、学习计划安排、时间安排、结果表达和成果展示等方面。对结果的评价强调学生的知识和技能的掌握程度，对过程的评价强调学生在实验记录、各种原始数据、活动记录表、调表、访谈表、学习体会、反思日记等的内容中的表现。（4）在过程性评价中，定期的正规评价如小测验、表现性评价和即时的评价如学生作业和课堂表现评价有机地结合起来，这两方面的评价对下阶段改进教学和学习是同样重要的。过程性评价不一定拘泥于形式，如硬性规定日常评价的时间间隔，字数，内容，形式等，只要教师对学生的观察和累积到一定程度，觉得“有感要发”，就可以对学生进行评价并记录下来。

（四）多元化评价体系在高等数学中的探索实践

1. 评价的标准多元化

在高等数学的课程评价中采用量化和泛化相结合，考试成绩和平时过程管理相结合的方式，可以客观准确地对学生的学习效果进行评价，也对那些学习态度认真但是效果可能差强人意的学生予以正面的激励。

2. 评价的方式多元化

在平时成绩的评价上侧重于过程管理的方式，采用小测验，章节小结，作业，读书报告，提问，小组竞赛等方式来进行评价，不将一次考试作为学生的最终成绩，而是采用不同层次，不同种类的考核全方位地了解学生的学习习惯和学习程度以及学习方式，进而关注学生整个学习过程中状态的变化予以评估。

3. 评价的内容多元化

在教学的过程中不再以单一的数学题目的解答作为唯一的考核评价的方式，要求学生在学习中完成课程导读，章节知识点的自我总结强化学生对于高等数学的框架式的知识，特别在小组学习中引入竞争机制，以小组为单位每位同学分配学习任务来进行小组之间的比较竞争。对于激发学生的学习兴趣和主动性有着明显的效果。

4. 评价导向的学习激励方式多元化

注重评价体系的导向作用，在学习过程中引入小组成绩，利用学生的集体荣誉感对学生施加学习压力，加强学生之间的团队合作的精神，引导学生自主学习和团队学习相结合。在学习评价中引入成绩一致度的概念，对于在整个学习过程中都能保持优异的学生予以奖励，对于在学习过程中有明显进步的学生予以奖励，对于在学习过程中有明显退步的学生予以惩罚。

第八章　高等数学教学改革与实践

第一节　高等数学的教学改革与发展

一、国际数学教学改革与发展

（一）20 世纪的数学教学改革运动

1. 培利的“实用数学”教育观与克莱因的“近代数学”教育观

大概一百年前，欧几里得的《几何原本》在英国仍然是一切教科书的蓝本，大数学家庞加莱曾经这样幽默地讽刺当时数学教育的失败：“教室里，先生对学生说：圆周是一定点到同一平面上等距离点的轨迹，学生们抄在笔记本上，但是没人明白圆周是什么。于是先生拿粉笔在黑板上画了一个圆圈，学生们恍然大悟，原来圆周就是圆圈啊！”庞加莱对这种数学教育的指责并非无中生有，反而到处都存在，直至现在也并未绝迹。

20 世纪初，英国工程师、皇家科学院教授培利顺应时势，在英国科学促进会做了题为“数学的教学”的长篇报告，猛烈抨击英国的教育制度，反对为培养一个数学家而毁灭数以百万人的数学精神。

培利旗帜鲜明地提出：数学教育要关心一般民众，取消欧几里得《几何原本》的统治地位，提倡“实验几何”，重视实际测量、近似计算，运用坐标纸画图，尽早接触微积分。他归纳学习数学的“理由”有：培养高尚的情操，唤起求知的喜悦；以数学为工具学习物理学；为了考试合格；给人们以运用自如的智力工具；使应用科学家认识到数学原理是科学的基础；认识独立思考的重要性，从权威的束缚下解放自己；提供有魅力的逻辑力量，防止单纯从抽象的立场去研究问题，培利嘲笑那些只关心第 3 条（为了考试合格）的教师说，这些数学教师尽管什么用处也没有，但他们却像受人顶礼膜拜的守护神。

培利的观点得到英国社会各界的广泛支持，英国教育部在培利的倡导下，把实用数学列入了考试纲目。在 20 世纪初，以培利演说为中心内容写成的书《数学教学的讨论》出版，在英国以培利为代表的数学教育改革运动便拉开了序幕。

之后，培利精神走出英国，影响更大，如美国芝加哥大学的莫尔不但拥护培利的观点，还指出了美国数学教育的缺点和改革方向，提出要搞统一的数学，注意数学和具体现象的联系，采用实验法等。

在培利改革运动的同时，德国数学家F.克莱因继续推动世界数学教育的改革。①着手对哥廷根大学的数学、物理学的教育制度、教育计划进行改革；②创建了“数学和自然科学教育促进协会”；③指出“应该运用教育学、心理学指导教学活动”；④由 F. 克莱因起草的《数学教学要目》在意大利的米兰公布，世称米兰大纲。

其要点是：教材的选择、排列，应适应于学生心理的自然发展。融合数学的各分科，密切数学与其他各学科的关系。

不过分强调形式训练，实用方面也应置为重点，以便充分发展学生对自然界和人类社会诸现象进行数学观察的能力。

为达到此目的，应将培养函数思想和空间观察能力作为数学教学的基础，以函数概念和直观几何为数学教学的核心。

不难看出，以培利、F. 克莱因为带头人的改革，基本精神是追求面向大众，强调“以儿童为中心”，“从经验中学”。重点是课程内容的改革，追求数学各科的有机统一，强调数学的实用性。这份米兰大纲，是一份向世界各国推荐的模范大纲，其指导思想一直贯穿于整个 20 世纪，至今仍然具有指导意义。

2.“新数学运动”

“新数学运动”是 20 世纪最为轰轰烈烈的一场数学教育改革运动。关于这场运动的是非功过，在其后的 30 年间，始终是人们研究的一个重要课题。从整体上看，虽然“新数学运动”以失败而告终，但它对数学课程至今仍产生着意义深刻的影响。

（1）数学本身的变革

布尔巴基学派的兴起使数学抽象化、公理化、结构化的程度越来越高。将古典几何排除在现代数学之外。在这种情况下，许多数学家都竭力主张彻底改革数学课程，用现代数学的思想方法和语言来重建传统的初等数学，并引进新的现代数学内容。

（2）课程观念上的转变

现代心理学领域中，以皮亚杰为首的结构主义学派，发现数学思维的结构与数学结构十分相似，这一研究对数学教育的改革产生了很大的影响。数学教育的专家们开始重视对数学的理解，将“如何教”作为研究的重点。他们感到，传统的数学课程存在着明显的不足：一是过分强调运算技巧，学习数学退化成为死记公式、模仿例题的工作，缺乏必要的数学理解；二是忽视数学的逻辑结构和系统性，人为地把数学课程分割成一些互不相通的部分。正是在这种课程思想指导下，人们开始考虑制定新的数学课程。

3.“回到基础”和“大众数学”

“新数学”运动之后，人们对数学教育改革进行了认真的总结与思考。20世纪70年代，提出了“回到基础”的口号。与轰轰烈烈的“新数学运动”相比，“回到基础”进行得几乎可以说悄无声息，既没有响亮的口号，更没有统一的纲领。20世纪80年代以来，数学教育领域空前活跃，数学课程理论研究不断深入，各国均以建立适应新世纪数学教育为目标，根据本国具体情况，提出了各种课程改革的方案与措施，涌现了许多对目前及未来数学课程改革有重大影响的新思想、新观念。可以从以下两方面进行概括。

（1）数学为大众

在“新数学”运动中，崇尚结构主义的数学课程是为少数精英设计的，致使多数学生学不好数学。人们逐渐认识到，数学应成为未来社会每一个公民应当具备的文化素养，学校应该为所有人提供学习数学的机会。在此背景下，德国数学家达米洛夫首次提出“Mathematics for All”（译为“数学为大众”或“大众数学”）。第五届国际数学教育会议上正式形成“大众数学”的提法。

大众数学意义下的数学教育体系所追求的教育目标就是让每个人都能够掌握有用的数学，其基本含义包括以下两方面。

①人人学有用的数学

没有用的数学，即使人人能够接受也不应进入课堂。所以，作为大众数学意义的数学教育，首要的是使学生学习那些既是未来社会所需要的，又是个体发展所必需的，既对学生走向社会适应未来生活有帮助，又对学生的智力训练有价值的数学。我们不可能让学生在校期间仅仅学习从属于哪一种价值（或需要）的知识，而必须设计出具有双重价值乃至多重价值的数学课程。

②人人掌握数学

有多种措施可以实现人人掌握数学，而“大众数学”意义下实现人人掌握数学的首要策略就是让学生在现实生活里学习数学、发展数学。这就需要删除那些与社会需要相脱节、与数学发展相背离、与实现有效的智力活动相冲突的，如枯燥的四则混合运算、繁难的算术应用题、复杂的多项式恒等变形以及纯公理体系的欧氏几何。另外，还需要突出思想方法，紧密联系生活的原则下增加估算、统计、抽样、数据分析、线性规划、图论、运筹以及空间与图形等知识，使学生在全面认识数学的同时，获得学好数学的自信。

（2）以问题解决为核心

20 世纪 80 年代，美国数学教师协会公布了一份名为《关于行动的议程》的文件，其中明确提出，必须把问题解决作为 20 世纪 80 年代数学教学的核心，同年 8 月，该协会又提出数学教育行动计划的建议，指出：①数学课程应当围绕问题解决来组织。②数学教师应当创造一个有利于问题解决的课堂环境。③在数学中问题解决的定义和语言应当发展和扩充。④对各年级都应提供问题解决的教材。⑤数学教学大纲应当通过各年级讲数学应用，从而提高学生解决问题的能力。

20 世纪 80 年代，英国数学教育的权威性文件 Cockcroft Report 响应了这一口号，明确提出数学教育的核心是培养解决数学问题的能力，强调数学只有被应用于各种情况才是有意义的，应将“问题解决”作为课程论的重要组成部分。这很快得到了世界各国数学教育界的普遍响应，并由此掀起了一股问题解决研究的热潮。日本《学习指导要领》新的修订本中，正式将“课题学习”的内容纳入其中，使“问题解决”的思想以法律的形式固定下来。“课题学习”就是以“问题解决”为特征的数学课，特别强调创造能力、探索能力、解决非常规问题能力的培养。如今，问题解决已成为世界性的数学教育口号。可以说，在数学教育历史上，还从来没有一个口号像“问题解决”那样得到如此众多的支持。我国数学问题解决有较长的历史，从九章算术问题的研究，到目前解题技能技巧的训练，都离不开数学题。传统的观念总把数学题与技能训练紧密联系在一起，把解数学题与应付考试紧密相连。但是，在世纪之交提出的“问题解决”，承担着数学教学核心的重担，其内涵已有了质的变化。

对于“问题解决”的含义可以从三方面加以解释。

①“问题解决”是数学教学的一个目的

重视问题解决的培养，发展学生解决问题的能力，最根本目的是通过解决问题的训练，让学生掌握在未来竞争激烈、发展迅速的信息社会中生活、生存的能力与本领。当问题解决被认为是一个目的时，它就独立于特殊的数学问题和具体的解题方法而成为整个数学教学追求的目标。当然，这必然会影响到数学课程的设计，并对教学实践有重要的指导作用。

②“问题解决”是数学活动过程

可以通过问题解决，让学生亲自参与发现的过程、探索的过程、创新的过程。在这个过程中，一个人必须综合使用他所有的知识、经验、技能技巧以及对新问题的理解，并把它运用到新的、不熟悉的、困难的情境中去。这一种解释的出发点是，我们不能只教给学生现成的数学知识，而应让学生体验把现实中的数量关系进行数学化的解决问题的过程，通过这一过程以掌握解决问题的策略与方法，掌握学习的方法，培养与发展收集、使用信息的能力。

③“问题解决”是项基本技能

这种解释与我们对问题解决的传统理解相统一，但它并非是单一的解题技能，而是一个综合技能。它涉及对问题的理解，求解的数学模型的设计，求解方法的寻求，以及对整个解题过程的反思与总结。

目前“问题解决”的理论研究正在深化，教学指导思想已逐步渗透到许多国家的教学实践之中。有一册名为《问题解决》的学生用书，该书包含数学探求、组织你的工作、数学模型、完成你的探究、数学论文、新的起点等方面的内容，目的是想告诉学生如何处理所遇到的数学问题。另外，中国式的“问题解决”也有大量问题正在引起关注。鉴于这样的国际背景，我国数学教育界也采取了相应的行动，编写了第一本并非以应付考试为目的的数学问题集，作为学生的辅导读物，对数学教学产生了一定的积极影响。

（二）国际数学教学改革的特点

纵观世界各国数学教育的改革与发展状况，通过不断地吸收经验和教训，我们对“数学教育现代化”的观念理解会更加全面。数学教育的现代化，是教学内容的现代化，也是数学思想、数学方法、手段的现代化，更是人的现代化。

可以通过以下几方面对国际数学教育改革发展的新特点进行概括。

1. 关于数学课程目标

（1）重视问题解决是各国课程标准的一个显著特点。

（2）增强实践环节是各国课程标准的共同特点。增加具有广泛应用性的数学内容，从学生的现实生活中发展数学。

（3）强调数学交流是各国课程发展的新趋势。数学交流是数学教育的重要内容之一。数学作为一种科学语言，为人们提供了一种有力的、简洁的、准确的交流信息的手段，也是人际交流和学术交流的一种工具。因此，学生不但要培养自身进行各种数学语言转化的能力，更要学会使用数学语言准确、简洁地表达自己的观点和思想。

（4）强调数学对发展人的一般能力的价值，淡化纯数学意义上的能力结构，重在可持续发展。

（5）着重数学应用和思想方法。大多数国家倾向于让学生通过解决实际问题，在掌握所要求的数学内容的同时，形成一些对培养人的素质有益处的基本的思想方法，如实验、猜测、模型化、合理推理、系统分析等。

（6）增强数学的感受和体验。让学生体验做数学题的成功乐趣，培养学生的自信心是数学教育的重要目标之一。

（7）加强计算机的应用，将计算机作为一项人人需要掌握的技术手段。

课程改革现代化发展的一个重要趋势就是，针对过去仅面向成绩好的学生而忽视满足不同程度学生需求的缺点，设计出弹性更大的数学课程，使学生能根据自己的程度、兴趣对未来职业有所选择。该意见由荷兰数学教育家汉斯·弗赖登塔尔在 20 世纪 80 年代提出。

2. 关于数学教学内容及处理

（1）数学教科书的素材应当来源于学生的现实。此处的现实可以是学生在自己的生活中能够看到的、听到的，或者感受到的；也可以是他们在数学或其他学科学习过程中能够思考或操作的、属于思维层面的现实。因此，学习素材应尽量来源于自然、社会与科学中的现象和问题，而其中应当具有一定的数学价值。

（2）注意教材中的数学活动材料的选取和知识的发生发展过程，注重教材对学生的探索、猜想等活动的引导和对学生数学能力的培养。

（3）注意教材应面对解决实际问题与日常生活问题，包括提出问题、设计任务、收集信息、选用数学，注意加强数学与其他学科领域的联系，注重在应用数学解决问题的过程中，使学生学习数学、理解数学。

（4）加强几何直观，特别是对四维空间的认识，降低传统欧氏几何的地位，用现代数学思想处理几何问题。

（5）注重新技术对数学课程的影响。从新技术带给数学的深刻变化，重新审视教学中应选取的数学内容。较早引入计算器、计算机，发挥现代信息技术手段在探索数学、解决问题中的作用。

（6）加强综合化和整体性，使学生尽早体会数学的全貌。注重现代数学思想方法的渗透。

（7）课程结构既适应“数学为大众”的潮流，又强调了“个别化学习”。

（8）内容设计更加弹性化。关注不同学生的数学学习需求，考虑到学生发展的差异和各地区发展的不平衡性，在内容的选择与编排上体现一定的弹性，有一些拓宽知识的选学内容，但不片面追求解题的难度、技巧和速度。

（9）注意呈现形式丰富多彩。教科书应根据不同年龄段学生的兴趣爱好和认知特征，采取适合于学生的多种表现形式。

（10）课程内容的安排一般是螺旋式上升的，或者也可以采取适于因材施教的“多轨制”，而不是“一步到位”，对重要的数学概念与思想方法的学习应逐级递进以符合学生的数学认知规律。

二、我国数学教学改革与发展

当前，世界各国特别是发达国家，都在抓紧制定面向新世纪的发展战略，争先抢占科技、产业和经济的制高点。我们的数学教育必须与国际数学接轨，形成新的数学教育思想和实践体系。根据社会对数学的不同需要，提供水平适当的数学教育，为社会提供各层次、各类型的工作者，以适应21世纪信息时代的需求。

中华人民共和国成立以来，通过不断的改革，我国的数学教育取得了长足的进步。经过长期的历史积淀，形成了具有自身特色的数学教育传统。勤于习题演练，重视系统训练，注意知识的梳理和结构掌握，并进行较多样的“变式训练”，通过“练题”来及时巩固和强化知识，“精讲多练”成为我们普遍的教学模式。我们的数学教育，长处是能使学生有扎实的双基，但也存在缺乏创造意识的不足。应该把培养人的分析问题、解决问题的能力作为教育的主旨。

我国社会安定、政治稳定、经济高速发展，教育改革也在深入进行。特别是近年来，我国的数学家、数学教育家以及广大的数学教育工作者对数学教育的改革给予了前所未有的关注。这期间，数学教学的改革显得特别活跃，主要表现在以下几个方面。

（一）教师的教学观发生转变

数学教师的教学观念的发展经历了由传统数学教学观念向现代数学教学观念的转变，例如，从注重学会转向注重会学，从注重教法转向注重学法，从注重选拔转向注重发展，从注重学生被动接受转向注重学生主动发现和数学探究，从单纯教师的方法转向师生合作的方法，从注重数学知识的量和“题海战术”转向注重数学观、数学知识价值和思想方法教学，从注重知识（如定理、公式、法则）的记忆转向注重思维的启发，从注重学习的结果转向注重学习的过程，从信息单向传递转向信息的多向交流，从封闭型的教学转向开放型的教学。这些新的教学观念，都正在影响并且指导着今天的数学教师的教学实践。

（二）改革教学模式和教学方法的实验

在我国多年来的教改中，教学方法的改革实验研究可以说是最为活跃最有成果的一个领域。为使数学教学克服传统教学方法的弊端，培养学生适应新时期新形势的要求，在教学中普遍注意了发挥学生的主体作用和教师的主导作用，重视知识的发生过程，注重开发智力和培养能力。因此，为实现教学目的而进行了教学方法的种种改革实验，总结出了各种形式的、行之有效的教学方法。

在数学教学改革实验中特殊教育方法占有重要地位，特别是在转化“数学后进生”问题方面十分突出。另外，各地的“分层教学法”“目标教学法”在数学教学中也取得了明显成效。

（三）围绕数学教学理论，开展了数学教育理论的研究、总结

首先，应该明确，必须以符合我国国情的数学教育理论研究成果为指导，才会使数学教学改革取得成功和进展。

其次，还要认识到，进入 20 世纪 80 年代以后，国际竞争日益激烈。为了进一步改革数学教学，适应我国社会主义现代化建设的需要，赶上世界先进水平，

我国数学教育工作者在“教育要面向现代化、面向世界、面向未来”的方针指引下，不但加强了国际上的学术交流活动，引进了国外多种流派的现代数学教育理论，更是在国内开展了大量的数学教学改革的问题研究，并取得了一定成果。可以从以下几方面对这些研究进行概括：（1）研究现代数学教育理论和我国的数学教学经验，建立具有中国特色的数学教育学体系。（2）在数学教学中，发展学生的智力和培养学生的能力的理论与实践。（3）开展数学课程的内容与体系改革的实验与研究。（4）研究和比较各种现代数学教学的理论和方法。（5）研究各种现代数学学习理论和数学教育心理学。（6）探索大面积提高数学教学质量的理论、方法、途径及有效措施。（7）研究计算器的使用、计算机辅助教学等问题。（8）研究数学教育评价和考试命题的科学化的问题。（9）研究数学现代化的问题。（10）研究数学教学的最优化问题。（11）研究问题解决与创造性学习的问题。（12）研究数学史、数学思想史的作用问题。（13）研究数学教育实验问题。（14）研究数学文化与民族数学的问题。

针对以上研究，可以从以下四个层面上开展研究工作：（1）数学科学，包括传统的初等数学研究、现代统一的结构观点研究、高观点的指导和解题方法的研究。（2）教育科学，即强调数学与教育科学的有机结合，包括数学教学论、数学学习论（数学教育心理学）、数学课程论、数学教育、测量学、数学教学实验的理论与实践。（3）数学思想与方法论，包括数学思想发展史、数学方法论、数学解题方法论、数学学习方法论等内容。（4）思维科学，包括数学教育中的思维和逻辑以及电子计算机与数学教育等内容。

自20世纪90年代以来，我国逐步加大了教育的战略地位，并力争建设适合中国国情的，更加科学、更加现代化的数学教育体系。中国数学教育有许多优点，如重视基础训练、善于培养数学竞赛尖子学生等好的一面。

长期以来，国内成功的数学教育经验，真正上升为理论的不多。国外的数学教育科研成就，真正能加以运用、吸收，与我国实际相结合的就更少。特别是对一些当前令人深感忧虑和困惑的问题应给予科学的回答，如怎样克服“题海战术”而加强对学生的数学思想方法的培养？怎样使数学教育的功能由“应试教育”转变为“素质教育”？怎样克服数学教育中过分追求演绎而加强学生的创造能力的培养？怎样增加课程的灵活性使之更适应不同民族、不同智力层次学生的需要？总之，想要在新的形势下进一步完善和发展我国数学教育体系，还需要从理论和实践上更好地解决。

第二节　高等数学素质教育的加强

一、素质与数学素质

素质是指个人在遗传因素基础上，经过培训、教育和参与各种社会活动而形成的生理素质、体能素质、心理素质、思维素质、政治素质、思想素质等特征的总和，是个体从事社会实践和专业活动所展示的知识、经验和行为的总和。也可以说，素质是由个体的生理解剖特征、现实身体特征、个性心理特征、思维结构特征和思想表现特征构成的一个整体。具体来说，素质有四方面内容。第一，素质显示于最稳定的人类品质，加上熟练的手、精致的器官、能产生人类智慧的大脑。第二，素质显示于较稳定的需要品质，如注意力、兴趣、情感与情操以及顽强的意志力等。第三，素质表现为更稳定的思维品质，如感官能力、观察能力、记忆力、创造力、形象思维和想象力思维能力等。第四，素质显示于稳定的思想品质，如世界观、生活态度、理想、信仰、价值观、道德观以及不同的习惯。这些基本素质是在教育和社会生活中逐渐形成的人格特质，是人类学习和工作的必要前提。

素质实际是去除一切外在的东西之后潜在于人的身心之中的品质因素。我们现在使用的“素质”一词已具有明确的引申意义。“素质”与“禀赋”的区别在于后者只强调先天条件的一面，素质则是可以在社会实践中逐渐成熟和发展的，并不是一成不变的。素质是人的内在知识和能力，主要包括思想道德素质、文化素质和职业素质。它指的是一个人的政治、思想、工作作风、道德品质、知识、能力等方面经过长期学习所达到的一定水平。它是人类相对稳定的特征，可以持续影响甚至在人们的不同行为中发挥关键作用。那么，数学素质是什么？数学界对数学素质有不同的看法。美国数学课程标准对数学素质的理解是：懂得数学价值，对自己的数学能力有信心，有解决数学问题的能力，掌握了数学思想方法。数学素质是一种稳定的心理状态，其主要包括数学知识、技能、能力、观念和品质的素养。具体来说，数学素质包括以下五个方面的内容：①数学基础知识、基本技能；②数学思想方法；③数学思维品质；④用数学的意识；⑤辩证唯物观。而由张奠宙教授领导的数学教育研究小组则提出数学素质包括四个层面：知识观念层面、创造能力层面、思维品质层面和科学语言层面。数学素质教育涉及提高学生的智力素质、个性素质和审美素质。在当今高度文明的社会中，物质世界和精神世界只能通过量化来完善，而数学正是这一高超智慧成就的结晶。提高学生的基本数学技能，即提高了学生适应社会、参与生产和进一步学习所必需的数学基础知识和基本技能；提高人的数学素质，是提高国民素质、丰富人才资源这一战略的重要组成部分。

也有人提出，数学素质的内涵表现在以下四个方面：①基本的数学知识和基本技能；②明确的数学思想和数学思维；③适当的数学方法和数学语言；④某些数学技能和数学学习习惯。无论从哪个方面理解，数学素质都是由数学意识或文化、数学技能和创新能力等基本要素组成的基本品质。数学素质是培养一个人的数学文化或数学意识，这是一个共识，但由于数学在工程技术上应用的辉煌成就，数学固有的工具品格变得越来越突出，以至于人们逐渐忘记了另一种更重要的文化素质的品格。大学数学教育中保持的数学素质包括理解、抽象、洞察力、经验和技术。数学是一门具有强大逻辑的科学，所谓理解力就是指逻辑思维能力和相应的转换能力及空间想象能力。

数学素质代表了从事数学学习和应用活动的人的“基础”和“坚持不懈的潜力”，它是先天遗传与后天数学文化成就相互作用的产物，是数学文化知识内化于主体身心的结晶。它基于自然遗传因素，在后天数学教育和环境的影响下，通过主体自身的理解和实践，使数学文化知识在主体身上发生内化，逐渐形成和发展起来的数学因素和品质。换句话说，数学素质是自然遗传与数学文化相互作用的产物，是数学文化知识内化于主体的结果。它是教育意义上的动态的、主体的概念，从教育教学目的角度分可以有以下不同的层次：一种是宏观目的，指长远目的与总目的；另一种是微观目的，指近期目的与具体目的。例如，对几何这门学科的学习，其宏观目的是使学生理解和掌握几何学的基础知识和体系结构，学会逻辑推理论证方法，培养学生的逻辑思维能力和空间想象能力，并能把有关知识应用于实践之中；微观目的则是具体到几何学里每一个局部的知识内容与微观数学能力的认识和培养。

按现在人们对素质的理解，它主要包括三个不同的层面：一是身体层面的素质；二是能力、科学精神与科学态度等的心理个性层面的素质；三是政治思想观、道德行为规范、文化科学知识与审美观念情绪等的社会文化层面的素质。这三个不同的层面及其各个要素在数学上的投影是数学素质的组成成分。从数学的意义和作用来看，数学不仅是科学也是技术，不仅是文化也是艺术，不仅是语言也是工具。数学应该包括数学问题、数学知识、数学思想、数学方法、数学计算、数学美等。从数学的产生与发展、数学的发现与创造、数学的学习与教学、数学的理解应用这个角度看，数学不仅是一种活动、一种思维模式，还是一种创造性的艺术，因而数学应该包括数学思维、空间想象、数学意识、科学精神等。

由于数学的潜在性和内隐性，我们很难直观感知一个人的数学素质的内容结构。但是，既然数学素质是一定的数学文化作用于个体身上发生内化的结果，那么由于个体的遗传生理基础、生理潜能、主观努力程度存在差异，个体面临的具体数学教育条件和环境诸方面也存在差异，导致个体在数学素质上必然存在着差异，并表现出不同的数学品质特征和数学素质面貌。数学素质是人的整体素质的核心和重要组成部分，代表了人类的特殊品质。这种素质的无形和潜在影响是其他素质无法比拟的。它提醒无形的灵魂，赋予真理生命，唤起思想，澄清智慧，点燃思想的火花。在复杂的事物和现象中，数学找到了共同点，探索了本质，实现了抽象化思维。这是人们理解世界的最基本思维方式，是选择、组织、应用和拓宽知识不可或缺的素质和能力。

我国著名学者、数学家严士健教授曾经强调说，“数学将成为21世纪每个合格社会成员的素质、知识、技能的重要组成部分”，即作为人的素质的一个重要方面。今天，随着科学技术的发展，大学数学已进入各个领域。许多社会和自然现象以及技术和工程问题都需要创建合适的数学模型，通过数学分析和计算进行定量分析和定性分析。大学数学已经成为学习各门现代科学技术必须掌握的通用语言，其中以数学思维为代表的清晰周密的思辨、推断能力更是做好任何工作都必不可少的素质。数学是一种文化，数学素质反映了现代高水平人才的文化素质。大学数学不仅是一种重要的工具和方法，也是一种思维方式，即数学思维。它不仅是学习其他课程的基础，也是所有大学教育的基础。大学数学的理论与方法广泛应用于解决实际问题，也是衡量高等教育成功的重要标志之一。

数学素质结构大致有三个基本维度，具体如下。

其一，数学情感意向性素质，即影响数学活动趋势和主体目标方向的素质，如对数学的兴趣、数学意识、数学审美情趣、数学价值观、理想、追求和需要等。它是主体数学活动倾向的心理组成部分，是主体学习、应用和创造数学的动机，是主体实现内化数学文化知识、形成和发展数学素质的首要的和基本的前提，是孕育主体数学素质的定向盘和动力源。

其二，数学智能素质，即主体获得数学知识、掌握数学技能和数学思维方法、发展数学技能以及将此三者整合的特质，还包括以数学审美学为特征的数学和人文素质。它决定了主体数学活动的质量和效率，体现了一个人数学素质的高低，是数学素质的中心，其中数学能力要素是数学智能素质中的重点。

其三，个性心理素质是指由先天因素、后天环境和数学文化教育的熏陶所形成的个体在数学学习与运用中的心理活动特征。个体心理素质与认知、情感、意志等密切关联，是在其他素质的造就过程中孕育形成的，反过来又影响着其他素质的选择方向和发展的可能性。良好的个性心理素质包括良好的学习习惯、态度、坚强的意志以及科学的世界观和方法论等。其中，科学的世界观和方法论是数学教育形成和发展的主观条件和基础。

上述三种素质相互联系、相互作用，处于一个统一体中，成为与数学素质整体结构不可分割的三个子系统，在主体的数学活动中发挥着各自的作用。其中，人格心理素质是整体结构中的基础结构系统，缺少它，其他素质的形成和发展就会失去支撑。数学智能素质反映了主体的数学素质水平，决定了主体数学活动的质量和效率，是整体结构中的智能结构系统，也是数学素质结构中的核心系统。数学情感意向性素质对主体数学素质的孕育起着确定方向和动力源的作用，是整体结构中的动力倾向结构系统。从教育心理学的角度来看，学生的学习过程不仅是一个认知过程，还是一个情感过程、意志过程。情感意向性素质可以指导、维持、调节和强化主体的数学活动，具有其他素质不可替代的功能。

二、素质教育与数学素质教育

目前，关于素质教育的讨论正在全面展开。20 世纪 80 年代后期，中国在以往教育改革的基础上，提出了素质教育。20 世纪 90 年代初，关于素质和素质教育的大讨论开始了，直至今日方兴未艾。素质教育是针对“应试教育”提出的，它的提出是社会高度重视人民素质的产物，也是教育自身发展的必然趋势。

（一）素质教育及其本质和特征

对素质教育的研究产生于20世纪80年代早期，于20世纪80年代后期明确提出。近年来，它被定义为“素质教育是为实现教育方针规定的目标，着眼于受教育者群体和社会发展的要求，以面向全体学生、全面提高学生的基本素质为根本目的，以注重开发受教育者的潜能，促进受教育者德、智、体诸方面生动活泼的发展为基本特征的教育”。因此，素质教育本质上是一种旨在提高全民族素质的教育。素质教育是一种更高层次、更深程度的教育。从某种意义上说，素质教育是全面发展的教育，是为实现人的全面发展而形成的一种新的教育理念。素质教育不是一种教育类别，而是一种教育思想。这些年来，我国素质教育思想的形成，经历了从注重知识传授和能力培养到注重人格健全和人的全面发展的过程。在这个过程中，对素质教育有过各种各样的意见和表达，但应该说素质教育是针对学生的身心特点，用符合教育规律和学生身心发展规律的办法，对学生进行塑造和引导的教育，是全面提高学生的思想品德、科学文化和身体、心理、技能素质，培养能力、发展个性的教育，是通过教育活动发展人的主体性、创造性，提高主体的认识能力和创新能力的教育。

素质教育以提高全民族素质为宗旨，以促使全体学生全面发展为目标，以培养学生的创新精神和实践能力为重点，把德育、智育、体育和美育有机结合，统一到教育活动的全过程及各个环节之中，促使每个学生的素质得以全面提高。它是一种动态的终身教育观和终身学习观。素质教育不仅关注受教育者的眼前情况，还关注受教育者一生的发展。素质教育不仅强调受教育者的全面和谐发展，还尊重受教育者的个性差异，强调因材施教，不仅注重知识的传授，还注重受教育者对知识的运用和创新，是一种民主、开放的教育观。

1. 素质教育的本质

素质教育本质上是旨在提高国民素质的教育。这是从教育哲学的角度对教育层面的素质教育概念的定义，它将素质教育与其他类型的教育区分开来了。例如，它明确区分了素质教育和应试教育。应试教育的目标是“为应试而教，为应试而学”，在这个目标下，即使可以客观地使一些学生达到一定的水平，但它只能是片面的，是以牺牲其他方面的发展为代价的。素质教育必须向面向所有学生，而应试教育则侧重少数升学有望的学生。素质教育为了提高人们的素质，所有有助于培养学生身心素质的学科和活动都受到了高度重视，强调整体发展潜力、心理素质培养和社会文化素养训练的整体教育。素质教育注重提高全体公民素质，通过连接和整合各级教育，促进每个公民的终身发展观，而应试教育目光短浅，过分注重学生的考试成绩，违反了教育规律。素质教育中的“应试”与应试教育中的“应试”有本质区别。应试教育以“应试”为目的，通过不断灌输、不断增加学生负担等手段来对待考试，而素质教育中的“应试”只是一种考验、一种反馈和锻炼，重在提高所有学生对待考试乃至生活中各种考验的能力，并培养所有学生的心理素质，这种能力和心理素质必定要以学生对知识的主动探索、深刻理解、融会贯通并能熟练运用为坚实基础。搞素质教育不是不参加考试，也不是害怕考试，在学生的整体素质提高后，考试对他们来说只是一项普通的书面作业罢了。

素质教育中“以人为本”的“人”是指每个活生生的人，生活在现实社会中的人，是人的完整的存在方式，是人的理性与非理性的统一，因而是具体的、活生生的、完整的人。素质教育充分肯定每个学生都有相同的受教育权，每个人都有机会去实现自己的人生价值，每个人都有成功的机会和自己的道路，因而尊重每个人的学习风格和做事方式。这样的以人为本已经内在地包含了社会的长远要求和根本利益。

2. 素质教育的特征

第一，素质教育具有主体性。素质教育的主体性体现在教育必须以人为本。也就是说，教育必须始终尊重、理解和信任每一位学生，因为学生是“素质”的承担者和体现者，学生是教育过程中的重要主体，素质教育必须注重弘扬人的主体性，提高学生的主体意识，培养学生的主动性，促进学生生动活泼地成长，帮助学生建立自信和充满活力的人生。事实证明，素质教育的主体性要求素质教育注重开发学生的智慧潜能，强调教师的任务不仅仅是传授知识，最重要的是教活知识，努力培养学生的认识能力、发现能力、学习能力、生活能力、发展能力和创造能力。

第二，素质教育具有全面性。素质教育的全面性有两个含义：一是教育对象的全面性；二是素质教育内容的全面性。教育对象的全面性教育不是针对某些学生，而是面向全体学生，平等地对待学生，这意味着素质教育是一种使每个人都能在自己原有的能力基础上获得发展的教育，能使每个学生在自己的天赋所允许的范围内得到充分发展。

第三，素质教育具有基础性。素质教育的基础性是指基本素质的教育。当今社会，素质教育的基础性就是要为学生打下做人、做事以及成才、成事的素质教育基础，从而以不变应万变。从这一意义上说，素质教育向学生提供的是基本素养，既不是为“升学”做准备，也不是为“就业”做准备，而是为学生的“人生”做准备。

第四，素质教育具有内在性。素质是学生主体内在的东西，素质教育的目的是尽一切可能将环境、教育等一切客体的外部东西内化为学生的内在品质，这有利于学生的发展。为什么学生中存在高分低能的现象？主要原因是“内化”问题没有得到很好的解决，所获得的知识并没有内化在自己的“素质”中。面对世界经济、政治发展带来的机遇和挑战，我国政府提出了科教兴国战略，培养高素质的人才就应当放在各级各类学校的首位，素质教育成为学校各项任务的重中之重。

第五，素质教育注重讲概念、讲为什么与讲应用。素质教育注重讲概念，即对结论、理论、定理、公式中的术语要讲清楚。概念是思维大厦的基础。没有明确的概念，学生就不可能有清晰的想法和正确的思考。长期让学生在似懂非懂的概念中想来想去，只会养成学生不求甚解的坏习惯。这不利于提高他们的学习能力和判断能力。素质教育与非素质教育的最大区别在于，前者强调“为什么要知道”，而后者只满足于“了解它”。注重讲“为什么”可以促进学生好思维、好问的习惯。这种习惯是知识之源和能力之源。抓住这个“源”，就抓住了素质教育的关键。素质教育注重讲应用，教了某项知识或某个公式、原理、原则之后，就要结合相关实例进行练习与应用，通过应用体验成功的喜悦，也说明素质得到了提高。

（二）数学素质教育及其内涵

随着人类社会文明的发展和需要，人们将数学视为所有科学的语言。数学是打开所有科学之门的关键，是思想的工具，是创造的艺术。数学逐渐被视为与自然科学和社会科学平行的科学。正如王梓坤先生在《今日数学及其应用》一文中所说：“数学的贡献在于对整个科学技术，尤其是高新技术水平的推进和提高，对科技人才的培养和滋润，对经济建设的繁荣，对全体人民科学思维的提高和对文化素养的哺育。”数学已成为现代社会的文化，数学观念影响着人们的生活和工作。

我们不妨来看看几位科学家对数学的认识。物理学家、诺贝尔奖获得者伦琴谈科学家需要的素养时说："第一是数学，第二是数学，第三还是数学。"计算机之父、美籍匈牙利科学家冯·诺伊曼认为："数学处于人类智能的中心领域。"我国明代科学家徐光启对数学的看法早有精辟之见："能令学理者祛其浮气，练其精心；学事者资其定法，发其巧思；故举世无一人不当学。"现代数学在社会发展与变革中发挥的作用已越来越大。自20世纪60年代起，诺贝尔经济学奖有相当大一部分由数学家获得。美国华尔街上从事金融及证券分析的人大部分是学数学的。两院院士、有"当代毕昇"之称的王选教授是北大数学系毕业的，他手下八大干将有五位是数学博士。以上这些事例说明数学学习造就高素质人才，对人一生的发展都有正面影响。

"数学素质教育"于20世纪末在宁波高等数学会议上被首次提出。本次会议的一项重大成果就是《数学素质教育设计（草案）》，它定义了数学素质，将数学素质分为数学意识、问题解决、逻辑推理和信息交流四部分。同时，认为数学素质教育是指尊重学生在数学教育教学中的主体性，发掘学生潜力，培养学生的各种数学能力，为其未来的发展提供坚实的数学基础。从教育的主要目标和相应的教学行为来看，大学数学教育的灵魂是数学素质。数学素质是人认识和处理数形规律、逻辑关系及抽象模式的悟性和潜能。数学素质教育则是通过系统的数学教学来启发学生的这种悟性，挖掘这种潜能，从而达到培养学生能力、开发学生智力的目的。

数学是探索现实世界中抽象的数量关系和空间形式的科学，是所有自然科学的基础。它为其他科学提供信息、观念和方法。几乎所有重大科学发现都依赖数学的发展和进步。数学也是所有重要科学技术发展的基础，计算机的发明就是最好的证明。数学还是人类文化的重要组成部分，它一直在教育方面具有特殊的地位；它是锻炼思维的体操，在提高人的逻辑推理能力、分析批判能力、空间想象力和创造力上具有其他学科所不能替代的作用。

数学素质教育应注重数学素质的培养，包括三个基本要素：思想道德素质教育、科学文化素质教育和生理心理素质教育。其中，科学文化素质教育进一步分为三个教育要素：数学基础知识、数学思想方法和数学能力。这几大教育要素相互联系、相互渗透、相互促进，形成了一个完整的统一体，共同促进数学素质的形成和发展。

1. 思想道德素质教育

数学素质教育应把学生的思想道德素质放在突出位置，培养学生良好的学习习惯，促进学生全面发展。思想品德是数学素质教育的重要组成部分。数学在人类文明中一直是一种重要的文化力量。它不仅在科学推理、科学研究和工程设计中必不可少，也决定了大多数哲学思想的内容和研究方法。随着社会的发展，数学对人类文化的影响由小变大，由弱变强，由少变多，由隐藏变开放，由自然科学过渡到社会科学。数学教育具有提高一个人品德的功能。品德对数学素质的形成具有积极的促进作用和有力的保障作用。

数学是人类社会实践的结晶，是无数劳动者创造的精神财富，学生在学习过程中要吸取科学家的献身精神，增强爱国主义和民族气节。有必要运用数学美、图形美、符号美、科学美和奇异美，培养学生的心灵美、行为美、语言美和科学美。要使学生在学习解题时，形成冷静、沉着、严谨的处世品格，形成创新意识。

2. 科学文化素质教育

数学素质教育应将文化素质与专业素质教育相结合，形成数学素质教育的核心。数学基础知识、数学思想方法和数学能力是数学素质教育的核心，也是课堂教学的中心内容。

（1）数学基础知识教育

以往的教育更多运用的是题海战术，往往会僵化学生的思维。素质教育应加强数学概念和数学命题的教学，注重概念形成的过程和定理、公式的推理过程，重视数学知识的形成、发展与问题解决的过程。教师力求讲精、讲透、讲活，使学生在掌握数学知识结构的过程中形成良好的数学认知结构，通过探索，学习新的知识和解决日常生活或其他学科中的问题。

（2）数学思想方法教育

首先，必须重视数学思想的教学。数学思想是数学的基本观点，是数学知识中最重要的组成部分，具有主导地位，是分析和解决问题的指导原则。我们要领会的数学思想包括化归、函数和方程、符号化、数式结合、集合与对应、分类与讨论思想等。其次，要加强数学基本方法的教学。数学思想方法是数学思想的具体化，也是解决问题的工具，如配方法、待定系数方法、分解和合成法等恒等变换方法，换元法、对数法、伸缩法等映射反演方法。最后，要加强数学思维方法和逻辑方法的教学。学生必须具备学习能力。这是一种思考和解决问题的方法。

包括数学思维方法、分析法、综合法、比较法、类比法、归纳法、演绎法等。在数学教学中，要培养学生的数学观念和数学思维品质。数学观念是指利用数学观点来理解和处理周围的事物，用数学思维方法来看待问题。思维品质是指思维的准确性、严谨性、灵活性和创造性。数学思维包括逻辑思维、形象思维、直觉思维、发散思维、逆向思维、批判性思维和创造性思维。数学思维品质对数学素质的发展和提高起着至关重要的作用，培养良好的思维品质是数学素质教育的基本任务，良好的数学素质将使学生终身受益。

（3）数学能力教育

在今天，公认的数学能力主要是计算能力、判断推理论证能力、抽象和概括能力、数学学习和可创造能力四项能力。根据现代科学的需要，各阶段学生必须具备学习和应用计算机等信息科学的技能。让学生学会学习是现代教育的主要目标之一，也是素质教育的主要任务之一，它是学生可持续发展的保证，也是发展和提高学生数学素质的重要因素。一些专家预测，未来的文盲不再只是一个不认识字的文盲，而更多是不会学习的人。数学能力是人类利用数学文化解决实际问题的实践能力和创新能力。它是一项综合技能，包括有关数学的基本技能、运算能力、逻辑思维能力、空间想象能力和应用能力。提高学生的数学能力是时代发展对数学教育提出的新要求，这也是大多数数学教育工作者的使命和责任。

3. 生理心理素质教育

一个人的心理素质是由他的心理活动所反映出来的，包括智力因素和非智力因素。

（1）智力素质教育

智力素质是心理素质教育的重要组成部分。在数学教育教学中，侧重培养学生的观察力、注意力、记忆力、思维力和想象力，其中，思维力的培养是重中之重。在中学数学教育的各个阶段，要把学生思维能力的发展放在一个重要位置，使学生逐渐形成良好的思维品质，从直觉思维、形象思维过渡到逻辑思维和辩证思维，学习思维策略的辩证运用。

（2）非智力素质教育

非智力素质对数学素质教育来说是不可或缺的。实践证明，导致学生两极分化的主要原因是非智力因素的发展存在差异。因此，数学教学中学生非智力素质的培养应从四方面入手：激发兴趣；激发动机；建立情感；增强意志。情感会对学习者成功与否产生直接影响，并对数学素质的其他方面具有制约作用。情感因素包括学习动机、学习态度、学习兴趣、自信心和意志等。数学情感还包括“数学精神”，数学情感还包括“数学精神”，即一个人对数学坚韧不拔的探求精神和对数学美的领悟、鉴赏能力等，是学习、研究数学的内在动力。

（三）数学素质教育与素质教育的关系

我国对数学教育极为重视，中考、高考必考的一门科目就是数学，且所占的比重较大。进入大学的学生，数学几乎都是必修课。近年来，特别是在大学，全国性的数学建模竞赛与大学生数学竞赛越来越受到人们的重视，如江苏省将原来每两年一次的高等数学竞赛改为每年一次。要强调每个人都学习有价值的数学，每个人都得到必要的数学，不同的人在数学上有不同的发展。从表面上看，数学素质与人的基本素质无关，但仔细一想，我们从小就学习数学，直到上大学，数学一直相伴左右，长达十多年的数学学习培养了我们的数学素质，也形成了相应的基本素质。数学素质可以影响人们的基本素质，数学思想中转化和演绎、概括和抽象、分析和综合、严谨和灵活、有限和无限等辩证思维方式有利于产生健康向上的心理素质，有利于正确理解和运用法律武器为社会和自身服务，有利于帮助人们形成正确的行为规范，从而提高政治思想觉悟，养成良好的道德水准。

数学素质教育是教育质量的核心和基础。要有良好的素质，就必须具备良好的数学素养，掌握扎实的数学基础，知识为终身可持续发展打下了良好的基础。数学基础包括两个方面：一是数学的基本概念、方法和原理，如数学中的定义、公式和法则等；二是数学中基本的数学语言、数学思想等，如过程、思考和个人感受等。对于大学生而言，因专业的不同，必备的数学基础知识是分层次的。大学生一般要学习高等数学、线性代数、概率论与数理统计这三门称为大基础的数学课程，其中理工科大学生根据专业不同可能要学运筹学、离散数学与模糊数学，理科的学生还得进一步学习数值分析与随机过程等。这些相关课程的学习，一方面是因为专业学习的需要，另一方面是因为这些课程的学习能为大学生的专业发展与个人发展打下良好的基础。

作为所有自然科学的基础，数学为人类提供了探索自然秘密的语言和工具。计算机的发明改变了数学的地位，计算机的广泛使用使数学不再仅仅通过其他科学应用于技术，而是直接应用于不同的技术中。钱学森曾经说过，“计算机和数学的结合是大脑产业。”比如，CT 技术、方正中文排版系统、指纹识别系统、石油地质勘探、地下核试验等，数学模拟计算取代了许多昂贵的实验。数学计算已经发展成为面向科学实验和理论推导的科学方法。数学是一个大有潜力的资源，越来越多地被使用，如金融数学、生物数学、计算材料、生物信息、信息安全和风险分析等。数学的价值及其发展使数学的科学地位日益提高，是否具备一定的数学素质在大学生的科学素质评价中占据重要的地位，决定着科学素质的高低。

数学教育重在提高学生的数学技能。数学教育是实现素质教育的重要途径。数学教育不仅要提高学生的数学素质，还要为其他学科学习提供必要的基础，为学生参与社会生产、生活和进一步学习打下坚实的基础，更要对学生进行思想道德教育，使学生形成良好的个性品质。教学方法是影响教学质量和确保素质教育实施的关键因素。因此，要改进教学方法和教学手段，规范教学方法的选择和使用。众所周知，人的素质与人类活动密不可分，能力只能通过反复练习才能形成，能力只能在相应的活动中发展，意志品质也只有在实践中才能得到磨炼，数学知识的获得既需要外显的实践操作活动，又需要内隐的数学思维活动。

数学使不同学科之间产生了共鸣。具备良好的数学素质，如思维的敏捷性、灵活性、思考问题的周全性、办事的果敢性等，对大学生进入社会自主创业起着重要的作用。理工科学生未来主要从事自然科学研究，而数学是自然科学的基础和工具，必须让理工科学生熟练掌握。理工科学生应掌握一定的数学基础知识，具备数学运算能力、逻辑推理能力和辩证思维，掌握数学技能和方法，并能将知识灵活地应用于相应的专业领域。

大学教育的专业性决定了素质教育应以培养学生的专业素质为特征。大学生当前的学习和未来工作与专业教育密切相关，并在专业活动中表现出来。高等教育的专业性和学生成长成才的特点决定了学生的素质教育应以培养学生的专业素质为特征。这种学科特质和专业倾向性最先表现为人的整体素质结构中与学生未来从事的职业密切相关的某一素质要素的强化。例如，美术专业的学生对事物的颜色敏感，音乐系的学生对声音的节奏敏感等。大学教育的专业性和学生身心发展的阶段性特征决定了学生素质教育应以创新素质的培养为核心。大学生通常是 17 岁以上的青年，他们的身心发展基本成熟，抽象思维能力的发展达到了一个新的水平，其思维具有深刻性、批判性。这为提高大学生的创新素质奠定了基础。

大学的数学课程主要包括高等数学、线性代数、概率论与数理统计，是中国普通高校学生的必修课。社会的发展趋势和人才市场的需求对高校数学教学提出了更高的要求。只有通过数学素质教育才能真正培养和提高学生的数学素质，才能培养出更多具有创新精神和实践能力的人才。大学数学教育的成败将直接影响21世纪所需人才的整体素质。可以说，数学素质在大学生综合素质中起着积极、富有成效的作用，在某些方面甚至起着决定性的作用，数学素质教育对今天的素质教育也有不可估量的促进作用，能使素质教育的发展速度更快、更全面，从而使受教育者得到全方位的发展。反之，素质教育的效果也会影响数学素质的教育，如身体、心理、人格的健全等素质的发展会影响到数学素质教育的效果，甚至使数学素质教育的效果严重打折，因此它们之间是相辅相成的关系，通过数学素质的教育可以促进素质教育的发展，最终培养符合当今科技高速发展所需的高素质人才。

未来的社会充满了挑战，现代化的快节奏和科技进步使社会有了勃勃生机，但也给人们带来了过多的负担。没有过硬的素质，就很难适应时代变化的需要。全面推进素质教育，努力培养创新人才，推进高质量的数学素质教育，是国家经济、社会发展的客观需要。高素质、全方位人才的培养已成为一个必然的时代趋势。

三、大学数学课堂对学生数学素养的培养

（一）大学数学课堂培养数学素养的原则

1. 发展性教育原则

数学教育不仅要注重学生掌握知识和技能，还要注重发展学生的潜能和个性。这种发展主要体现在以下几个方面：一是数学教育应走在学生发展的前面，即注重发展的整体性、全面性、和谐性和特长性；二是数学教育应相信每个学生的发展水平，这意味着每个学生都能感受到自己的发展，数学教育应该对学生的发展体验给予支持；三是数学教育应该为学生的发展营造良好的氛围，使每个学生都能够充分发展他们的才能。

在发展性原则的调控下，数学教育应该认识到学生个性的差异。这种差异体现在兴趣、能力、气质和个性上。数学教育应根据不同学生的不同特点，因材施教，使他们按照不同的途径和方式找到自己个性和才能发展的独特领域。另一方面，教师的个性是学生个性形成和发展的重要因素。教师的个性通过日常教育活

动影响学生，学生的个性总是或多或少地受到教师个性的影响，这就要求教师有丰富的感情、坚强的意志和高尚的品格。

2. 主体性教育原则

所谓教育的主体性是指学生是学习活动的承担，是学习的主体、认识的主体、发展的主体。作为学习活动的主体，必须自觉地、能动地参与学习活动的全过程，在学习活动中不仅能自由自觉地把握学习对象，而且也能自由自觉地把握自身，成为学习的主人。主体性教育原则主要表现出以三个特征。

（1）能动性

能动性是指学生在学习活动中表现出自觉、积极、主动的特征。在学习活动中主要表现在学习的迫切愿望、学习的强烈动机、学习的高度热情、积极和认真的学习态度。

（2）自主性

自主性是指学生在不依赖外部力量的情况下，自由控制自身所有的学习活动的意志和能力。在学习中主要表现为：通过教师指导、与同学交流，阅读书籍，掌握许多不同的学习方法，学生有权选择他们认为最合适的学习方法，并在学习中不断总结和改进自己的学习方法，形成符合自身特点的高效的学习方法体系。

（3）创造性

创造性是学生主体性表现的最高形式。在数学学习活动中，大多数学生的创造性主要表现为追求新的学习方法和思维方式，追求创造性的学习成果，能够摆脱教师和教材的束缚，超越现有的数学思想、观念、方法和结果，表现出求新、求异意识，批判意识和创新意识。

3. 开放性教育原则

提高人的素质是素质教育的出发点。数学教育应促进学生的全面发展，这就要求相应的宽阔的教育空间和多样化的教育渠道与之相适应，特别是针对本身所具有的抽象性特点，更要求数学教育应注重开放性。数学素质教育的开放性包含以下三个方面：第一，教育内容的开放性，即数学教育应建立学科课程、活动课程和潜在课程相结合的课程体系；第二，教育力量的开放性，即数学教育应建立学校教育、家庭教育和社会教育相结合的教育网络；第三，教育空间的开放性，即数学教育应建立课内课外、校内校外相结合的教育空间结构。

（二）大学数学课堂提高学生数学素养的有效途径

1. 重视教材改革

调整教材的内容是提高学生数学素养应解决的首要问题。事实上，中国的一些数学教材基本上是为考试目的而设计的，忽略了实际应用。数学只被视为继续学习的工具，思维、思考和判断的能力基本上是通过习题培养的，因此它成为解题能力的训练。许多例题和练习已经使用多年，没有任何改变，无法跟上社会发展的形势，因此教材改革至关重要。在调整教材内容时，应该注意以下原则：首先，它应该更贴近生活，提高学生的兴趣，帮助学生理解一般的社会知识和科学知识；其次，它应该有典型性，使学生能够形成科学解题的思想方法，学会举一反三；再次，它应该更科学，更受欢迎，更有趣。

2. 突出基本教学思想方法教学

在数学教学中，数学思想方法和数学知识是两个有机组成部分，掌握数学思想方法可以获得知识，而数学知识又包含数学思想方法，二者不可分割、缺一不可。正是由于这种辩证统一的关系，我们在强调知识的同时，要注重数学思想方法的教学。教学的每个方面，如概念解释、定理证明和例题解答，都包含大量的数学思想方法。教师要能够很好地挖掘，在教学中渗透必要的数学思想方法。

3. 加强数学运用能力教学

培养学生运用数学的能力是数学教学中的薄弱环节。提高学生运用数学的能力是提高其数学素养的关键。在教学中，教师应该注意以下两个方面。

（1）重视数学概念的演变过程教学

数学概念来源于实践，是对实际问题高度抽象的结果，能更准确地反映科学本质，具有普遍意义。但正是这种概括和抽象的结果，使数学学习和数学应用之间形成了一条难以逾越的鸿沟，致使学生们虽学了很多知识却不知如何运用。这就要求在数学概念教学中能体现从实践中来到实践中去的原则，使学生弄清数学概念的发生、发展过程，弄清概念在现实中原型是什么，以及演变后的一般意义又是什么，这样才能追求本源以不变应万变。

（2）开展模型教学及数学建模能力训练

用数学知识解决实际问题时，首先要建立一个实际问题的数学模型，然后用数学理论和方法找到其结果，再回到实际问题，解决问题，最后又能促进数学新思想和新理论的建立和发展。因此，数学建模是数学理论和实践之间协调和沟通的桥梁，培养学生数学建模技能是培养其数学思维和应用技能的重要手段，课堂中穿插建模技能训练对学生来说非常重要。

培养学生建模能力是一个循序渐进的过程。开始应从简单问题入手，师生共同创建模型，引导学生初步掌握用数学形式刻画和构造模型的方法，培养学生积极参与和勇于创造的意识。随着能力和经验的增加，可通过实习作业或活动小组的形式，由学生展开分析讨论，分析每种模型的有效性，提出修改意见，讨论是否有进一步扩展的意义。这样，学生可以在不断发展、不断创造中培养信心，纠正理解的片面性。

总而言之，提高学生数学素养是一个需要各方面支持和努力的系统工程。

（三）大学数学课堂提高数学素养的教学策略

1. 创设情境，激发兴趣

问题在数学教学中至关重要，数学教学就是使学生逐步发现问题、提出问题并解决问题。因此，在数学教学中，教师应注重从问题开始，创设问题情境。为此，教师有必要充分了解学生的数学知识和技能水平。问题既不过于容易，也不过于困难，让问题处于学生思维水平的最近发展区，从而激发学生的学习兴趣和好奇心。教师提出问题的语言应该有趣，内容应该丰富。激发学生对知识的渴求，引发学生的认知冲突，激发学生情绪，从而使学生产生学习需求和情感需求。

2. 引导探索，获得知识

加强知识的发生发展和形成过程的教学，是学生了解知识发展过程，了解数学基本方法的需要。根据知识的特点和教学要求，在教学过程中教师可改变内容的叙述方式、理解角度和思维形式，探索数学知识的发生过程，引导学生进行知识的归纳总结，理解知识之间的内在联系，掌握解决问题的技能和技巧，构建知识网络，实现知识结构的优化，使学生获得知识的巩固和发展。

3. 启发思维，促成理解

要理解知识，必须仔细思考。一方面，教师应该给学生思考的机会和时间；另一方面，教师可以使用不同的方法激活学生的思维，培养学生的思维策略，提高其思维品质和思维能力。在教学中，教师应鼓励学生独立思考，积极探索数学概念的形成过程、客观背景和数学概念的作用，追踪科学家的足迹，分析如何发现定理、公式和法则以及在解答问题时如何思考，让学生真正成为学习的主体，培养学生良好的思维习惯，促进其对数学知识的正确理解和掌握。

4. 指导练习，产生迁移

巩固知识，深化知识，形成技能，获得认知策略，获得分析和解决问题的能力，以及获得知识迁移能力，都必须经过一定的练习。通过常规练习不仅可以巩固所学知识，提高数学技能，加深对数学理论本质的理解，也可以提高思维能力。对于创意变式练习、非常规练习或生活和生产中的实际问题，在教师的指导下，尝试训练，是提高学生应用意识的好方法。为了提高学生的问题解决效率，有必要避免机械模仿，引导学生学会一题多变、一题多解，以拓展学生的思路，实现知识横向迁移，提高学生的数学技能。

5. 开放教育，发展个性

数学教育不仅要注重课堂教学，还要注重活动课教学；不仅要注重必修课程教学，还要注重选修内容的教学；不仅要注重学校教育，还要注重社会教育和家庭教育。选修课和活动课有利于促进学生的个性发展。选修课在突出迁移性、注重广泛性、贯穿通俗性的原则下，为有不同志趣、各种爱好的学生提供广泛、充分的选修内容，为提高学生素养、发展学生的特长及培养多样化人才服务。活动课通过学生活动培养学生的操作技能，能够让学生拓宽知识面，增长才干，发展特长。

第三节　高等数学教学效率的提高

一、大学数学教学效率认知

随着我国经济发展水平和综合国力的提高，对人才的要求不断提高，传统的教学方法已经无法满足社会发展对人才的需求。题海训练已经成为阻碍素质教育的痼疾，低效率的熟练度训练不利于学生形成效率意识。在《学会生存——教育世界的今天和明天》中，联合国教科文组织提出：在节约教育方面再没有比不浪费学生的时间更有成效了。在素质教育理念下，培养学生的创新能力和实践能力，将为数学学习和数学教学的高效率注入新的内涵，对提高数学教学质量和学习质量提出新的要求。数学教学内容越来越多，教学要求不断提高，课时却逐渐减少，这就迫切需要提高数学教学效率，因此，教师要重视提高数学教学效率。

（一）大学数学教学效率的内涵与本质

关于效率的解释，一个最为普遍的说法是效率是单位时间内完成的工作量。对教学效率的理解，并没有统一的意见，总结起来有广义和狭义之分。从狭义的角度看，教学效率是具有相对性的一个概念：在学习成果相同的情况下，学生用的时间较少，那么教学效率就高；在相同的学习时间之内，获得的学习效果越好，表明教学效率越高。要理解这个概念，必须把握好效率的两个维度，分别是综合效果和时间的充分利用。它们的确切关系是教学效率 = 综合效果 / 时间。站在多维角度进行分析，给出教学效率广义定义的话，可以给出这样的理解：学校教育教学活动会受多元教育资源的影响，这里涉及的除了有时间方面的问题，还有教育资源这一元素。比如，投资和土地资源、信息资源、教材资源、教师资源、学生资源等都存在使用效率方面的问题，也就是效果与投入间的关系。从这一角度进行分析，效率概念具有多维度的特征。要用直观公式对广义的教学效率概念进行说明的话，教学效率是教学综合效益，即教育综合资源获得的结果。

就目前而言，教学研究领域对效率的分析有着片面性的特征。由于课程教学效率面向的是整个课程教学过程，因而其中涉及的主要元素是时间。对于每个人而言，时间是平等的，是每一个学生平等拥有的学习资源。而时间效率通常是容易实现量化分析的。但是，效率整体概念在教育研究以及课程评估反馈当中的价值也是不可忽视的。在对非实践性的教育资源价值进行评估与研究时，我们需要从广义范围内理解课堂效率。

在高等教育范围之内，数学可以称作是人类宝贵的智慧财富。数学是一种文化要素，而大学教育之所以将数学放在突出位置，主要有以下几个方面的原因。第一，数学是重要的定量分析工具，在社会科学研究领域发挥着重要的作用。第二，数学是培养学生逻辑思维的重要载体。第三，数学为科学美学的调整与优化提供了前提条件。由此可见，大学数学教育在学生的培养方面发挥着举足轻重的作用。在这样的背景之下，怎样提高数学教育效率，成了影响学生知识与技能发展和整体素质进步的根基。

大学数学教育的效率是指随着数学大学教育的进步，学习数学整体效应的时间利用率，也就是学生的成长水平。学生在数学领域的成长和发展不单单体现在学生的数学能力上，还体现在学生掌握数学思维方法上。而培养学生数学思维，也是大学教育的重要任务。大学教育并不能够把全部的知识技能都教给学生，大学教育关注的是学生自主学习能力的发展，其根本目标是要让学生掌握自主学习的方法，从而促进自我发展。毕业后，有些人从事理论研究，有些人在继续学习。学习的定理和公式可能早已被遗忘，但通过大学数学教育，学习和创新的能力已成为学生生活的选择。

研究大学数学教育效率的重要性，主要是及时发现和改进教育实践当中存在的缺陷与不足，如缺乏对教学效率的关注、教学内容过于抽象、教学方法落后等。通过研究大学数学教育的效率，我们努力提高高校的整体效率意识，为教学过程和评估制定适当的评估原则和方法，在教育实践当中进行反复深入的研究，从而探究怎样提升教学效率。将研究获得的教学效率提升方法在具体课堂教学中进行实践应用，从根本上提高教学效率水平。

（二）高效率的大学数学教学的要素

1. 重视认知规律

要想提高大学数学教学的效率水平，需要考虑遵循学生的认知规律，考虑到学生的数学学习特征，保证数学教学能够最大化地满足学生的学习需要。以学生认知结构和心理规律为基础的数学教学能够促进学生数学知识与技能的拓展，同时能够提高学生的学习配合度，通过师生的协调配合，保证数学教育的整体效果，在有限的时间内完成更多的教学任务。

2. 科学评价手段

科学合理的数学教学评价以及对数学教学结果的反馈，在提高教学效率方面发挥着优势作用。要想提高数学教育的整体效能，让课堂教学更加合理有效，就必须发挥教学评估的作用。为了提高评价效果，需要在评价方法和评价主体的设置方面进行改进，运用丰富多样的评价手段。同时，需要将教师评价、学生自评、小组互评等结合起来，让广大师生都能够参与到教学评价当中，更加协调合理地对数学教育进行优化改进，增强教学效率与效果。

3. 现代教育技术

高效率的数学教育应该运用现代教育技术来反映现代数学教育的特点。随着现代教育技术在大学教育领域当中的广泛应用，让传统的数学教育形式、内容和方法发生了翻天覆地的变化，同时拓展了数学教育的空间与范围，促进了教学方法上的巨大变革。在未来，要想进一步提高教学质量，就要加强对现代教育技术的合理应用。

4. 增强效率意识

在全面提倡提高数学教学效率的大环境之下，教师和学生应正确认识自己，提高效率意识，增强时间观念，并通过发挥主观能动性来优化教学状态，促进教学效率的提升。教师在教学当中要不断地完善自身教育教学素质，增强学生学习热情，将提高教学效率作为根本教育原则，进而改进学生的学习态度，增强学生的学习积极性。

5. 调动学习兴趣

如果要从心理学角度对学生的学习状态进行划分的话，可以分为主动学习与被动学习。高效率的数学教育应该是学生主动学习，所以教师要尽可能地调动学生的学习兴趣，为学生提供宽松平等的学习环境，从而增强学生的学习动力。在具体的教学实践中，教师要尊重学生的主体地位，给予学生充分的尊重与指导，明确学生的主体价值，促进学生创新精神和数学应用能力的发展。

二、大学数学教师对“双专业”的深入理解

一些数学教师对数学的理解是深刻的，但对教育教学的理解不深刻，他们在数学教学中缺乏效率意识，教学也缺少教育性。一些数学教师对教育教学有更深刻的理解，但他们对数学没有深刻的理解，他们虽然希望提高数学课的效率，但是没有足够的能力，使得各种提高教学效率的活动起不到丝毫作用。为了提高数学教师的教学效率，提高他们的“双专业”水平，即数学专业化和专业化水平是至关重要的。

（一）数学教师对“双专业”的深刻理解是提高数学教学效率的基础与关键

只有当数学教师对数学和教学有深刻的理解时，他们才能成为高效的数学教

师。而通过对当前我国的高校数学教师进行分析，可以发现他们存在着很多的不足，最为明显的表现就是数学教师对数学学科有着很深的理解，也就是在数学课程的专业知识方面有较高的造诣，不过在数学教育教学方面却存在着很大的不足。素质过于片面的数学教师是不能够成为合格教师的，因为这样的教师无法给予学生耐心细致的引导，在课程组织和教学方面不够科学，甚至会给教学活动带来消极作用。同样地，也有一部分数学教师在数学教学方面理解比较深入，有着较高水平的教学技巧，但是他们对数学学科的认识却不深，缺少丰富的专业知识。这样虽然能够对学生进行学习上的引导，但是不能够有效渗透专业化的数学知识。特别是在实际教学当中，教师难以带领学生研究数学起源与价值，形式主义的痕迹会很深。

为了提高数学教育的有效性，数学教师要加强对“双专业”的理解与认知程度，这样才能够站在课程层面加深对数学的理解，同时能够站在数学教育的层面上优化数学教学，并通过二者的互相促进和互相影响提高数学教学效率。

即使一个人能够理解概念内涵，但不能说他一定是熟知概念本质的，更不能说其能够掌握概念间存在的关联。因此，应该把关注点放在个体对概念起源和本质与概念中包含的概念和思想之间关系的理解。我们通过操作型理解、概念型理解和创造性理解来区分理解的三个层次。操作型理解是对“然”的理解，概念型理解是对“所以然”的理解，创造性理解是对“怎样所以然”的理解。操作型理解是指被传送对象的信息：当主体认知地处理信息时，它可以被“通得过”。而概念型理解意味着传送的对象信息不但“从主体”传递，而且传递给对象。内部表征被整合到认知结构中以获得心理意义，创造性理解可以创造性地将理解事物转化为其他情况。对操作类型的理解的评价是“对与错”，对概念型理解的评估可以是“深浅”，而对创造性理解的评估是“是否灵活”。教师职业具有“双专业”性。教师对两个“专业”的理解也分为三个层次，以此来解释“知者能否为师”“闻道在先，传道在后是否为教学”等问题。假如“知者”与“闻道在先者”对学科与教学的理解均处在操作水平，那么通过教学，学生至多达到操作水平。即使一个学者拥有很高的学术水平，但如果他不深入理解这些教学，只满足于学生理解客观事实，仅会基本技操作，那么通过教学，学生的理解也只能处于基本水平，更谈不上理解。这也是“学者可能不是好老师”的重要原因。同样，即使具有很高的教学技能，不了解执教学科的教师在进行教学时，也可能无法取得良好的教学效果。学科专业和教学专业是矛盾的，理解是两者之间的联系，鼓励未来的师生加深对教学和教学学科的理解，是促进教师双重专业化的有力纽带。因此，提高学科理论建设水平是关键。美国有名的教育体制改革报告《霍姆斯报告》中的《明天之教师》中指出，应该把重点放在学科的培养和学科的教与学上。其中的改革措施为中国数学教师的改革提供了动力。然而，数学教育与教育学的关系，指的是分学科与母学科间的关联，不是简单的取代性问题，而是要怎样通过分工和合作推动教师专业化发展的问题。利用这样的方式，能够明显提升教育学术性价值，为数学理论的长远发展提供动力。在未来，要进一步推动数学课程与教育课程的协同发展，以便加强教师对数学教育的理解与认知水平。

中国的一些学者也认为，“高效的教学是学生的有效学习，教学的目标是让学生学习好。”需要注意的是，教学应该为学生的学习服务，但教学效果不仅体现在学生的知识和学习上，还反映在学生获得的发展的长期学习效果之中。

传统教学侧重于知识的传播，因此形成了注入式的教学思想和教学方法。不可否认的是，这种模式曾发挥了积极作用，其理性核心仍然需要继承，但在当前知识爆炸的背景下，它突出了其不可逾越的缺点，强调了教师的领导作用，忽视了学生的主体性和主观能动性；片面强调知识转移，忽视技能的培养和知识与能力的相互转变；片面强调教学，忽视实际效果，使原有的教学过程成为一个僵化的模式。因此，教学方法的改革迫在眉睫，且不可避免。

（二）提高数学教学效率应注意的问题

1. 对数学学习的有效指导

向学生灌输数学知识、牵着学生走和鼓励学生思考、引导学生发现和接受数学知识是数学教育的两种截然不同的观点。在正常情况下，教师经常“控制”课程，“主宰”课时和“主导”课程的方向。但是，“控制”“支配”和“主导”应该集中在学生的数学学习上，课堂上的所有教师活动都应该顺应学生发展的需要。教师在教学过程中的首要作用是给予学生数学学习的有效指导。上海市青浦区数学教学改革实验大面积提高了教学质量，其教学结构包括具有层次性的五个环节：将问题作为课程的起点；引导学生进行实验活动；组织变式训练，提高培训效率；总结推理，整合知识体系；根据课程目标进行分类，调整教师反馈。从各方面来说，有效的教师指导非常重要。对学生的有效指导包括数学学习咨询、思想和道德指导以及个性发展指导等。从过程的角度来看，为了有效指导数学的学习，教师先要创造一个问题情境，激发学生的学习动机，向学生阐明问题，使学生明确数学学习目标，然后以各种形式和方法引导学生发现知识并找出规则，最后指导练习，总结归纳，并指出进一步的数学学习目标。

2. 对数学学习的有效组织

数学教育是一种有序的社会活动，特别是在课堂上，课堂的组织是十分重要的，无序和杂乱无章的课堂不会是一个成功的教学。教师作为教学的主体也体现在其组织者的身份上。有效的教育组织是根据数学课程逐步实现数学教育目标的过程。教学组织主要体现在教学方法和方式上，其有效性取决于许多因素，如数学课程内容、学生、教学条件以及教师自身的特点。教师应根据各种因素的特点，选择教学方法，并且在实施过程中促进教学的积极因素，防止干扰和有效控制不利因素，确保数学教育的有效组织和保证数学学习的效率。

3. 对数学学习的有效评价

在数学教学过程中，保持和实践学生的学习积极性不仅在于教师教育的有效指导和有效组织，还在于教师的有效评价。教学评估是对教学影响的科学判断。它使用所有技术、方法和手段准确收集可用于决策的各种信息。评估的关键是教向学转型的结果。在教学过程中对学生的学习过程进行适当的评价，可以有效地促进和引导学生的数学学习。青少年学生重视教师对自己的评价，而教师的评价对他们的学习以及他们的思想、态度、情感和行为都产生重大影响。教师还从评价中接收每个学生的学习信息，并为调整教学进度和课程决策提供依据。因此，教师应注意和运用公平原则，从事实中汲取真理，并在教学中充分发挥评价的诊断、导向、调整和激励功能，以鼓励学生学习。值得注意的是，作为数学教育的一部分，教师还应引导学生参与评价工作，使他们能够正确评价自己和他人，以提高数学学习的效率，实现更好的整体发展。

4. 正确处理教与学、讲与练的关系

妥善处理教与学之间的关系。在教与学的统一体中，学生是学习的主要部分，是内部因素。学生在教师的指导下进行学习，因此教师应在教学和与学生有关的外部因素中发挥主导作用，于是在改革的早期阶段，以教师为主导和以学生为中心的理论诞生了，这被认为是我国教育理论的突破。虽然有不同的意见，但教与学的和谐统一才是教学。在这一点上，达成了普遍共识。此外，要正确处理讲与练之间的关系。所谓的讲与练是指课堂教学的两种基本形式，即师生的活动。传统教学以教师的讲解为主，学生的实践往往被忽视。在这个方面，改革提出了讲与练之间的关系要求以及精讲多练的理念。但是，对于“精”和“多”的质量和程度在理解上存在很大差异。知识本身并不等于能力，并且不存在依赖知识作为基础的能力。数学教育是数学活动的教学，即学生在课堂学习当中除了要掌握丰富的知识以及学科技能，还必须加强思维能力的锻炼，并努力从数学思想方法当中汲取营养，在未来的数学知识应用当中更加得心应手。

加强对数学学习概念的认知是提高学习效率的前提条件。良好的数学学习习惯是创造有效数学学习的充分条件。适当的数学学习概念和良好的数学学习习惯是高效数学学习的“因”，而该“因”是高效数学教育的“果”。高效数学教育是高效数学学习的重要前提。高效数学学习与个别学生数学课程之间的关系可能并没有太大联系，但是整个班级数学学习的高效率必须是高效数学课程的结果。

三、教学名师关于提高大学数学教学效率的策略

综上所述，通过采用适当的教学方法，在有限的时间和空间内增强学生的学习热情，使学生积极主动地投入到知识体系建构中，能够明显提升数学教育效率，也能够丰富学生的学习成果。而学生所获得的学习成果，除了体现在数学理论知识和技能方面，还有数学思维学习方法等，从而获得大量有效的知识，并培养学生的创新精神、解决实际问题的能力等，建立良好的情感、态度和价值观，促进学生的整体发展。

为了验证上述理解是否属实，一些学者在咨询相关文献后采访了三位数学教师：南开大学顾沛教授、天津商学院于义良教授、天津工业大学樊顺厚教授。三位教授在数学教育方面进行了反复深入的探究，并给出了自己的理解，进而得到了大学数学教学效率提升的基本策略，主要包括以下几个方面。

（一）增强大学数学教学的效率意识

教育效率意识是指教师对课堂教学影响的理解和认识，是对教学效果的一种期待以及指导理念。数学除了是一种重要的学习工具，更是一种必不可少的思维方法。另外，数学还是一种知识、品质、科学，在人才培养方面发挥着不可替代的作用。纵观目前的高校数学教育，并没有在教学效率方面引起高度重视。大学

数学教学内容较为单一，同时教学方法比较落后，课程评估仅取决于考试成绩。师生在数学的教与学中获得的结果与他们的付出并不成正比。许多高校的数学课堂的不及格率很高。因此，迫切需要更新概念以提高教师和学生的效率。

在具体的数学教学中，教师不能单一地为学生教授数学知识，更多的是指导学生掌握正确的学习方法，提高学生分析和解决实际问题的能力，加大学生创新思维的培养力度。只有掌握了数学学习的方法，学生才能真正适应大学生活，才可以为其他课程的学习奠定坚实基础。

为了实现大学教育教学效率提升的目标，教师要尽可能地在有限的教育时间当中为学生传授教学知识以及学习方法；学生要关注提高自身的学习效率，以便在有限的学习时间当中尽可能地掌握多元化的学习方法，促进学习目标的达成。无论是教还是学，只有充分提高效率，才能够让课程教学事半功倍。

（二）重视和遵循学生的认知规律

在传统的教学模式影响之下，课堂教学将教师放在核心地位，学生只能够被动地接受知识的灌输，导致学生在数学学习当中面临极大的障碍。突出表现在：学生缺少数学知识内容的积累，也没有掌握科学化的数学方法，但是教师有着丰富的教学经验，在数学学科方面也有很高的造诣，师生之间在理解能力与水平方面差异明显。如果一味地坚持以教师为中心，是不能够满足学生学习需要的。所以，在教育改革当中必须坚持以学生为本，考虑学生的认知规律，确立学生的主体地位。只有选用科学的教育方法，才能够让教学质量得到根本提升，也会让教育改革目标得以顺利达成。

例如，极限的定义是学好极限、掌握好逼近思想的关键，但许多学生因为抽象而非常害怕数字。早在19世纪初，著名的法国数学家柯西就用“无限接近”和“任意小”的描述性语言对极限进行概念描述，但是给出的描述不精准。在这之后，德国数学家魏尔斯特拉斯给出“$\varepsilon-\delta$”定义，才让这个问题得到有效解决。现如今，极限概念与理论已经形成，并在数学理论体系中有所体现。时至今日，即使是当时伟大的数学家在理解极限的定义方面也存在各种困难和不确定。因此，目前的学生认为极限的精确定义难学是很正常的。我们有必要将这段历史告诉学生，让他们知道极限之所以很难学习，并非是自己能力欠佳，而是因为极限概念过于抽象，而学生的思维水平还没有到达这样的层次，并让学生在数学学习中不断获得成功的学习感受，提高自信心，促使其更加积极主动地投入到数学学习中。

优秀合格的教师要站在学生的层面思考问题，给予学生更多的理解与支持。比如，在线性教学当中，国内的相关数学教材往往是先讲秩，然后再讲线性相关和线性无关，最后讲线性方程组，学生的理解难度极大。鉴于此，我们可以先讨论线性方程，然后是矩阵和初等变换，再自然地引入矩阵秩，回答解的存在性和唯一性。

教师要想提高数学教学的效率，虽然需要对教材内容进行深刻而又全面的理解，但仅仅这样是不够的。通过对几位专家的研究成果进行分析可以发现，假如忽视了学生，不遵循学生的认知和学习规律，是无法保证教学效率提升的。要想从根本上提高教学质量，更为有效的方法是将数学教学和学生的认知规律整合起来，避免教师一味地将个人主观认识与思想强加给学生。只有尊重学生主体地位的教师，才能够真正拥有高效率的课堂，并为学生的长远发展奠定有力基础。

（三）优化课程体系和教学内容

目前，虽然有很多高质量的大学数学教材存在，但通过对这些教材进行分析可以发现，教材往往会将数学逻辑性与理论严谨性作为核心关注点，而教师更多地会将数学教学侧重点放在理论知识以及数学理论之间的逻辑关系方面，存在着重古典、轻现代，重分析、轻计算，重理论、轻实践等问题。长期受到这样的教育模式影响，学生会丧失数学应用意识。虽然学生通过认真听讲的方式获得了大量的数学理论知识，但是利用所学知识解决实际问题的能力却得不到锻炼，在接下来的数学课程学习当中，会受到极大的阻碍。

在如何有效地实现教学方面，三位名师的观点如下。

首先，教师要加深对数学教材内容的理解能力，不再停留于对教材的表面和片面理解，而是探究数学教材的本质与内涵。合格的数学教师应该在教学时将原本复杂抽象的数学问题变得简单精练，同时向学生渗透数学思想方法方面的知识。

其次，在准备课程时，教师应该从学生的角度出发，认真全面地评估学生的知识，结合学生的认知特征和学习需要，在遵照学生认知规律的前提条件之下，对课程内容进行合理安排，同时设置好课程深度。需要特别关注的是，保证教育内容与学生的学习需要相符，如此才能够让学生真正经历数学知识体系的建构过程，而不是机械性地复制。我们要认真细致地研究学生对旧知识的掌握水平，了解学生的知识层次，以便有针对性地为学生补充新知识。一般情况下，教学当中会运用到哪些内容，教材都会先给出相关的定义，事实上，这样的设置方法与人类思想规律是不相符的。

再次，教师必须坚持以学生为中心，并将这样的教学理念贯穿数学教学全过程，以便促使学生主动地对所学内容进行反思，让学生对数学学习产生强烈的兴趣，以活跃的思维投入到数学问题的解决当中。

（四）注重教学方法的改革与创新

要想促进大学数学教育课堂效率的提升，重要的着手点就是课堂教学，特别是要改进课堂教学方法，对传统的教育方法进行改革优化，使其更好地满足如今教育改革背景下的要求。随着高校教育改革工作的深入推进，教育机构开始在提升教育质量方面颁布了很多文件，这些文件的核心思想是要在教学研究的过程中将提升教学质量与效率作为重点。

真正的教育应该让人在学习的过程中自主自由地找寻大量对自身有帮助的东西，并非是把人的大脑当作是一种容器，不断地填补东西。提升数学教育效率和质量的突破口是改革教学方法，利用创新性的教育策略满足学生多元化的学习需要，增强教学方法的指向性和科学性。在教学过程中，人们无法复制特定的教学方法，也无法始终如一地应用教学方法，即“教学没有固定方法，重要的是方法得当”。教师在选择和确定课堂教学方法时，需要保证方法选择的灵活性，具体要考虑到学生的知识结构、兴趣爱好以及数学课堂的教学内容。在综合分析这几项要点之后，以此为基础确定教学方法。对于抽象知识的教学，要尽可能地选用化繁为简和生动直观的教学方法；对于开放性数学问题的教学，要尽可能地选用师生互动的方法。从学生能力培养的角度看，数学模型、数学实验等能够在课堂教学中进行合理应用。同时，对于每个讲座内容，应该开发设计练习和讨论问题，以充分支持学生的思维能力。练习应有不同的形式，多层次，多规格，并应结合后续课程的主要需求。

高校数学教学和以往的数学教育相比有着更大的难度，特别是在概念与数学公式方面，数量和复杂度都有了很大程度的提升，这让很多学生在学习概念公式时，容易出现混淆情况。在这一方面，于教授有着个人独特的解决方案。他说：“可以将有关概念、公式，特别是重要的数学方法编成口诀形式予以概括和总结，为学生的理解和记忆提供良好的方法基础。有时则以对对联的方式引导学生自行总结，充分调动学生学习的积极性，营造活跃的课堂氛围。如定积分概念不仅是整个积分学的基础，还深刻反映了解决实际问题的方法与思路，有着十分重要的教学意义，可将其基本思想与过程总结为四句话：化整为零先细分，不变代变途径新；累加求和得近似，确立极限定积分。又如，多元复合函数求导历来是高等数学的教学难点之一，在教学中总结为：多元复合求偏导，图解关系最重要；环节之间是乘法，路线之间用加号。这样不仅深刻地揭示了所学内容、方法及注意事项，而且朗朗上口，便于记忆。”在函数极限问题上，他总结了自变量的变化趋势有六种，而函数变化趋势是三种，有两种是极限不存在，又有两种固定趋势，在教学中可借助多媒体动态演示，给学生留下深刻的印象。于教授还总结了三对左右，即左右极限、左右联系、左右导数；三套公式，即求导公式、微分公式及不定积分公式，这三个公式互相联系。于教授认为：“一位好的老师，应该把书本变成自己的东西，把思想本质讲出来，应该多想想我当时是怎么学的，怎么才能让学生学得更明白。”教师所追求的高效率教学不仅是在有限的时间内使学生真正理解和掌握了知识，而且能把书本的知识转化为学生自己的智慧。

（五）将数学建模思想融入课堂教学

于教授说，有些时候应该在数学课堂上加入前沿性方向与趋势的内容，如在课堂上引入软件和建模。在课堂中介绍建模思想，可以提高学生的学习效率和兴趣。因为不具备完善的原创背景，再加上课堂教学时间非常有限，在以往的数学教学中，教师很少会对前人的数学研究过程进行再现，因而影响到了学生数学思想的完善和思维能力的发展。而数学建模思想在数学课堂上的融入，能够有效改变这一现状，让学生对数学模型的认识更加深刻，同时对前人的研究结果进行更加深入的剖析。

大量的数学实践研究表明，在为学生传授数学知识的过程当中，重现前人的数学研究结果是可行的，而且数学建模的思想方法可以有效达到这样的目标：首先，尝试介绍原始背景和实际问题的定义和短语，利用现代化的手段进行公式的直接演绎，再运用通俗的描述性语言，对严谨数学语言进行转述。利用这样的方法，能够让学生轻松掌握所学的数学知识，同时有助于加强学生对数学本质的认识，进而掌握数学建模的思想方法。数学模型在大学数学教育当中的作用非常突出，其优势在于可以降低学习与理解难度，使学生可以轻松运用定量方法来分析与解决实际的数学问题。

在课堂上选择数学应用实例，建模和演示可以提高学生对数学实际问题的认识。对于普通大学来说，要想提高课堂教学质量，就要彻底突破传统的数学教育模式，有效运用现代化的教育思想理念与方法，加强对数学建模思想的应用，并对教学内容进行一定的删减，适当增加能够反映数学本质以及可以拓宽学生视野的例子。这样的课程设置方法，可以有效活跃学生的数学思维，增强学生对知识的认知水平，让学生可以享受解决问题后的成功感受，从而保证学习效率和教学效率的同步提升。

（六）建立科学的学习评价体系

提升教学效果的一个重要措施就是对教学效果和学生的学习效果进行科学化的评估与反馈。教育改革只有符合评估改革才能得到有效落实，才能被师生接受。三位教授都认为，理想的评估不仅可以测试学生的学习，还可以测试学生在课程中的技能和素质。评估方法不应该定义最终检查的结果，而应该定义通常的学习过程，如班主任与学生的互动表现、课外培训、实习班、日常家庭作业和课堂练习等。同时，高校数学教育评估应加强对教学效率的评估，评估方法和评估主体应多样化，使大学数学教育能够从根本上增强实效性，促进教学效率的全面提升。

综上所述，大学数学教育改革是重要的教育研究课题，而教育改革工作的顺利实施除了要具备丰富多样的数学知识，还需要激情、理性思考、有效的改革和创新战略。改革和探索的道路是无止境的。新时代的教师需要认识到，作为教师，应该彻底消除功利主义的教育思想，在数学教育当中做到脚踏实地，持久不懈地进行教育研究与探索，充分展示个人的教育风格，丰富教育智慧，从而落实教师的责任，提高综合素质，更好地服务于学生以及教学改革。合格的教师仅仅依靠学生成长情况来对他们的价值进行判断是远远不足的，单纯依靠教师的论文成果评估他们的实际能力也是不够全面的。如果教师不愿意为了学生花费大量的时间，那么这个教师是不合格的，也应该为此感到愧疚。

第四节　高等数学教学与现代教育技术的整合

一、数学教学与现代教育技术整合的必要性

在数学教育里应用现代技术是必然的趋势。而且，如今计算机技术已成为数学模型、数学运算和教学方法的重要组成部分。面对这样的教育现状，改革教学方法和手段已经势在必行。而数学课程教学方法改革的一个突破口，就是加强现代教育技术的整合与应用，在新技术和数学融合的过程当中为学生拓展和营造一个全新的学习环境，突破传统的教育模式，将以教师为中心的教育体系转化为以学生为中心的教育体系。然后，培养学生创新思维和精神的实践能力，为满足社会发展新需求提供人才。这类课程的改革主要是教学方法的改变，即用更先进的技术为学生服务。多媒体技术的出现为我们提供了改进教学方法的新方法。

计算机科学与数学的结合主要是用现代的技术让教师上课更多样，让学生对知识更感兴趣、更想学习，想吸收知识，这才是真正有意义的学习活动。在全面提倡计算机技术与数学课程整合的教育背景下，通过对现代教育技术的合理化应用，将会在很大程度上提高学生的创新能力，增强学生发现和解决实际问题的能力，为大学生的长远发展创造良好条件。

（一）现代教育技术的内涵

我国的“现代教育技术”（Modem education technology）等同于国外的“教育技术”（Education technology），指的是“有效运用现代技术和心理学，对已有的知识和工具进行整合，用最好的方法实现教学的最好的成果”。其主要包括以下内容：（1）利用现代科技成果进行教育资源的开发和利用。现在的教学用了很多高科技（主要是投影和计算机），这些科技的发展让教学越来越多样化，使教学有了更丰厚的物质基础。基于传播媒介理论和视听教育理论，教育技术将视听媒体应用于教育，促进教育技术和资源的进步和发展。（2）使用系统方法

和教与学理论来探索和设计学习过程。教育技术有助于让教学效率更高，为学生的学习奠定理论根基。（3）有效运用现代教育科技以及信息技术，获取丰富的学习资源，同时对学生的学习进行管理与评价。在教育信息化程度逐步加深的背景下，大量的现代科技成果开始在教育领域进行广泛应用，有效拓展了学习资源，同时让教育资源的管理与应用拥有了技术手段的支撑。通过将计算机辅助信息处理技术进行合理应用，能够对学生的学习过程进行优化管理和科学化评估，为教学方法的改进创造良好条件。

在教育领域应用的现代教育技术主要包括多媒体和网络技术这两个方面，能够促进传统教育模式的转变，特别是能够为学生创造一个信息化的学习环境，使学生可以在优质的学习氛围当中进行观察、思考，有效开发以及利用网络技术资源和软件资源，培育具备创新精神的学生和教学团队。

（二）整合的必要性

教育技术的广泛应用推动着教育理念的转变与创新。通过对先进性和实用性强的教育技术进行应用，是否可以有效地促进教育目标的达成更多地取决于人的素质。只有把教育技术真正和教育系统融为一体，才能够让教育技术显现出更大的价值。只有在使用“思想和创新”教育时，教育才能体现出具有新思想的人的价值。所以，要想让新技术和数学教学活动进行紧密整合，就要在教学实践当中树立正确的思想观念，如终身学习理念、开放式互动理念等。

教育观念的转变是现代教育技术与数学教育相结合的重要前提。在传统教育中，现代教育技术课程只向学生提供信息，没有和其他学科产生关联。在教学改革的过程中，教师需要不断地改变自己的思维，跟上社会的发展，不能只想着数学而脱离实际，并有效地运用数学知识，将现代教育技术融入课堂，促进教学和学习效率的有效提升。

如何将现代教育技术手段与传统教育模式进行整合，让课堂的效率最高，这是值得教师探讨问题。比如，在板书和屏幕显示之间要怎么权衡？把计算机当为高端幻灯机不仅浪费资源，还带来许多学习问题。在上海数学研讨会的小组讨论中，胡仲威先生指出，电脑屏幕有朝一日会取代黑板粉笔，这样的说法是错误和天真的。数学知识有着很强的逻辑性，如果用板书的话，学生可以前后联系，有思考的空间。但是，如果用 PPT 的话，学生还没记住就过去了，根本没办法理解要学习的东西，导致上课的效果会很不好。每个学生的思维水平是不一样的，所以教师可以根据师生讨论过程，在黑板上对整个问题分析的经过进行书写，同时在这一过程当中不断地增加和改变有关内容。教师写在黑板上可以给学生留下时间和空间来思考问题，让学生有时间和机会思考、提问，这远远优于计算机屏幕的统一视图。

现代教育技术作为数学教学工具，在课堂教学当中进行应用，是想让现代技术和数学教育融为一体，就如同在传统教学当中运用黑板粉笔一样自然顺畅。现代教育技术在课程教学当中起到一种辅助作用。但需要强调的一点是，辅助教育面对的并非是教师的教学，而是辅助学生完成复杂数学知识的学习。教师在运用现代教育技术的过程中，必须考虑到课堂内容，同时要评估学生的实际学习状况，合理组织课程内容，使课堂教学与现代教育技术进行最大化的互动整合，使其转化成为学生的学习资源。教育技术能够为信息获取、问题调查和问题解决提供必不可少的认知工具支持。受此影响，现代教育技术与数学教育的整合不仅能够让教师为学生拓展学习内容，还能够促进学生知识体系的建立和知识内容的创造。现代教育技术在高校教育应用当中的优势作用主要体现在以下几个方面。

1. 提供理想的教学环境

现代教育技术创造了一个互动、开放和动态的学习环境，将多媒体、网络和智能结合在一起，用于大学的数学教育。课堂环境不仅限于学校建筑、教室、图书馆、实验室和家庭学习领域，还包括学习资源、课程模式、教学策略、学习氛围、人际关系等。而学生在这样一个理想的教学环境当中完成知识的学习与消化，动态化地完成课程知识的学习。

2. 提供理想的操作平台

现代教育技术能够有效拓展教学信息，丰富信息呈现形式，如文本、声音、图形、视频、动画等，为数学教育的开展提供理想平台。①现代教育技术等的完善以及应用，能够让以往的教学内容彻底摆脱教材的束缚，实现教材和教学内容的多元化。②现代教育技术的再现功能可以让我们利用仿真分析的方法把握动态化的学习过程。③现代教育技术的虚拟功能使教育内容呈现文本化的叙事模式，使学生能够步入微观世界和宏观领域。④教育技术还能够为学生创设多元化的学习情景，刺激学生的各个感官，让学生产生身临其境的学习感受，帮助学生掌握和运用知识。⑤先进的超文本功能可以实现教育技术的优化，表达大量信息。通过对现代教育技术的应用，以往人们无法想象的教育课程都可以被轻松制作出来。⑥现代教育技术有着强大的互动功能，能够强化人际互动，实现“人—机—人”的相互交流和互动学习。

科技的发展让数学建模发展更快，也让数学家存在于意识领域的数学实验转变成为现实可感的成果。

3. 构建了一种新型的教学关系

现代教育技术的辅助支持，让原本的教育关系发生了极大的转变，尤其是改变了师生关系，优化了师生之间的和谐互动。教与学之间的界限变得模糊，师生关系变得更加平等。在如今的教育模式之下，教师不再是课堂的主宰者，而是学生的指导者、协作者，还是学生亲密的朋友。在日常的教育教学当中，教师可以和学生进行实时和无障碍的沟通交流，让教学和学习可以更加有序地开展。

4. 更好地实现了教学的互动与合作

实际课程应该是教育主体（教师）和学习主体（学生）之间的互动过程。教师、学生、媒体和学习环境构成了复杂教学关系，只有实现师生之间的紧密合作，才可以真正达成教学目标。现代教育技术在课堂教学中的融入为教学互动与合作提供了可能以及必不可少的支持。在这样的情况下，不管是教师还是学生，都是信息的接收者和传播者。双重身份使教育者和受教育者能够建立互动，互相激励，互相指导。

5. 有利于学习形式的个性化

现代技术对于学生寻找自己的学习方法很有帮助。学校越来越计算机化，教师和课本都不再是固定的，每个学生都可以根据自己的情况选择不同的学习目标，建立自己的学习进度，可以更好地实现自我价值。这样每一个学生都可以拥有个性化的学习空间，充分满足自己的学习需要，彰显了学生的主体价值。

随着现代教育技术的普及与应用，为高校数学教育提供了大量的数学素材，而这些材料具有超文本性的特征，更加符合人们的联想思维。在技术的支撑之下，每个学生都能够获取丰富多样的学习资源，使学生可以高效率地完成学习任务，也让学生的主体价值得到发挥。而教师则扮演协助者和组织者的角色，能够从多个角度强化对学生的指导，为教学质量和效率的提升创造条件。网络资源让教材不再成为数学教学的限制，因为这些多样的网络资源可以拓展和补充教学内容，成为学生获取数学知识的重要来源，能够彻底打破以往封闭孤立的课程体系，扩大教学范围。

二、数学教学与现代教育技术整合的原则与策略

（一）现代教育技术与数学教学整合的原则

现代教育技术的应用应该建立在数学教育改革基础之上。在这个平台上，现代教育技术也必须满足数学教育的需要，因此在整合过程中应考虑以下原则。

1. 理论与实践相结合的原则

在新课程改革当中特别提出，教师应该成为教学资源的开发者，为学生拓展和完善学习内容。在如今的教育背景下，增强现代教育技术与数学教育的融合是关键，更是理论与实践整合、实现学以致用的动力。从事数学教学的教师始终位于教学前沿，在大量的教育实践当中已经总结了大量真实和直接的经验。所以，数学教师在实现理论与实践结合方面，发挥着至关重要的作用。对此，教师要注重对数学理论与方法进行深入剖析，找到促进理论与实践整合的最佳手段。除此以外，教师在教育活动当中，要注意以数学特征为根据，探寻理论与实践整合的最佳时间组合，发挥数学教学和现代教育技术的整合优势，弥补不足，通过“双剑合璧”的方式，发挥整合效果。

2. 研究性原则

数学教学与现代教育技术整合需要体现出研究性原则，也就是在运用教育技术时，要为学生展示知识的拓展，提倡知识的学习与应用，进而实现能力的迁移。运用教育技术开展数学教育的重要目标是让学生在开放的学习环境当中，掌握解决实际问题的方法，提高自主学习的动力。

3. 主体性原则

从教育本质上看，教育技术的应用应该服务于教学需求和教学目标的达成。我们需要深刻地认识到，技术的进步以及普及应用，是不能够取代人和人之间真实互动与沟通的，即使是有效的现代教育技术手段，也不能够取代师生之间的实际互动。将现代教育技术应用到数学教学实践中，可以培养学生的学习兴趣，为学生的主动探究和发现，营造一个良好的学习情境。但在所有的教学行动当中，都需要发挥好学生的主体作用，始终将学生作为教学核心。尤其是现代教育改革的方向是发展学生的主体性，让学生成为课堂学习的主人。所以，数学课堂教学

需要的是激励学生探索研究和增强学生主观能动性的教育过程，需要将主体原则贯穿于教学全程。如果一厢情愿地使现代教育媒体充满了教学过程，看似热闹事实上，学生被视为可以随意填补知识的“容器”。学生处于被动的课堂状态，那么学生的学习效率自然会大打折扣。

4. 主导性原则

现代教育技术在步入数学课堂之后，教师轻点鼠标就能够播放教学内容。但是，这样的教学方法也有着一定的缺陷，那就是教师所演示的内容是事先预设好的，在实际教学当中就要找到将学生的想法引入既定过程的方法，从“以教师为中心”变成“以多媒体为中心”。

现代教育技术能够让教师轻松突破数学教育当中的难题，但是教育技术是不可能取代教师地位的。课堂上的激励、指导、培训、反馈等与教师的组织和引导是密不可分的。但是，通过运用现代教育技术可以在一定程度上取代教师复杂烦琐的工作，提高教育教学的便利性，让教师能够拥有更多时间与精力处理其他的教育事项，特别是以学生的个性化发展为核心，通过对学生的因材施教挖掘学生的学习潜能。但现代教育技术的使用应定位为“支持”，教师是教学过程中的主导者，教师应该发挥主导作用，相应地发挥学生的实际情况的角色，不能在课程准备中只依赖软件备课，在课程中不能只依靠屏幕教学。

（二）现代教育技术与数学教学整合的策略

现代教育技术与数学教育的融合是现代教育技术中数学教育的改革。这项改革工作具有较强的系统性特征，要想让改革工作可以有效推进，在整合方面要运用好以下几项策略。

1. 从深层次整合信息技术与数学课程

信息技术与数学课堂进行整合，让数学教育在性质以及内容方面都发生了改变。这样的变化有表面的，也有深层次的。很多教师可能认为，信息技术只是优化知识展示的方法。这显然和利用面板以及运用电子设备不存在本质上的差别。这实际上是一种表面上的整合。这表明教师只了解信息技术，并没有从根本上改变他们的教学方法。

增加整合深度的关键并非在于技术。假如整合活动浮于表面，不是因为教材现代化水平没有达到要求，也不是因为教师没有接受过足够的信息技术培训，而是因为我们花了很多时间和精力来制作课件，让课程材料有漂亮的图片和鲜艳的色彩。这就陷入了一种形式主义的教育局面，是肤浅的教育。

数学教育的关键并非是学生背诵数学公式以及记忆数学符号，而是要学到一种严密的逻辑思考方法。因此，思想和方法的整合是计算机科学与数学课程的深度融合。这种深度整合可以引导教师开拓性发展，取得更好的教学成果。这种深度整合必须基于一些数学问题，否则整合将成为无根之水。然而，整合不能局限于回答这些特殊的数学问题，而是要允许学生掌握数学实验和数学实验方法，让学生可以不断地思考和探索发现知识的方法与步骤，促使学生运用所学的数学思想方法解决实际问题，提高学习效率与质量，促进数学核心素养的提升。

2. 加强现代教育技术和教育理论的培训

加强现代教育技术和教育理论的培训，是促进数学教学和现代教育技术整合发展的基础和前提条件。现代教育技术属于物化技术与智能技术的结合体，有着较为复杂的系统，对教师的信息素质能力有着很高的要求。所以，推动二者整合的前提条件就是加大对教师的教育培训，使他们能够扎实理论基础，同时引导教师学习现代技术的应用和操作方法，让他们能够运用现代教育技术与理论改进数学教育。

3. 根据不同的学习内容选择不同的媒体

数学教学和现代教育技术整合的根本目的在于优化教学过程，服务于教学改革和学生学习能力的发展，推动教学效率的提升。在二者的整合当中，必须认真思考要选用怎样的媒体，以便激发学生的学习兴趣，提高学生解决实际问题和学习困难的能力。具体而言，为了让数学教育事半功倍，数学课程内容的设置和安排必须将学生的认知能力作为基础，考虑到学生的知识发展水平和学习特征，同时考虑到学生差异化的学习需要选择最佳媒体，而不是一味地追求新奇和多样性，以免加大教学压力与负担。

如果教学内容是静态的，可以使用 PPT 投影；如果教学内容是连续的，则可以选择视频；假如数学教学内容过于复杂和抽象，在理解上难度较大的话，可以选用多媒体教学方法；假如开展研究性数学学习活动，可以将网络平台作为重要的根据。

4. 增强应用信息技术的意识

教师专业化的发展与成长是教学进步的动力。学习和使用信息技术实际上可以为教师提供更好的发展，它不仅可以增强知识，发展整体能力，还可以提高整体意识，改变教学观念。

但是，我们最终的目的是提高教学素质。我们使用现代技术，也是为了达到最后的目的。假如教师不具备较高的解决教学问题的能力，没有完善的数学思维和丰富的教学技能，是无法将信息技术和数学课程进行有效融合的，所以高水平的信息技术并不意味着高水平的教育。

没有经过实践的理论是空洞的，而缺乏理论指导的实践是盲目的，只能够变成一种简单单调和重复性的练习。在信息技术快速发展的背景下，教师应该注意不断提升自身的教学理论掌握能力，以便在实践教学当中更好地运用理论指导实践，避免出现盲目教学的问题。在具体的教学实践当中，要让理论在实践当中应用，将实践应用到测试环节，不断地丰富和完善理论。在这样重复化的演练当中，教师可以改进教学观念，实现学生的全面发展，消除“信息技术没用”和“无所不能”两个极端的出现。

5.“现代”型教师与“传统”型教师互相整合

整合计算机科学和数学课程的途径并非是教师发展的唯一方法。运用现代化的教育手段以及将信息技术应用到教学当中常常需要耗费很长的时间。即使是要解决一个小问题，也必须花费很多时间和精力，性价比太高，不值得。而且，要求每个人上课用多媒体，并让一些老教师承受不必要的压力是不恰当的。每位教师的优点都不一样。在这种情况下，每个教师都应该做他最擅长的事情。无论使用传统方法还是现代方法，只要能够获得理想的教学效果，让学生真正学有所获就行。好的教学方法是要将现代教师的教育技术与传统教师的丰富教育教学技巧整合起来，发挥各自的优势，相得益彰，全面整合计算机科学与数学课程，最大限度地发挥全体教师的作用，实现最佳的教育效果。

信息技术和课程的整合是一个不可能在一夜之间完成的巨大项目。而二者的整合并非是固定模式，需要成为一种理念。我们在实际教学中可以将信息技术作为教育工具，作为数学教育的一个好帮手，但是不可以用信息技术代替教师的作用。所以，现代教育技术在数学教育当中的应用应该有一个度，不能够盲目忽视教育教学和学生的学习背景，应该不断完善教师的综合素质，实现教师教育和现代信息技术教育的优势互补，从而增强数学教学的生命力。

三、现代教育技术对大学数学教学的辅助与优化

现代教育技术之所以能够为当代教育的改革发展提供助力，是因为其中涵盖了先进的教育观念，同时能够在技术、方法、工具等方面给予有力支持，促进全新教育模式的构建。

（一）优化课堂教学

在积极推动传统教学改革的过程中，将现代教育技术进行有效应用是一个重要的措施，能够为学生营造一个网络化的学习环境，促进学生学习主动性的发挥，能够用于个人教学和协作教学（通过使用各种合作教学策略），也可以将“个性化”和“相互合作”两者组合，因此这是一种创新性的多媒体学习模式，能够最大化地满足个人的学习需要，使学习者拥有更多的选择机会。在这种学习模式中，它可以为学习者提供丰富多彩的人机交互式界面，为学习者提供一个大规模知识库与信息库，并与人类联想思维和联想记忆的特征相匹配。知识和信息库能够激发对学习者的兴趣；探索性和互动性学习能够为学生创新学习提供良好的平台，促使学生完成知识体系的建构，促进学习目标的达成，在新知识的学习方面获得更理想的效果。

随着多媒体技术在数学教学中的应用，最重要的目标是实现最佳教学。通过使用计算机和多媒体教学方法来改善教师的教学方式，提高课堂效率，节省课时，使更多的教师可以摆脱繁重的教学活动，有更多的时间进行全面的学生教育。更重要的是，多媒体计算机培训技能的巨大优势体现在精神意识发展方面。也就是说，在教学实践中把关注点放在培养学生学习动机、提高学习能力和为学生提供探究学习平台上。

运用多媒体技术辅助数学教学，通常有以下两种模式。

“板书 + 鼠标”模式。这个模式把黑板板书作为基础，发挥多媒体的辅助作用。这类课程的教育基础是教师的教学引导。教师结合教育需要合理选择数学教学软件，在此基础之上开展数学教育活动。在这一模式之下，教学内容的呈现往往过于零碎。

将计算机设备用在数学教学方面，学生能够利用多媒体获取信息。而学生接受信息的途径是黑板板书。在这样的教学过程中，信息的传递依靠的是教师的教

学活动，而由学生产生的反馈信息的接收者是教师，教师处于课堂核心地位。

“鼠标＋粉笔”模式。这个模式的主体部分是多媒体，辅助部分是黑板板书。教师运用多媒体设备，对多媒体信息资料进行处理，结合教育目标，优化教学设计，将多媒体内容带入学生可以接受的数学知识，创建课件。在课程中，教师将在屏幕上显示课程内容并进行解释。教师可以随时在计算机或黑板上添加和更改相关内容，如完成问题分析过程并解释黑板上的习题。在教学过程中，学生从教师和多媒体计算机接收信息，并从传统的教学方法中接收信息。在这样的教育模式之下，教师仍然处于课堂核心地位。

这两种教学方法都是以教学为基础的，特别强调要发挥教师的核心作用。但是，这样的教育模式也存在着一定的缺陷，需要在应用这样的教学策略时合理划分师生承担的角色，要让学生担当学习的主人，而教师则扮演好指导者的角色。大量的教学实践表明，计算机技术能够加强对教师的协助，帮助学生形象直观地掌握数学的学习内容。在教学设计方面，教师要将激发学生的主观能动性作为根本出发点，为学生创设生动直观的教学情景，增强学生的学习动力，提高学生课堂参与度，让学生获得丰富的学习体验。与此同时，教师要注意强化师生之间的互动沟通，同时实现密切的人际互动。另外，还可以把多媒体技术应用编进教材，将这些内容在教学大纲与计划当中进行有效渗透。

（二）开发“高等数学帮助系统（Gs.hlp）”辅助教和学

高等数学帮助系统的发展促进了教学质量和教学效率的提高。计算机视觉课程无法与传统课程竞争，因为计算机本身没有这些教学技能，但教师可以制作比原始计算机更有效的教学大纲设计。而空间想象力的培养，需要依赖于虚拟现实体验方面的能力提升。如今的计算机技术能够将抽象的数学对象进行形象直观的呈现，也可以有选择性地提取重建平面图形，实现立体感知和平面图形的处理。帮助学生培养想象力、抽象以及逻辑思维时，“形象”和“屏幕”特异性能够加强学生对抽象数学知识进行理解，促使学生独立解决难度较大的数学问题。为了让学生从复杂烦琐的计算当中解脱出来，避免学生耗费过多的学习时间，可以运用这些现代化的信息技术，帮助学生掌握数学知识和理解数学概念，体现数学技能的整体水平。

1.“高等数学帮助系统（Gs.hlp）”的开发

高等数学是高校数学教育体系当中的一门公共课程，是学生整个学习生涯当中的工具。学生是否在高等数学学习方面拥有扎实的基础，将会对学生接下来的数学学习产生直接影响。高校花费了大量的人力和物力，但收效甚微。其主要原因是课程非常抽象，许多计算和结论使学生感到厌倦。迫切需要高效和可视化的教学软件，使学生能够在短时间内学习、复习和巩固数学知识，并为后续课程打下坚实的基础。

Gs 系统在产生之后就逐步应用到数学课程教育当中，使学生能够有效突破高数当中的重难点，也让教师在任何时候都可以对学生进行在线学习指导，同时成为课堂教学不可或缺的参考资料。

（1）开发平台

Microsoft Help Workshop 是创建图形样式 Windows 帮助文件系统，包含图形和经过格式编排的文本。该系统可以让学生自行安装应用，或者是让学生从网上直接下载，不管哪一种方法都十分便利。

（2）方法设计

以《高等数学》教学内容为标准，根据教育大纲设计教案与讲稿，用一种能编辑保存 Rich Text 格式（*.rtf）的文字处理软件录入到电脑中，用 Microsoft Help Workshop 提供的项目文件编辑器、内容文件编辑器、Help 编译器和热点编辑器进行编辑和编译，也可以用 Visual FoxPro 6.0 提供的帮助系统开发 HTML 样式的帮助系统。

（3）使用说明

①点击 Gs 图标，出现目录、索引面板；

②点击目录中书形标记“函数与极限”，出现章节内容“函数、极限与连续…”等内容；

③每章内容介绍和重难点；

④热点链接“函数及其特性”；

⑤按关键词汉语拼音首字母检索，如“定积分的近似计算”的关键词是“积分”，其首字母为 j，输入“j”进行检索；

⑥在“显示历史窗口”中显示已检索过的章节内容，便于翻查。

2. 制作演示课件，增大课堂教学容量

PowerPoint 是重要的演示文稿软件，是 Office 必不可少的构成要素。在对这一教育工具进行应用时，教师可以利用演示文稿软件设计数学建模和实验当中的回归分析内容，更好地对学生进行直观演示。

（三）在数学建模中的应用

现在，我们已经步入了信息化时代。这一时代存在着极大的竞争压力，并且归根结底是人才方面的竞争。为了提高新时代人们的综合素质，数学在其中扮演了重要角色。在信息化时代背景下，知识的传播与应用都有了很大程度上的拓展，也促进了学习内容、方法、手段等的丰富。电脑计算机的发展从根本上改变了数学在社会生活中的作用，除了在传统工程与经济建设当中有着至关重要的作用，还在拓展新方向发挥着重要的作用。如今有很多跨专业学科，如地质数学、计量经济学等都是数学学科和其他专业学科进行整合之后的结果。数学和计算机技术的整合已经成为高科技发展不可缺少的动力。在如今这样的新时代，必须要重视数学教育，培养出更多综合素质过硬的数学人才，促使学生能够利用数学知识构建数学模型，借助计算机技术提高数学应用能力。

不管是解决实际问题，还是跨学科学习，第一个决定性的步骤是用数学语言表达学习对象，也就是构建与之相对应的数学模型。教育需要和社会需求相符，数学建模进入大学教学，是顺应时代潮流和满足教育改革的需要。在数学课程中，学生应掌握准确快捷的计算方法和一致的逻辑思维，并学会运用数学工具分析解决实际问题。传统的数学教学体系和内容无疑偏重前者，过于抽象，忽视了数学知识与学生现实生活的联系。已建立的数学模型代表了现实世界的特定对象，出于特定目的，基于独特的内部定律，将做出一些必要的简化假设，并使用适当的数学工具来获得数学结构。详细地说，考虑了不同的逻辑可能性并区分出重要的和次要的因素。抽象、简化、数学语言和思维方法可用于创建近似问题的数学模型，而在数学模型建立成功之后，就能够简化问题的解决策略。在获得计算结果之后，还需加强验证，或者是调整数学模型，对上面的步骤进行重复。

在课堂上，教师选取具有代表性的数学问题，引导学生进行实际讨论，结合数学思想方法构建数学模型，设计算法，获取研究结果，最后在计算机上写科学论文。通过建模拓展学生的思维空间，使学生积极关心社会，关心未来，改变“只做一本书”的局面，拉近学生数学学习和生活之间的关系。在双向生活建构的过程中，能够帮助学生认识数学价值，感悟数学应用的乐趣。这是培养学生应用意识和创新意识的一种很好的方式。数学建模是在现代教育技术得到广泛支持以及应用之下确立的数学研究方法，有助于对数学问题进行研究，快速解决数学实际问题，优化学生的学习策略。学生可以在数学建模的支持之下顺利地掌握数学重难点，获得新奇的数学学习体验，收获以往学习当中难以收获的知识。如今，数学建模实验已成为数学的一个新分支，将会在今后更加广泛地应用在数学教育中。

大量的数学建模过程都需要有计算机的支持。从主题选择建模到问题识别、模型解决方案、翻译、测试、优化、增强、论文，整个过程都离不开计算机技术的支持和计算方法的应用，更是学生在学习过程中不可或缺的学习工具。工程、经济管理和社会生活中的实际问题简化了数学建模竞赛的主题，如“三维血管重建”“公交终端”“SARS 传播”“长江水质评价与预测”。比赛的具体形式为：三名学生组成了一个团队，在三天内收集研究和整理数据，使用计算机、软件和互联网，每个团队都完成一篇包括模型的假设、建立和求解，计算方法的设计和计算机实现、结果分析和检验，模型改进等方面的论文。

1. 数学建模的教学模式和教学结构

从 20 世纪 80 年代开始，数学建模类的课程便走入高校。在经过 30 多年的发展历程之后，绝大多数的高校都建立了专门的数学建模课程以及讲座。站在数学层面上分析，数学建模是一个重要的项目，更是一项系统性和综合性的工程，有着多样元素与层次。

数学建模教学结构包括有建模类课程以及建模类活动（如全国大学生数学建模竞赛、学院数学知识应用竞赛、MCM 集训、大学生建模协会活动、讲座、小论文）、校园文化活动社会实践活动（如微积分与数学模型）、选修课单科选修（如数学模型）、校园文化活动社会实践活动（如参加研究课题、论文、假期实践、实习、赛后研究等）等。

相适应的数学建模教学结构，可以是下面几个模块的组合：（1）应用数学初步；（2）数学建模基础知识；（3）数学建模基本方法；（4）数学建模特殊方法（如图论、运筹学、统计、灰色理论、神经网络等）；（5）数学建模软件（Mathematica，Maple，MathCAD，Matlab）；（6）特殊建模软件（如 SAS、SPSS、Matlab 中各种工具箱，应用数学方法软件包，Lindo 等）；（7）经济、管理学中的数学模型；

（8）机电工程技术中的数学模型；（9）生物、化学中的数学模型；（10）金融学中的数学模型；（11）物理学中的数学模型；（12）综合及其他问题中的数学模型。

2. 数学建模与核心课程的整合模式

通过将数学建模实例纳入工程数学课程，教师介绍了 Matlab 等数学软件的使用、数学实验，并利用年度数学建模竞赛让学生学习数学建模思想。学生必须具备生产生活和技术等实际问题的洞察力、理解力、抽象技能，收集、分类和分析数据和信息，识别数量和数据之间的关系，创建数学模型，并使用基于计算机的模型设计算法编程、机器计算、分析、处理、检查和计算结果评估，妥善解决实际数学问题。学生可以大胆地提出自己的疑问，给出个性化的思考，从多种思路出发，探寻解决方案，丰富经验和积累实际问题的解决方法，培养学生的创新意识与创新能力。

经过明确的建模目的、分析典型实例、抓住特征和认识过程，把数学基础知识、数学建模课、数学建模活动、竞赛整合在一起整体协调，发挥综合效益。充分重视上大学前、上大学期间和大学毕业继续学习这“三学”的整合，特别注意整合大学的一、二、三、四年级，并不断探索彼此间的连续性。

（四）在数学实验中的应用

数学实验是计算机技术与数学软件共同发展和整合形成的产物，更是创新数学教育的有效尝试。教育部在 21 世纪教学内容与课程改革的计划当中，也特别将数学实验纳入高校非数学专业基础数学课程当中，并已经在全国多所大学实施，取得了重大成果。

1. 数学实验概述

计算机的出现改变了传统的数学和论文学习方式，让数学家在实际工作当中拥有了先进工具，也拓展了数学实验的内涵，特别是成功用计算机来解决“四色问题”对数学领域产生了巨大影响。

在数学实验中，专注于学习领域的学生开始在实验当中进行数学学习与体验，深化数学探究。数学实验课并没有直接教给学生结论，而是根据数学思想的发展，创设问题情境，让学生观察各种图形计算和实际问题，从视觉概念到猜想和归纳，再到验证和理论，然后进行验证及理论证明。虽然学生学习的数学都是前人已经建造好的，但对于学生来说仍然是新的和未知的。

开设数学实验课的重要目的在于推动数学与应用数学的教育发展，使学生能够有效借助数学知识解决实际问题，实现数学课程的现代化发展，发挥计算机技术的应用价值。运用数学软件的优势能够培养学生数字计算能力和处理数据的能力，这些都是高技能人才在数字化时代必须掌握的技能。数学实验课程的安排，将会为高校数学教育改革提供动力支持。

数学实验与模型存在着不可分割的关联。数学建模通常使用数学实验来解决现有的数学模型，而数学实验在寻找特定问题的解决方案时也涉及创建数学模型。

两个数学课程的目标是相同的，都是培养学生运用数学的能力。

数学实验课程的开设受到数学建模课程和建模竞赛的启发。数学实验要求学生创建实验报告，而数学建模需要学习科学论文；数学实验介绍各种数学方法，而数学建模课程能够产生大量建模的实际案例。虽然教学的内容和形式有很大的差异，不过二者均是现代数学发展的产物，表明了信息化时代高校数学教育的特征：以学生为主体，加强学生对计算机技术的应用能力。

数学实验结合了数学知识、数学建模和计算机应用，突破了传统教育的弊端，也扩大了教育内容，使科学计算和演绎思维成为数学发展的重要工具。利用归纳和实验工具教授数学，为数学教育的改革开辟了一条新的道路。

2. 数学实验的设计

（1）数学实验的课程设计

课程目的对课程方向起决定性作用。数学实验课程应该涵盖基础理论、数学建模、计算等多个方面的内容。与此同时，要特别注意以下几个方面的问题。

①重视数学教育中的图像发展

现代数学教育当中，学生的注意力被推理的严谨性所吸引，这对学生的创造力不利。从心理学的角度来看，创造发明的决定性思维形式在于形象思维。当然，这绝不是对逻辑思维的重要意义和作用的否定，但视觉思维在创造力培养中发挥着极大的价值。形象思维涉及几何与直觉思维，而数学实验正是发展形象思维的重要手段，所以实验内容要尽可能地直观，从而发展学生的视觉想象力。

②数值计算与高等数学、工程数学理论有机结合

数值计算方法和优化方法是现代应用数学方法极其重要的方面。计算机开发使手动计算技能和技术比以往任何时候都更为关键。通过结合经典计算理论和内

容，我们尽早地渗入“离散化”“线性化”“近似”和“迭代”等思想。密切关注微积分理论和内容，构建计算机算法的常用手段，如“不定系数法”“迭代法”等，并理解其基本概念。

数学实验作为与高等数学、工程数学并行开设的一门课程，这项工作应该通过结合微积分和数值计算来完成。实验内容应该尝试涉及数值计算、近似替换和迭代的思想。

基于以上目的，数学实验应包括基础和研究实验两个方面。

借助基础实验，学生能够运用计算机软件、图形功能等演示基本概念和结论，发现总结和应用数学规则，在参与数学学习过程当中提高综合技能。启用几何、数值分析和符号推导的结合加深了对高等数学、线性代数、复变函数中更抽象概念的理解，并提出了允许学生在数学上理解术语的基本概念和结论，能够增强学生的学习质量，促进学生数学综合素质的发展，为学生未来的就业和个人成长提供良好的条件。

研究实验主要反映“理论 + 计算 + 实验”的科学研究过程，渗透数值计算、近似替换、迭代等思想，并向高等数学、线性代数、概率论、数理统计等边缘发散。

线性方程可以用于关注线性方程的数值解、矩阵特征值问题的数值解、线性变换及其迭代实验；概率分析和数理统计的实验可以包括回归分析和随机模拟方法等实验，迭代和分形等实验反映了迭代思想；差分法和最小二乘法实验体现了数值计算的基本方法，如“近似替换”和“待定系数法”。

当学生试图通过自己的手发现和总结规律并观察实验结果，并继续获取新知识和习得数学思想方法。

数学实验教学过程具体可以划分成以下几个阶段。

课前预习——实验前派发实验报告表，要求学生事前了解实验的目标和预习实验所需的必备知识；

实验设计——学生设计并实施一系列实验步骤来表达问题、体验问题和理解问题；

观察、分析与思考——学生观察实验过程，分析实验结果和思考问题的症结；

发现或猜想——抽象、概括形成概念或提出假设、猜想；

适当性检验——测试在新环境中形成的想法或猜想的适当性和普遍性；

完成实验报告——填写好实验报告表和完成后附的练习题。

就目前而言，已经发展到成熟阶段的方法主要有以下三个类别。

第一类是北京航空航天大学代表的基础实验，第二类是清华大学的数学模型实验，第三类是中国科技大学的研究实验。从课程的角度来看，它们又可以分为两类：一类是在每门课程结束后安排数学实验，另一类是完成所有基础数学课程后的数学实验（作为选修课程）。

（2）数学实验报告

数学实验报告描绘的是学生完成数学实验的过程以及获得的结论，体现的是学生数学学习研究以及应用的成效。一个完整的数学实验报告，必须要包括七个内容，分别是问题的提出、实验目的及意义、预备知识、实验内容与要求、操作提示、实验习题、总结报告。

（3）开设“网上数学实验室”，拓展现代教育技术的应用

计算机网络技术的成熟度在不断提高，教育技术在教学实践当中的应用范围逐步增大，开始有越来越多的学校立足实际构建了虚拟在线大学，实现足不出户在家上大学。中国的大学非常重视计算机网络技术的使用，许多大学都建立了本地网络和校园网。

在高校数学教育当中常用软件和工具涉及数学实验软件（如 Maple，Matlab，Mathematica，SAS）、实验工具、网络参考资料等。教师演示、论文讨论、测试报告等都可以在线完成，以便学生学习数学实验并参加比赛。而且，这能够在很大程度上消除重复劳动的弊端，提高效率和减少成本耗费。

总而言之，虽然数学建模以及数学实验都需要应用到计算机设备，但前者更容易让学生获取丰富的数学知识，有效解决数学学习当中的实际问题。后者的侧重点是利用计算机完成数学学习任务。所以，二者分别是使用数学、学习数学，在目标方面是存在差异的。在内容选择方面，无论是数学建模还是数学实验，都把实际问题作为基础，而不是把重点放在概念方面。不过，数学建模强调问题的实用性，强调的是问题本身。数学实验能够基于理论问题或实际数学实验被用作数学建模课程的预备课程，以更快地掌握数学建模方法与技术操作策略。利用数学建模与实验，能够让学生参与多元化的数学建模活动，获取丰富的技能，并利用计算机技术提高数学问题的解决成效，获取丰富知识和解决问题的方法、手段。

参考文献

[1] 田园 . 高等数学的教学改革策略研究 [M]. 北京：新华出版社，2018.06.

[2] 张忠 . 高等数学教学设计研究 [M]. 长春：吉林教育出版社，2018.07.

[3] 赵丹 . 高等数学教学理论与应用能力研究 [M]. 吉林出版集团股份有限公司，2018.04.

[4] 喻德生 . 高等数学教学同步指导与训练下 [M]. 北京：化学工业出版社，2018.03.

[5] 薛立宏 . 高职院校高等数学课堂教学研究 [M]. 哈尔滨：哈尔滨地图出版社，2018.05.

[6] 柳静 . 高等数学的教学改革研究 [M]. 武汉：湖北科学技术出版社，2018.04.

[7] 李佳霖 . 高等数学教学方法与设计研究 [M]. 天津：天津科学技术出版社，2018.07.

[8] 李玲 . 高等数学创新教学模式探索 [M]. 中国原子能出版社，2018.09.

[9] 李丽军 . 高等学校数学基础课教学研究 [M]. 石家庄：河北人民出版社，2018.08.

[10] 刘莹 . 新时代背景下大学数学教学改革与实践探究 [M]. 长春：吉林大学出版社，2019.04.

[11] 张彩宁，王亚凌，杨娇 . 高职院校数学教学改革与能力培养研究 [M]. 天津：天津科学技术出版社，2019.01.

[12] 刘宝利，朱丽平，肖帆 . 高等应用数学 [M]. 西安：西北大学出版社，2019.09.

[13] 姜伟伟 . 大学数学教学与创新能力培养研究 [M]. 延吉：延边大学出版社，2019.05.

[14] 储继迅，王萍 . 高等数学教学设计 [M]. 北京：机械工业出版社，2020.06.

[15] 欧阳正勇 . 高校数学教学与模式创新 [M]. 北京：九州出版社，2020.06.

[16] 徐雪 . 大学数学教学模式改革与实践研究 [M]. 北京：九州出版社，2020.05.

[17] 杨蓓 . 高职数学教学发展研究 [M]. 天津：天津科学技术出版社，2020.08.

[18] 赵红革 . 高职数学教学之思考 [M]. 沈阳：东北大学出版社，2020.12.

[19] 侯毅苇，张晓媛 . 大学数学教学与创新能力培养研究 [M]. 长春：吉林人民出版社，2021.10.

[20] 李淑香，张如 . 高等数学教学浅析 [M]. 天津：天津科学技术出版社，2021.01.

[21] 于鸿丽 . 数学教学技能训练 [M]. 北京：北京邮电大学出版社，2021.08.

[22] 刘乃志 . 整体数学教学研究与实践探索 [M]. 北京：中国国际广播出版社，2021.07.

[23] 姜荣富 . 数学教学・以知启智 [M]. 上海：上海教育出版社，2021.08.

[24] 汪荷仙 . 高等数学解题方法指导 [M]. 成都：四川大学出版社，2022.08.

[25] 庞峰 . 高等数学思想与方法研究 [M]. 中国原子能出版社，2022.03.

[26] 杜建慧，卢丑丽 . 高等数学的教学与实践研究 [M]. 延吉：延边大学出版社，2022.03.

[27] 薛安阳，吕亚妮，王洁 . 高等数学思维培养与解题方法研究 [M]. 黑龙江大学出版社，2023.03.

[28] 吴亚娟，王顺凤，朱晓欣 . 高等数学进阶高分精讲精练 [M]. 南京：东南大学出版社，2023.02.

[29] 南京工业大学数学系 . 高等数学学习指导与练习 [M]. 苏州：苏州大学出版社，2023.08.

[30] 彭翕成 . 从初等数学到高等数学 [M]. 合肥：中国科学技术大学出版社，2023.03.